高技能人才培养系列丛书
智能制造工程师系列

FX5U 可编程序控制系统设计技术

主　编　吴启红
参　编　周　烨　刘贯华　朱国云　王　丽

机械工业出版社

本书以项目形式配套任务设计,共设置了认识 FX5U PLC 的控制系统、FX5U PLC 控制系统编程语言与指令使用、PLC 与变频器应用设计技术、PLC 与触摸屏控制设计技术、FX5U 系列 PLC 步进控制设计技术、PLC 控制系统综合应用设计、PLC 运动控制系统设计技术、PLC 过程控制设计技术、PLC 与 PLC 通信控制设计技术和 PLC 与变频器通信控制系统设计技术 10 个项目,项目配套设计任务 25 个。

本书可供高技能人才电工技师、可编程序控制系统设计师培训及考证时使用,也可供高等院校自动化专业、机电一体化专业或电类相关专业课程使用,还可作为智能制造工程师解决实际问题的参考指南。

图书在版编目(CIP)数据

FX5U 可编程序控制系统设计技术/吴启红主编. 北京:机械工业出版社,2024.12. --(高技能人才培养系列丛书)(智能制造工程师系列). -- ISBN 978-7-111-77397-9

Ⅰ. TM571.61

中国国家版本馆 CIP 数据核字第 2025379E5J 号

机械工业出版社(北京市百万庄大街 22 号 邮政编码 100037)
策划编辑:罗 莉　　　　　责任编辑:罗 莉
责任校对:张 薇 薄萌钰　　封面设计:鞠 杨
责任印制:常天培
北京机工印刷厂有限公司印刷
2025 年 5 月第 1 版第 1 次印刷
184mm×260mm・22.5 印张・555 千字
标准书号:ISBN 978-7-111-77397-9
定价:79.00 元

电话服务　　　　　　　　网络服务
客服电话:010-88361066　　机 工 官 网:www.cmpbook.com
　　　　　010-88379833　　机 工 官 博:weibo.com/cmp1952
　　　　　010-68326294　　金 书 网:www.golden-book.com
封底无防伪标均为盗版　　机工教育服务网:www.cmpedu.com

深圳鹏城技师学院

高技能人才培养系列丛书编委会

主　任：仵　博

副主任：吴启红　周　烨

委　员：李　熊　韩曙光　郑　昕　张雅婷　朱国云　王　丽

　　　　徐坤刚　罗　明　苏立军　王洪霞　朱伟斌　张　娟

　　　　刘梦薇　金　童　杨　明　齐矿善　罗岳彬　徐　珍

　　　　温　洁　张　飘　何林芳

　　　　（排名不分先后）

序

　　制造业是国家经济命脉所系，是立国之本、强国之基。随着数字技术的飞速发展和我国产业结构的转型升级，经济社会的高质量发展迫切需要大批符合企业需求的高技能人才的供给。作为技师学院，我们深感高技能人才培养培训使命之重大。为此，我校高规格组建了高技能人才培养培训教材开发团队，以就业为导向，以企业人才需求为依据，以技术的最新发展动态为牵引，精心策划了这套"高技能人才培训系列丛书"。本系列丛书在编写时力争实现"三化"特色。

　　一、知识体系化。全书采用理论加技能的形式，重点培养工程技术人才应用设计操作能力。在内容编排上，努力做到理论与实践紧密结合，一方面理论知识要成体系化，满足人才可持续发展的需要；另一方面侧重技术设计、技能操作和故障处理能力，以培养高技能人才掌握复杂设计和新技术应用的能力，并以培养高技能人才分析、判断、排除各种实际故障能力为重点。

　　二、项目新颖化。本系列丛书不同于以往其他技能培养培训书籍，其中的案例全部来自生产实际，着重解决生产实际问题。书中内容突出一个"新"字，结合当前企业的生产实际，力求教学内容能反映现代新技术、新工艺的应用和新设备的使用，具有一定的广度和深度。

　　三、目标明确化。编写目标明确，以培养高技能人才为目标。教学中注重培养学生的职业能力，坚持高技能人才的培养方向，我们把相关知识点的学习与专业技能实训有机地结合起来，摒弃以往"就知识讲知识"的传统做法。

　　本系列丛书的编者是深圳鹏城技师学院从事教学的一线教师和企业的自动化工程师，书中内容反映了国家职业工种维修电工的社会化考核方向和新技术发展动态，并使用当前代表最前沿的自动化新技术和新产品。希望本系列丛书能够为培养高技能人才贡献绵薄之力。

编委会主任　仟博

前　　言

本书旨在解决以下四个方面的问题：
1. 帮助读者快速实现 FX5U 系列可编程序控制器、变频器和触摸屏等技术的学习；
2. 帮助高技能人才电工技师顺利通过技能鉴定；
3. 为智能制造工程师解决生产一线技术问题提供参考指南；
4. 帮助读者快速掌握现代新技术，独立解决工厂自动化技术问题。

本书可供高等院校工业互联网技术专业、机电一体化专业或电类相关专业课程使用，也可供高技能人才电工技师、可编程序控制系统设计师培训及考证时使用，还可作为智能制造工程师解决实际问题的参考指南。

本书在编写过程中采用知识准备、任务要求、任务目标、设计指引、任务评价和知识拓展等一系列途径引导读者学以致用，目标明确，有的放矢，有学有评。编写过程中力争做到"产品系列化、知识体系化、指令案例化、设计案例实用化、技术新颖化"等要求。

本书以项目形式配套任务设计，共设置了认识 FX5U PLC 的控制系统、FX5U PLC 控制系统编程语言与指令使用、PLC 与变频器应用设计技术、PLC 与触摸屏控制设计技术、FX5U 系列 PLC 步进控制设计技术、PLC 控制系统综合应用设计、PLC 运动控制系统设计技术、PLC 过程控制设计技术、PLC 与 PLC 通信控制设计技术和 PLC 与变频器通信控制系统设计技术 10 个项目，项目配套设计任务 25 个。

周烨编写了项目 1、朱国云编写了项目 2、王丽编写了项目 3、刘贯华编写了项目 4、吴启红编写了项目 5~10，全书由吴启红统稿。

在编写过程中，编者参考了相关图书和资料，在此向原作者表示衷心的感谢！

囿于编者水平，书中难免有错误和不当之处，恳请读者批评指正，请将意见反馈至邮箱 qhongw@126.com，为谢！

编　者
2025 年 3 月

目 录

序
前言

项目1 认识 FX5U PLC 的控制系统 … 1
1.1 PLC 的基础知识 … 1
1.1.1 PLC 的定义 … 1
1.1.2 PLC 的优缺点 … 1
1.1.3 PLC 的性能指标 … 1
1.2 PLC 的结构与工作原理 … 2
1.2.1 PLC 的硬件组成 … 2
1.2.2 PLC 的软件组成 … 5
1.2.3 PLC 的工作原理 … 6
1.3 FX5U PLC 的资源 … 7
1.3.1 FX5U PLC 的硬件资源 … 7
1.3.2 FX5U 系统的硬件组建 … 12
1.3.3 PLC 的外部控制接线 … 14
1.3.4 FX5U PLC 的软件资源 … 16
任务1 认识 PLC 的硬件系统 … 28
任务2 GX Works3 编程软件的使用 … 29
1.4 PLC 常用数制与数制转换 … 45
1.4.1 数制 … 45
1.4.2 数制转换 … 46
1.5 PLC 常用码制 … 47

项目2 FX5U PLC 控制系统编程语言与指令使用 … 51
2.1 FX5U PLC 的编程语言 … 51
2.1.1 梯形图（LD） … 51
2.1.2 语句表（IL） … 53
2.1.3 功能块图（FBD） … 53
2.2 FX5U 系列顺控程序指令的使用技术 … 54
2.2.1 触点指令的使用 … 54
2.2.2 线圈输出类指令的使用 … 57
2.2.3 结合类指令的使用 … 59
2.2.4 主控指令的使用 … 61
2.2.5 移位指令的使用 … 62
2.2.6 其他指令的使用 … 65
2.3 顺控指令编程设计技术 … 66
2.3.1 编程基本要求 … 66
2.3.2 指令设计技巧 … 67
任务3 给水泵电动机控制系统设计与调试 … 70
任务4 多级输送线控制系统设计与调试 … 74
任务5 简易三层电梯控制系统设计与调试 … 80
任务6 简易机械手控制系统设计与调试（1） … 83

项目3 PLC 与变频器应用设计技术 … 89
3.1 FR-E800-E 变频器的硬件知识 … 89
3.1.1 认识 FR-E800-E 变频器 … 89
3.1.2 FR-E800-E 变频器的接线 … 90
3.1.3 认识 FR-E800 操作面板 … 93
3.1.4 变频器的运行模式 … 94
3.2 FR-E800-E 变频器的参数 … 95
3.3 FR-E800-E 变频器的基本操作 … 98
任务7 FR-E800-E 变频器运行控制系统设计与调试 … 100
任务8 输送带调速控制系统设计与调试 … 104
3.4 变频器调速原理 … 108
3.4.1 变频器简单工作原理 … 108
3.4.2 变频器的基本构成 … 110
3.5 变频器安装、调试与维护 … 111
3.6 三菱变频器的故障处理 … 114

项目4 PLC 与触摸屏控制设计技术 … 117
4.1 触摸屏的硬件知识 … 117
4.1.1 概述 … 117
4.1.2 触摸屏的工作原理 … 117
4.1.3 三菱触摸屏产品介绍 … 118
4.2 GT Designer3 画面设计软件的使用 … 119
4.2.1 编程软件的安装 … 120
4.2.2 GT Designer3 画面设计软件 … 120
4.3 GT Simulator3 仿真软件的使用 … 124
任务9 排水泵电动机监控系统设计与调试 … 125

任务 10　触摸屏控制电动机调速系统设计与调试 ……………………………… 134
任务 11　触摸屏与变频器以太网通信数据监控系统设计与调试 …………… 140

项目 5　FX5U 系列 PLC 步进控制设计技术 …………………………………… 147
5.1　步进控制设计技术特性 ………… 147
5.2　顺序功能图设计知识 …………… 147
　5.2.1　SFC 的规格 ……………… 147
　5.2.2　顺序功能图的构成 ……… 147
　5.2.3　顺序功能图的常用形式 … 148
5.3　FX5U 系列步进顺控指令 ……… 150
　5.3.1　步进顺控指令 …………… 150
　5.3.2　步进指令软元件 ………… 150
5.4　步进顺控编程技巧 ……………… 151
　5.4.1　状态转移图 ……………… 151
　5.4.2　步进梯形图 ……………… 152
　5.4.3　STL 指令编程要点 ……… 153
5.5　SFC 功能图块的编程 …………… 153
　5.5.1　SFC 功能图块的创建 …… 153
　5.5.2　SFC 功能图块的编程方法 … 157
任务 12　简易机械手控制系统设计与调试（2） ………………………… 159
任务 13　自动交通灯控制系统设计与调试 ……………………………… 163
5.6　程序结构指令编程技巧 ………… 168
　5.6.1　条件跳转指令（CJ）/主程序结束指令（FEND） ……… 168
　5.6.2　调用子程序（CALL）/子程序返回（SRET） ………… 169
　5.6.3　程序执行控制指令 ……… 170
5.7　实时时钟处理指令编程技巧 …… 172
　5.7.1　时钟比较指令 …………… 172
　5.7.2　时钟数据运算指令 ……… 172
　5.7.3　时钟专用指令 …………… 174

项目 6　PLC 控制系统综合应用设计 … 176
6.1　FX5U 系列应用指令基础知识 … 176
6.2　数据传送类指令使用技巧 ……… 178
6.3　数据处理指令编程技巧 ………… 184
6.4　四则运算指令编程技巧 ………… 189
6.5　逻辑运算指令编程技巧 ………… 193
任务 14　停车场车位控制系统设计与调试 ……………………………… 195
6.6　数据比较指令编程技巧 ………… 200
6.7　高速计数器使用技巧 …………… 204
　6.7.1　FX5U 高速计数器 ……… 204
　6.7.2　FX5U 兼容（FX3）模式高速计数器 ……………………… 206
任务 15　三层电梯（带编码器）控制系统设计与调试 ……………… 210
6.8　旋转、移位指令编程技巧 ……… 215
　6.8.1　旋转指令（左/右） ……… 215
　6.8.2　位左/右移指令 …………… 217
　6.8.3　字左/右移指令 …………… 218
6.9　数据表操作指令编程技巧 ……… 219
任务 16　地铁站智能排水控制系统设计与调试 …………………………… 223
任务 17　运料小车控制系统设计与调试 … 228

项目 7　PLC 运动控制系统设计技术 … 232
7.1　运动控制技术的控制对策 ……… 232
　7.1.1　运动控制技术概述 ……… 232
　7.1.2　PLC 运动控制系统组成 … 232
　7.1.3　PLC 运动控制技术的控制对策 ……………………… 233
7.2　FX5 系列定位控制技术 ………… 233
7.3　定位控制指令编程技巧 ………… 237
　7.3.1　定位指令通识 …………… 237
　7.3.2　定位指令编程技巧 ……… 238
任务 18　步进电动机定位控制系统设计与调试 ………………………… 248
任务 19　滚珠丝杆移位控制系统设计与调试 …………………………… 252
任务 20　PLC 控制伺服定位系统设计与调试 ……………………………… 257
7.4　步进电动机控制技术 …………… 263
　7.4.1　步进电动机基础知识 …… 263
　7.4.2　步进驱动硬件系统产品介绍 … 266
7.5　三菱 MR-J5 伺服控制技术 …… 267

项目 8　PLC 过程控制设计技术 ……… 272
8.1　FX5U CPU 模块内置模拟量模块 … 273
8.2　FX5-4A-ADP 模块 ……………… 275
8.3　FX5-4AD-PT-ADP 模块 ……… 278
8.4　PID 控制指令 …………………… 280
任务 21　中央空调节能控制系统设计与调试 ……………………………… 284

8.5 中央空调系统节能技术 …………… 289
  8.5.1 中央空调系统的组成 ………… 289
  8.5.2 中央空调系统存在的问题 …… 291
  8.5.3 节能改造的可行性分析 ……… 291

项目9 PLC 与 PLC 通信控制设计技术 …………………………… 294

9.1 通信的概念 …………………………… 294
  9.1.1 数据通信的概念 ……………… 294
  9.1.2 串行通信的通信方式 ………… 294
9.2 FX 系列 PLC 的 1:1 通信技术 …… 296
  9.2.1 通信规格 ……………………… 297
  9.2.2 相关软元件分配 ……………… 297
  9.2.3 通信布线 ……………………… 298
  9.2.4 通信设置 ……………………… 299
  9.2.5 故障处理 ……………………… 302
9.3 FX5 系列 PLC N:N 网络通信 ……… 302
  9.3.1 N:N 网络特点 ………………… 302
  9.3.2 通信规格 ……………………… 303
  9.3.3 链接的软元件 ………………… 303
  9.3.4 通信连接 ……………………… 304
  9.3.5 通信设定 ……………………… 304
  9.3.6 编程控制实例 ………………… 306
任务 22 两地生产线网络控制系统设计与调试 ……………………………… 307

项目10 PLC 与变频器通信控制系统设计技术 ……………………… 312

10.1 PLC 与三菱变频器专用协议通信技术 ………………………………… 312
  10.1.1 通信规格 …………………… 312
  10.1.2 通信接线 …………………… 313
  10.1.3 与变频器通信数据代码表 …… 314
  10.1.4 与变频器通信的相关参数 …… 315
  10.1.5 PLC 的通信设定 …………… 317
  10.1.6 与变频器通信的专用指令 …… 318
10.2 PLC 与变频器 MODBUS 串行通信技术 ………………………………… 323
  10.2.1 功能概述 …………………… 323
  10.2.2 MODBUS 通信指令 ………… 323
  10.2.3 MODBUS RTU 变频器通信参数 ………………………… 325
  10.2.4 PLC 软件设置 ……………… 326
任务 23 FX5U PLC 与变频器专用通信协议监控系统设计与调试 ………… 326
任务 24 基于 MODBUS 变频器通信参数监控设计与调试 ……………………… 332
任务 25 FR-E800-E 变频器基于 FX5U CC-Link IE 现场网络 Basic 通信控制 … 337

附录 …………………………………………… 343
附录 A FR-E800 系列变频器参数表（部分） ……………………… 343
附表 B FR 系列变频器常见故障代码 …… 346

参考文献 ……………………………………… 350

项目 1　认识 FX5U PLC 的控制系统

 **知识准备**

1.1　PLC 的基础知识

1.1.1　PLC 的定义

国际电工委员会（IEC）于 1987 年对 PLC 定义如下：

PLC 是专为在工业环境下应用而设计的一种数字运算操作的电子装置，是带有存储器，可以编制程序的控制器。它能够存储和执行指令，进行逻辑运算、顺序控制、定时、计数和算术等操作，并通过数字式和模拟式的输入输出，控制各种类型的机械和生产过程。PLC 及其有关的外围设备，都应按易于与工业控制系统形成一体，易于扩展其功能的原则设计。

事实上，PLC 就是以嵌入式 CPU 为核心，配以输入、输出等模块，可以方便地应用于工业控制领域的装置。因此 PLC 实际上就是"工业专用计算机"。

1.1.2　PLC 的优缺点

1）硬件方面的优点：体积小、能耗低；配套齐全，用户使用方便，适应性强；可靠性高，抗干扰能力强。

2）软件方面的优点：编程方法简单易学；功能强，性价比高。

3）系统方面的优点：系统的设计、安装、调试工作量少；维修工作量小，维修方便；故障率很低，具有完善的自诊断和显示功能。

因此，有人将数控技术、机器人、CAM/CAD、PLC 称之为现代工业的四大支柱。

当然，PLC 也存在一些缺点，主要是各厂家的产品不同而导致：

1）PLC 的软、硬件体系结构是封闭而不是开放的：如专用总线、专家通信网络及协议，I/O 模板不通用，甚至连机柜、电源模板亦各不相同。

2）编程语言虽多数是梯形图，但组态、寻址、语言结构均不一致，因此各公司的 PLC 互不兼容。

1.1.3　PLC 的性能指标

（1）硬件指标　硬件指标主要包括输入和输出控制方式、扫描速度、环境温度、环境湿度、抗振、抗冲击、抗噪声干扰、耐压、绝缘电阻、接地要求和使用环境等。由于 PLC 是专门为适应恶劣的工业环境而设计的，因此 PLC 一般都能满足以上硬件指标的要求。表 1-1 为 FX5U 系列 PLC 一般性能指标。

表 1-1　FX5U 系列 PLC 一般性能指标

项目	指标
输入和输出控制方式	刷新方式［根据直接访问输入输出（DX、DY）的指定可进行直接访问输入输出］
环境温度/湿度	-20~55℃（无冻结）/5%~95%RH（不结露）

(续)

项目	指标
耐压	AC 500V 1min（各端子与接地端子之间）
抗冲击	JISC0912 标准　10kg　3 轴方向 3 次
抗噪声干扰	用噪声仿真器产生电压 1000V、噪声脉冲宽度 1μs、周期为 30～100Hz，在此噪声干扰下 PLC 工作正常
绝缘电阻	经 DC 500V 绝缘电阻计测量值≥10MΩ 以上
接地	D 类接地（接地电阻：100Ω 以下）。不能接地时，也可悬空
使用环境	无腐蚀性气体、可燃气体，导电尘埃不严重的场合

（2）软件指标　PLC 的软件指标通常用以下几项来描述。

1）编程语言：不同机型的 PLC，具有不同的编程语言。常用的编程语言有梯形图、指令表、顺序控制流程图三种。另外，FX5U 系列还有 ST、FB 等高级编程语言。

2）用户存储器容量和类型：用户存储器用来存储用户通过编程器输入的程序。其存储容量通常以字或步为单位计算。常用的用户程序存储器类型有 RAM、EEPROM、EPROM 三种。FX5U PLC 数据存储器/标准 ROM 达 5MB，SD 存储卡最大 16GB。

3）I/O（输入/输出）点数：PLC 有开关量和模拟量两种输入、输出。对开关量 I/O 总数，通常用最大 I/O 点数表示；对模拟量 I/O 总数，通常用最大 I/O 通道数表示。FX5U PLC 目前主单元 I/O 总点数有 32、64、80 点等规格。

4）指令数：用来表示 PLC 的功能。一般指令数越多，其功能越强。

5）软元件的种类和点数：指辅助继电器、定时器、计数器、状态、数据寄存器和各种特殊继电器等。

6）扫描速度：以"μs/步"表示。例如 0.74μs/步表示扫描一步用户程序所需的时间为 0.74μs。PLC 的扫描速度越快，其输出对输入的响应越快。

7）其他指标：如 PLC 的运行方式、输入/输出方式、自诊断功能、通信联网功能、远程监控等。

1.2　PLC 的结构与工作原理

1.2.1　PLC 的硬件组成

PLC 的硬件部分由中央处理单元（CPU 模块）、存储模块、输入/输出（I/O）模块、电源模块、通信模块、编程器等部分组成，如图 1-1 所示。

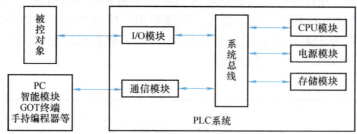

图 1-1　PLC 的硬件组成

1. CPU 模块

CPU 是 PLC 的核心部件，相当于人的大脑。CPU 能够执行系统的操作、信息存储、输入监控、用户逻辑（梯形图）评价和正确的输出信号，并对整机进行控制。

2. 电源模块

PLC 电源有交流和直流两种，但一般都采用交流电源，有 115V/230V 两档。另外还有独立的锂电池作为存储器的备用电源。

3. 存储器模块

存储器是 CPU 用来存储和处理程序文件和数据文件的一块物理空间。它用来存储系统程序存储器和用户程序存储器。

系统程序存储器用来存储不需要用户干预的系统程序。系统程序用来告诉 PLC "怎么做"，它使 PLC 具备了基本的智能，能够完成 PLC 设计者所要求的各种工作。

用户程序存储器用来存储通过编程器输入的用户程序。PLC 的用户程序用来告诉 CPU "做什么"。

4. 输入/输出（I/O）模块

I/O 模块是 CPU 与现场 I/O 设备或其他外部设备之间连接的桥梁。PLC 的对外功能主要是通过各类 I/O 模块的外接线，实现对工业设备或生产过程的检测或控制。图 1-2 所示为现场 I/O 连接情况示意图。

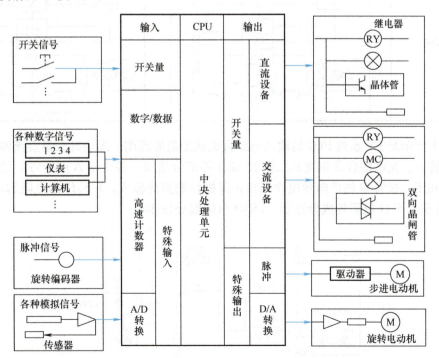

图 1-2　PLC 连接各种不同 I/O 设备

（1）输入接口电路　输入信号有开关量信号、数字信号、脉冲信号和各种模拟量信号。

输入接口电路的构成通常输入有两种形式：一种是直流输入，其输入器件可以是无源触点或传感器的集电极开路晶体管，它又进一步分为源型（SOURCE，共 [+] 端）和漏型

(SINK，共［-］端)；另一种是交流输入，这实际上是将交流信号经整流、限流后再光耦传入 CPU。源型和漏型 PLC 属性见表 1-2。

表 1-2　源型和漏型 PLC 属性对照表

类型	源　型	漏　型
定义	当 DC 输入信号是电流流向输入（X）端子的输入时，称为源型输入 连接晶体管输出型的传感器输出时，可以使用 PNP 集电极开路型晶体管输出连接到输入端	当 DC 输入信号是电流从输入（X）端子流出的输入时，称为漏型输入 连接晶体管输出型的传感器输出时，可以使用 NPN 集电极开路型晶体管输出连接到输入端
连接电源极性	源型输入点接直流电源的正极［24］ 将［S/S］端与［0V］相连	漏型输入点接直流电源的［0V］ 将［S/S］端与［24V］连接
连接传感器的类型	PLC 的输入可以直接与 PNP 集电极开路接近开关、传感器等的输出进行连接	PLC 的输入可以直接与 NPN 集电极开路接近开关、传感器等的输出进行连接
产品形式	欧美产品一般是源型，输入一般用 PNP 的开关，高电平输入	日韩产品多使用漏型，一般使用 NPN 型的开关，低电平输入
电路结构		

图 1-3 所示是 FX 系列 PLC 的输入电路直流源型的原理图。图中开关量直流输入模块主要由二极管 D、光电耦合器和发光二极管 LED 等部分组成，各个输入点所对应的输入电路均相同。利用二极管 D 的单向导电性来禁止反极性的直流输入。1.5kΩ 的电阻起限流作用，150Ω 电阻和 1.5kΩ 电阻构成分压器，150Ω 电阻起分压作用。

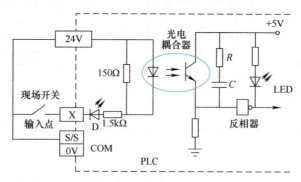

图 1-3　开关量直流输入模块原理电路

（2）输出接口电路　输出接口按照输出方式的不同分三种方式：第一种是继电器输出

方式（交/直流输出模块），CPU 接通继电器的线圈，继而吸合触点，而触点与外线路构成回路；第二种是晶体管输出方式（直流输出模块），它是通过光电耦合器使开关管通断以控制外电路；第三种就是晶闸管输出方式（交流输出模块），这里的晶闸管是光触发型的。三种输出方式的电路如图 1-4 ~ 图 1-6 所示。三种输出方式的性能比较见表 1-3。

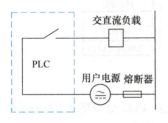
图 1-4　继电器输出方式电路

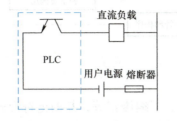
图 1-5　晶体管输出方式电路

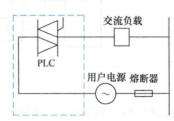
图 1-6　晶闸管输出方式电路

表 1-3　三种输出方式性能比较

项目		继电器输出方式	晶体管输出方式	晶闸管输出方式
外部电源		AC 250V，DC 30V 以下	DC 5 ~ 30V	AC 85 ~ 242V
最大负载	电阻负载	2A/1 点；8A/4 点	0.5A/1 点；0.8A/4 点	0.3A/1 点；0.8A/4 点
	感性负载	80VA	12VA/DC 24V	15VA/AC 100V
	灯负载	100W	1.5W/DC 24V	30W
开路漏电流		—	0.1mA/DC 24V	1mA/AC 100V；2.4mA/DC 24V
响应时间		约 10ms	0.2ms 以下	1ms 以下
回路隔离		继电器隔离	光电耦合器隔离	光电晶闸管隔离
动作显示		继电器通电时 LED 灯亮	光电耦合器驱动时 LED 灯亮	光控晶闸管驱动时 LED 灯亮
电路绝缘		机械绝缘	光电耦合器绝缘	光控晶闸管绝缘

使用时，应根据不同的的要求选用不同的输出方式。若需要大电流输出，则应选继电器输出方式或晶闸管输出方式；若电路需要快速通断或需要频繁动作，则应选用晶体管输出方式或晶闸管输出方式。

特别说明：目前 FX5U 系列 PLC 的 CPU 模块无晶闸管输出方式。

5. 通信模块

通信模块是用来使 CPU 与外部设备或其他 PLC 或上位计算机进行开关量 I/O、模拟量 I/O、各种寄存器数值、用户程序和诊断信息的串行通信，使操作人员可以通过外部设备或上位计算机监控 PLC 的工作状态、为 PLC 输入程序、改变 PLC 的工作方式或某些参数，或者将 PLC 的程序或状态送到外部设备或上位机。

1.2.2　PLC 的软件组成

1. 软件组成

PLC 的软件组成如图 1-7 所示。各部分作用简介如下：

（1）系统监控程序　由 PLC 的制造商编制并固化在 ROM 中，用于控制 PLC 本身的运行。

（2）用户管理程序　用户程序是 PLC 的使用者针对生产实际控制问题编制的程序，可

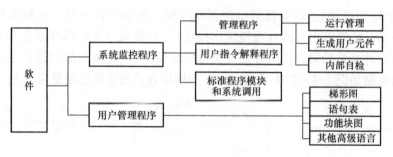

图 1-7 PLC 的软件组成

以是梯形图、指令表、高级语言、汇编语言等，其助记符形式随 PLC 型号的不同而略有不同。用户程序是线性地存储在监控程序指令的存储区内的，它的最大容量也是由监控程序限制了的。

2. 用户环境

用户环境实际是监控程序生成的。它包括用户的数据结构、用户元件区分配、用户程序存储区、用户参数、文件存储区等。

（1）用户程序语言　FX 系列 PLC 编程语言有：梯形图、语句表、功能块图是三种基本语言。

（2）用户数据结构　用户数据结构主要分为以下三类：

第一类为位数据。这是一类逻辑量，其值为"0"或"1"。最原始的 PLC 中处理的就是这类数据，至今还有不少低档 PLC 仅能做这类处理。它表示触点的通、断，线圈的通、断，标志的 ON、OFF 状态等。

第二类为字数据，其数制、位长、形式都有很多形式。为使用方便通常都为 BCD 码的形式。实际处理时还可选用八进制、十六进制、ASCII 的形式。

由于对控制精度的要求越来越高，FX3U 及以上系列 PLC 中开始采用浮点数，它极大地提高了数据运算的精度。

第三类为字与位的混合，即同一个组件有位元件又有字元件。例如 T（定时器）和 C（计数器），它们的触点为位，而设定值寄存器和当前值寄存器又为字。另外，还有 Kn + bit 也属于此类，如 K2M0、K1S0 等。

1.2.3　PLC 的工作原理

1. 扫描技术

PLC 是一种工业控制计算机，用户程序通过编程器输入并存放在 PLC 的用户存储器中。当 PLC 运行时，用户程序中有众多的操作需要去执行，但 CPU 是不能同时执行多个操作的，它只能按分时操作原理工作，即每一时刻只执行一个操作。由于 CPU 的运算处理速度很高，使得外部出现的结构从宏观上看好像是同时完成的。这种按分时原则，顺序执行程序的各种操作的过程称为 CPU 对程序的扫描。执行一次扫描的时间称为扫描周期。每扫描完一次程序就构成一个扫描周期，然后再返回第一条指令开始新的一轮扫描，PLC 就是这样周而复始地重复上述的扫描周期。

2. PLC 的工作过程

PLC 是在系统软件的控制和指挥下，采用循环顺序扫描的方式工作的，其工作过程就是程序的执行过程，它分为输入采样、程序执行和输出刷新三个阶段，如图1-8所示。

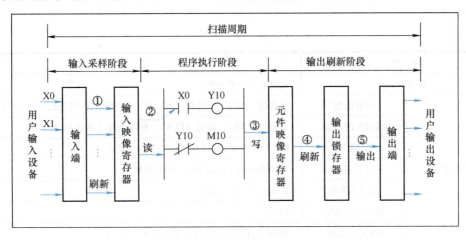

图1-8 PLC的扫描工作过程

（1）输入采样阶段　在输入采样阶段，PLC以扫描工作的方式读取所有输入状态和数据状态，并写入到输入映像寄存器中，此时，输入映像寄存器被刷新。

（2）程序执行阶段　在程序执行阶段，PLC逐条解释和执行程序。若是梯形图程序，则按先上后下、先左后右的顺序进行扫描（执行）。

（3）输出刷新阶段　当所有的用户程序执行完后，集中将元件映像寄存器中的输出元件（即输出继电器）的状态（此状态存放在对应的输出映像寄存器中）转存到输出锁存寄存器中，经过输出模块隔离和功率放大，转换成被控设备所能接收的电压或电流信号后，再去驱动被控制的用户输出设备（即外部负载）。

PLC重复地执行上述三个阶段。每重复一次的时间即为一个扫描周期。扫描周期的长短与用户程序的长短有关。

1.3　FX5U PLC的资源

MELSEC iQ-F PLC目前有FX5U、FX5UC和FX5UJ三个系列。本书介绍FX5U系列PLC。

FX5U系列是三菱新一代PLC，机身小巧，却兼备丰富的功能与扩展性。是一种集电源、CPU、输入/输出为一体的一体化PLC。通过连接多种多样的扩展机器，以满足客户的各种需求。实现了系统总线的高速化，充实了内置功能，支持多种网络的新一代PLC。从单机使用到涵盖网络的系统提案，强有力地支持客户的需求。

1.3.1　FX5U PLC的硬件资源

1. FX5U PLC技术性能

（1）FX5U PLC主要性能规格　FX5U PLC的CPU模块不但集成内置CPU、存储器、输入和输出模块、电源模块和通信模块，其各方面性能规格比FX3U及以下系列产品有明显的优势，FX5U PLC主要性能规格见表1-4。

（2）FX5U PLC内置功能　由于FX5U PLC拥有高速CPU的同时，实现了达到1.5k字/ms的高速总线通信功能，因而其内置功能强大。内置功能包含内置485、内置以太网、内置模拟量输入、内置模拟量输出、内置定位控制和内置高速计数,其各自规格见表 1-5 ~ 表 1-10。

表 1-4　FX5U PLC 主要性能规格

项　　目		规　　　格
控制方式		存储程序反复运行
编程规格	编程语言	梯形图（LD）、结构化文本（ST）、功能块图/梯形图（FBD/LD）
编程规格	编程扩展功能	功能块（FB）、功能（FUN）、标签编程（本地/全局）
编程规格	恒定扫描	0.5~2000ms（可以 0.1ms 为单位设置）
编程规格	恒定周期中断	1~60000ms（可以 1ms 为单位设置）
编程规格	定时器规格	100ms、10ms、1ms
编程规格	程序执行数量	32 个
编程规格	FB 文件数量	16 个（用户使用的文件最大数量为 15 个）
动作规格	执行类型	待机型、初期执行型、扫描执行型、固定周期执行型、事件执行型
动作规格	中断类型	内部定时器中断、输入中断、高速比较一致中断、模块中断
指令处理时间		34ns
存储容量		程序容量：48k 步（96k 字节、闪存）；SD/SDHC 存储卡：最大 16G 字节 软元件/标签存储器：120k 字节；数据存储器/标准 ROM：5M 字节
最大存储文件数量		软元件/标签存储器 1 个；P 程序文件数 32 个；FB 文件数 16 个
时钟功能		年、月、日、时、分、秒、星期（自动判断闰年）
输入/输出点数		I/O 点数≤256 点,远程 I/O 点数≤256 点。I/O 点数 + 远程 I/O 点数≤256 点

表 1-5　FX5U PLC 内置 RS-485 通信功能一览表

项目	规格说明
传送规格	RS-485/RS-422 规格标准
数据传送速度	最大 115.2kbit/s
数据传送距离	50m
通信模式	全双工/半双工
支持协议/功能	MELSOFT 连接、MC 协议（3C/4C 帧）、MODBUS RTU、通信协议支援、变频器通信、简易 PC 间通信
终端电阻	内置（OPEN/110Ω/330Ω）

表 1-6　FX5U PLC 内置 Ethernet 通信功能一览表

项目	规格说明
数据传送速度	100/10Mbit/s
通信模式	全双工/半双工
端口	RJ45 连接器
传送方法	基带
最大段码长	100m（集线器与结点之间的长度）

（续）

项目	规格说明
级联连接段数	100BASE-TX 最大 2 段、10BASE-T 最大 4 段
支持协议	CC-Link IE 现场网络 basic、MELSOFT 连接、Socket 通信、SLMP（3E/4E 帧）、通信协议支援、FTP 服务器
使用电缆	100BASE-TX 连接时，Ethernet 标准对应品电缆 5 类以上（STP 电缆） 10BASE-T 连接时，Ethernet 标准对应品电缆 3 类以上（STP 电缆）
连接数	MELSOFT 连接、SLMP、套接字通信、通信协议支援的合计为 8 个（1 台 CPU 模块上可同时登录的外部设备的数最大为 8 台）

表 1-7　FX5U PLC 内置模拟量输入功能一览表

项目	规格说明
模拟量输入点数	2 点（2 通道）
模拟量输入（电压）	DC 0~10V（输入电阻 115.7kΩ）
数字输出	12 位无符号二进制
软元件分配	SD6020（通道 1 的数据），SD6060（通道 2 的数据）
输入特性	数字输出值 0~4000，最大分辨率 2.5mV
变换速度	30μs/通道（每次运算周期时数据更新）
输入/输出占用点数	0 点（与 PLC 的最大输入/输出点数无关）
精度	（对数字输出值的最大值精度）环境温度 0±55℃：±1.0%

表 1-8　FX5U PLC 内置模拟量输出功能一览表

项目	规格说明
模拟量输出点数	1 点（1 通道）
数字输入	12 位无符号二进制
模拟量输出（电压）	DC 0~10V（输入电阻 115.7kΩ）
软元件分配	SD6180（通道 1 的输出数据）
输出特性	数字输入 0~4000，最大分辨率 2.5mV
变换速度	30μs/通道（每次运算周期时数据更新）
输入/输出占用点数	0 点（与 PLC 的最大输入输出点数无关）
精度	（对数字输出值的最大值精度）环境温度 0℃±55℃：±1.0% 以内

表 1-9　FX5U PLC 内置定位控制功能一览表

项目	规格说明
控制轴数	独立 4 轴（2 轴同时起动的简易线性插补；脉冲输出模式为 CW/CCW 模式时，可实现 2 轴控制）
最大频率数	2147483647（脉冲换算为 200kpps）
对应的 CPU 模块	晶体管输出机型
定位程序	PLC 程序，表格运行；脉冲输出指令：1 种（PLSY）
定位	8 种脉冲输出形式（DSZR、DVIT、TBL、PLSV、DRVI、DRVA、DRVTBL、DRVMUL）

表1-10 FX5U PLC内置高速计数功能一览表

项目	规格说明
计数种类	1相1输入（S/W）/1相1输入（H/W）/1相2输入/2相2输入［1倍增］最大频率200kHz、2相2输入［3倍增］最大频率100kHz、2相2输入［4倍增］最大频率50kHz
中断输入	参数设定方式
计数指令	32位数据比较置位/比较复位/数据区间比较
处理指令	16/32位数据高速输入输出功能开始/停止
当前值传送指令	16/32位数据高速当前值传送

2. FX5U PLC的硬件组成

（1）FX5U PLC各部分名称　为读者使用方便，将FX5U PLC面板各部件名称和作用进行介绍。FX5U PLC面板正面如图1-9所示，各部位作用说明见表1-11。打开正面盖板的状态如图1-10所示，各部位作用说明见表1-12。

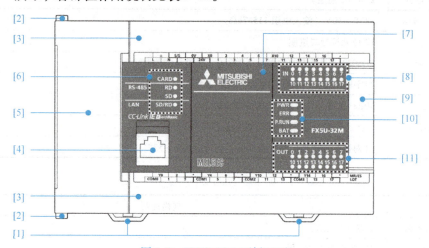

图1-9　FX5U PLC面板正面

表1-11　FX5U PLC正面各部位说明

编号	名称	作用及相关说明
[1]	DIN导轨安装用卡扣	用于将CPU模块安装在DIN46277（宽度：35mm）的DIN导轨上的卡扣
[2]	扩展适配器连接用卡扣	连接扩展适配器时，用此卡扣固定
[3]	端子排盖板	保护端子排的盖板
[4]	内置以太网通信用连接器	接线时可打开此盖板作业，运行（通电）时，请关上此盖板
[5]	上盖板	保护SD存储卡槽、RUN/STOP/RESET开关等的盖板 内置功能端子排、RUN/STOP/RESET开关、SD存储卡槽等位于此盖板下
[6]	CARD LED	显示SD存储卡是否可以使用 灯亮：可以使用或不可拆下；闪烁：准备中；灯灭：未插入或可拆下
	RD LED	内置RS-485通信接收数据时灯亮
	SD LED	内置RS-485通信发送数据时灯亮
	SD/RD LED	内置以太网通信收发数据时灯亮

(续)

编号	名称	作用及相关说明
[7]	连接器盖板	保护连接扩展板用的连接器、电池等的盖板。电池安装在此盖板下
[8]	输入显示 LED	输入接通时灯亮
[9]	次段扩展连接器盖板	保护次段扩展连接器的盖板
[10]	PWR LED	显示 CPU 模块的通电状态。灯亮：通电中；灯灭：停电中或硬件异常
[10]	ERR LED（显示 CPU 模块的错误状态）	灯灭：正常动作中 灯亮：发生错误中/硬件异常 闪烁：出厂状态/发生错误中/硬件异常/复位中
[10]	P. RUN LED（显示程序的动作状态）	灯亮：正常动作中；灯灭：停止中，或发生停止错误中 闪烁：PAUSE 状态/停止中（程序不一致）/运行中写入时
[10]	BAT LED	显示电池的状态。闪烁：发生电池错误中；灯灭：正常动作中
[11]	输出显示 LED	输出接通时灯亮

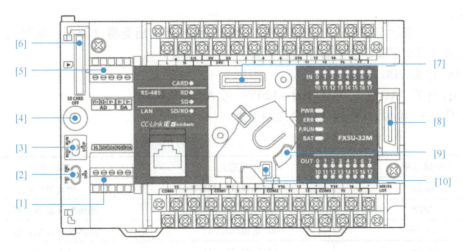

图 1-10　FX5U PLC 打开正面盖板的状态

表 1-12　FX5U PLC 打开正面盖板的状态各部件说明

编号	名称	内容
[1]	内置 RS-485 通信用端子排	用于连接支持 RS-485 的设备的端子排
[2]	RS-485 终端电阻切换开关	切换内置 RS-485 通信用的终端电阻开关
[3]	RUN/STOP/RESET 开关	操作 CPU 模块的动作状态的开关 RUN：执行程序 STOP：停止程序 RESET：复位 CPU 模块（倒向 RESET 侧保持约 1s）
[4]	SD 存储卡使用停止开关	拆下 SD 存储卡时停止存储卡访问的开关
[5]	内置模拟量输入输出端子排	用于使用内置模拟量功能的端子排
[6]	端子名称	记载电源、输入、输出端子的信号名称
[7]	SD 存储卡槽	安装 SD 存储卡的槽

编号	名称	内容
[8]	连接扩展板用的连接器	用于连接扩展板的连接器
[9]	次段扩展连接器	连接扩展模块的扩展电缆的连接器
[10]	电池座	存放选件电池的支架

（2）FX系列PLC型号识别 FX系列PLC的型号表示方法如图1-11所示，图中各位的意义如下：

I/O点数：表示PLC系统输入和输出的总点数之和。目前FX5U有32点、64点、80点三种规格。

单元形式：表示单元的形式。M表示主单元，E表示扩展混合单元及扩展单元，EX表示输入扩展单元，EY表示输出扩展单元。

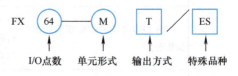

图1-11 FX系列PLC的型号表示方法

输出方式：表示PLC输出的形式。有三种类型，分别为R（继电器输出）、T（晶体管输出）、S（双向晶闸管输出）。晶体管输出又分源型输出和漏型输出。但目前没有双向晶闸管输出型。

特殊品种：表示电源形式（交流电源、直流电源）和输出类型（源型、漏型）。常见有以下种形式。目前FX5U常见品种见表1-13。

D：DC电源，DC输入；

A：AC电源，AC输入（AC 100～120V）或AC输入模块；

无记号：AC电源，DC输入，横式端子排。

表1-13 FX5U特殊品种中常见类型

特殊品种	电源形式	输出类型
R/ES	AC电源/DC 24V	继电器输出
T/ES	AC电源/DC 24V	晶体管（漏型）输出
T/ESS	AC电源/DC 24V	晶体管（源型）输出
R/DS	DC电源/DC 24V	继电器输出
T/DS	DC电源/DC 24V	晶体管（漏型）输出
T/DSS	DC电源/DC 24V	晶体管（源型）输出

例如：图1-11中FX5U-64MT/ES表示该PLC为FX5U系列、I/O总点数为64点、AC电源/DC 24V、晶体管漏型输出方式。

1.3.2 FX5U系统的硬件组建

一个FX5U PLC系统能完成什么功能，除了CPU主单元功能外，还要配置相应的模块。也就是系统组建的要求，包括能配置哪些模块、可以配置模块的数量、配置位置等问题，在工程实践中是必须要解决的。因此，FX5U PLC的系统构成时必须遵循以下5个规定。

1. 设备位置规定

1）扩展板配置在FX5U CPU的正面。

2）扩展适配器只能配置FX5U CPU的左侧。

3）扩展模块只能配置FX5U CPU的右侧（包括FX5U的I/O模块、FX5U的扩展电源模块、FX5U 的智能模块)。

4) 当扩展模块离 CPU 模块较远时,可以配置扩展延长电缆,但只能有一根。

2. 设备台数的规定

FX5U CPU 模块在每个系统中可连接的扩展设备台数都是有限制。系统扩展配置台数规定示意如图 1-12 所示。设备台数的限制遵循下列规定。

1) 一个系统中的 CPU 只能有一台。

2) 扩展适配器模拟量模块只能 4 台,扩展适配器通信模块只能 2 台。

3) 扩展模块最多只能 16 台,但扩展电源模块、连接器转换模块不包含在台数内。

4) 扩展板在 CPU 模块正面最多可连接 1 台。

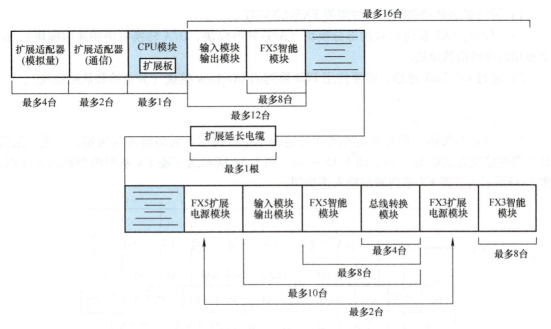

图 1-12 系统扩展配置台数规定示意图

3. 输入和输出点数的规定

1) FX5U CPU 模块构成的系统中,可以扩展设备输入/输出点数最大不超过 256 点(含 CPU 本身 I/O 点数在内)。

2) 系统中可以扩展远程 I/O 点数最大不超 384 点。但是,系统中输入/输出点数与远程 I/O 数之和不能超过 512 点。

远程 I/O 计算包括:CC-Link IE 现场总线 Basic 远程 I/O 点数 + CC-Link 远程 I/O 点数 + Any Wire SLINK 远程 I/O 点数。

按照"占用站数×64 点"计算 CC-Link IE 现场网络 Basic 上使用的远程 I/O 点。

按照"站数×32 点",计算 FX3U-16CCL-M 中实际使用的远程 I/O 点数。

4. 电源管理规定

1) 未内置电源的扩展设备的电源由 CPU 模块、电源内置输入/输出模块或扩展电源模块等供电。

2) 扩展设备的连接台数需要根据此电源容量确定。

3）当系统的电源容量不够时，可以配置扩展电源模块。

有关电源供电方式如图1-13所示。

图1-13 电源供电方式说明

5. 扩展设备使用时的规定

1）使用扩展连接器的模块时需要FX5-CNV-IF。

2）可以与FX3系列PLC的部分模块（A/D转换模块、D/A转换模块和通信模块），但要使用总线转换器模块。

3）进行CC-Link通信，需要使用FX3系列的CC-Link模块（分主站和从站模块）。

1.3.3 PLC的外部控制接线

1. 输入接口电路接线

（1）PLC与按钮、开关等输入元件的连接 PLC基本单元的输入与按钮、开关、限位开关等的接线方法如图1-14、图1-15所示，图1-14所示为三菱FX系列源型输入连接图。图1-15所示为三菱FX系列漏型输入连接图。

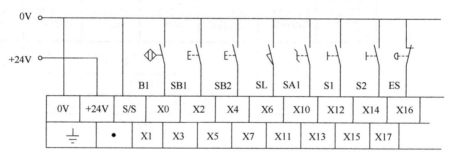

图1-14 源型PLC与按钮、开关等连接图

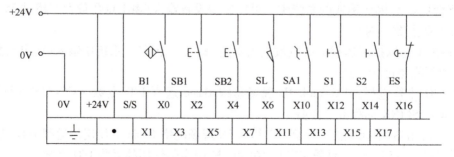

图1-15 漏型PLC与按钮、开关等连接图

（2）传感器用外部电路 PLC的输入电源是由PLC内部的DC 24V电源供给。对于光电开关等传感器用外部电源驱动时，建议用外部电源须为DC 24V±4V，传感器的输出晶体管须为PNP集电极开路型（对于源型）或NPN集电极开路型（对于漏型）。

传感器的种类很多，其输出方式也各不相同，接近开关、光电开关、磁性开关等为两线式传感器。图 1-16 为源型 PLC 与二线式传感器连接图，图 1-17 为漏型 PLC 与二线式传感器连接图。

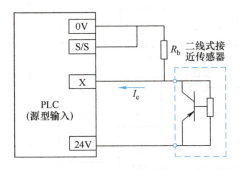

图 1-16 源型输入 PLC 与传感器连接图

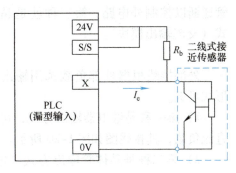

图 1-17 漏型输入 PLC 与传感器连接图

PNP 与 NPN 型传感器其实就是利用晶体管的饱和和截止输出两种不同的状态，属于开关型传感器，但二者输出信号是相反的，即高电平和低电平。PNP 输出的是低电平 0，NPN 输出的是高电平 1。

传感器一般有三条引出线，即电源线 V_{CC}、0V、OUT 信号输出线（少数有四条线的可能是传感器的校验线，校验线不与 PLC 输入端连接）。

NPN 指当有信号触发时，信号输出线 OUT 和电源线 V_{CC} 连接，相当于输出高电平的电源线。PNP 指当有信号触发时，信号输出线 OUT 和 0V 连接，相当于输出低电平 0V。

通常接近开关有三根和四根引出线，一般的标记方法基本都是：橙色电源 +；蓝色电源 -；黑色输出；白色也是输出（只有常开 + 常闭的才有）。PNP 的输出电压信号为 +；NPN 的输出电压信号为 -；而常开 + 常闭的有四根线，黑色是常开输出，白色是常闭输出，输出电压信号正负和前面叙述的 PNP、NPN 型号的接近开关一致。特殊情况也有极少数厂家颜色标记不一样的，使用时要看清出厂说明书。

图 1-18 所示为源型 PLC 与三线式传感器连接图，图 1-19 所示为漏型 PLC 与三线式传感器连接图。

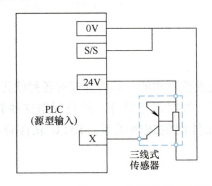

图 1-18 源型输入 PLC 与传感器连接图

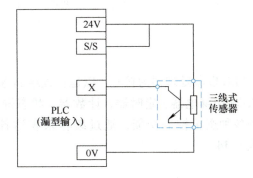

图 1-19 漏型输入 PLC 与传感器连接图

2. 输出外部接线

输出接口按照输出方式的不同分三种方式：一种是继电器输出方式（交/直流输出模

块），CPU 接通继电器的线圈，继而吸合触点，而触点与外线路构成回路；第二种是晶体管输出方式（直流输出模块），它是通过光电耦合器使开关管通断以控制外电路；第三种就是晶闸管输出方式（交流输出模块）。目前 FX5U CPU 模块无晶闸管输出方式。

外部接线根据外部负载选用输出形式有三种形式可选。

1）第一种是继电器输出方式，可驱动交流和直流负载，其接线图如图 1-20 所示。

2）第二种是晶体管输出方式（漏型），负载流入输出端子，其接线图如图 1-21 所示。

3）第三种是晶体管输出方式（源型），负载从输出端子流出，其接线图如图 1-22 所示。

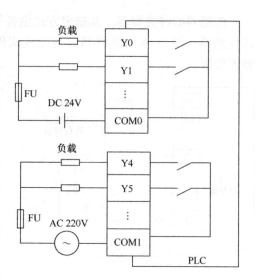

图 1-20　继电器输出方式接线图

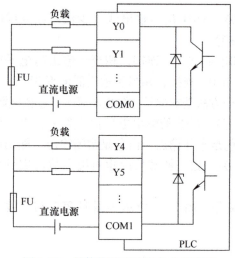

图 1-21　晶体管漏型输出方式接线图

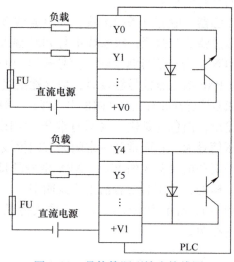

图 1-22　晶体管源型输出接线图

1.3.4　FX5U PLC 的软件资源

PLC 以微处理器为核心，以运行程序的方式完成控制功能。其内部拥有各种软元件，如输入/输出继电器、定时器、计数器、状态寄存器、数据寄存器等。用户利用这些软元件，实现各种逻辑控制功能，通过编程来表达各软元件间的逻辑关系。FX5U 软件资源汇总见表 1-14。

表 1-14　FX5U 软件资源汇总

资源范围	软元件名称（符号）	类型	数制	相关说明
用户软元件	输入继电器（X）	位	8	X 和 Y 均有 1024 点，但分配到输入输出的 X、Y 合计最大 256 点
	输出继电器（Y）	位	8	

(续)

资源范围	软元件名称（符号）		类型	数制	相关说明
用户软元件	辅助继电器（M）		位	10	32768 点，可以通过软件进行参数更改
	锁存继电器（L）		位	10	32768 点，可以通过软件进行参数更改
	链接继电器（B）		位	16	32768 点，可以通过软件进行参数更改
	报警器（F）		位	10	32768 点，可以通过软件进行参数更改
	链接特殊继电器（SB）		位	16	32768 点，可以通过软件进行参数更改
	步进继电器（S）		位	10	4096 点，固定
	定时器（T）		字	10	1024 点，可以通过软件进行参数更改
	累积定时器（ST）		字	10	1024 点，可以通过软件进行参数更改
	计数器（C）		字	10	1024 点，可以通过软件进行参数更改
	长计数器（LC）		双字	10	1024 点，可以通过软件进行参数更改
	数据寄存器（D）		字	10	8000 点，可以通过软件进行参数更改
	链接寄存器（W）		字	16	32768 点，可以通过软件进行参数更改
	链接特殊寄存器（SW）		字	16	32768 点，可以通过软件进行参数更改
系统软元件	特殊继电器（SM）		位	10	10000 点，固定
	特殊寄存器（SD）		字	10	12000 点，固定
模块访问	智能模块访问软元件		字	10	65536 点，以 U/G 指定
变址寄存器	变址寄存器（Z）		字	10	24 点
	超长变址寄存器（LZ）		双字	10	12 点
文件寄存器	文件寄存器（R）		字	10	32768 点，可以通过软件进行参数更改
嵌套	嵌套（N）		—	10	15 点，固定
指针	指针（P）		—	10	4096 点
	中断指针（I）		—	10	178 点，固定
其他	十进制常数（K）	带符号	—		16 位时：－32768 ~ +32767 32 位时：－2147483648 ~ +2147483647
		无符号	—		16 位时：0 ~ 65535、32 位时：0 ~ 4294967295
	十六进制常数（H）		—		16 位时：0 ~ FFFF、32 位时：0 ~ FFFFFFFF
	实数常数（E）		—		E－3.40282347＋38 ~ E－1.17549435－38、0、 E1.17549435－38 ~ E3.40282347＋38

在 PLC 内，每个软元件都分配了一个地址号，也叫软元件编号。软元件的表达方式为："表示元件类型的英文字母 + 编号（地址号）"，如 M100、Y30 等。现将 FX5 软件资源分类并进行归纳如下：

软元件
- 位软元件：X Y M (SM) L S B (SB) F
- 字软元件：
  - T (ST) C (LC) D (SD) Z (LZ) R W (SW)
  - KnX KnY KnM KnS
- 标号：
  - 分支指标：Pn
  - 中断指针：I xxx
  - 主控嵌套级：N
- 其他：
  - K（十进制常数）H（十六进制常数）E（实数常数）
  - 模块访问软元件：U□/G□

1. 输入继电器（X）和输出继电器（Y）

输入继电器（X）接受来自 PLC 外部输入设备（按钮、选择开关、限位开关等）提供的信号。换句话说，是外部设备提供的信号通过输入端子来驱动输入继电器的线圈，从而使输入继电器的触点动作（触点的 ON/OFF 状态发生改变）。输入继电器有无数的常开和常闭触点供用户编程时使用。如图 1-23 所示，当按下按钮时，输入信号通过 X0 输入端子，驱动 X0 输入继电器的线圈（线圈得电），输入继电器的常开触点闭合，常闭触点断开。

输出继电器（Y）是将 PLC 运算的结果（输出信号）通过输出端子送给外部负载（如接触器、电磁阀、指示灯等）。如图 1-23 右边所示，输出继电器只有一个硬元件输出触点与输出端子相连，输出继电器的线圈被驱动后，该输出触点动作（触点闭合），它直接驱动负载。而输出继电器有无数对软常开和常闭触点供用户编程时使用。输出继电器的线圈（如 Y000）由 PLC 内的各软元件的触点驱动。

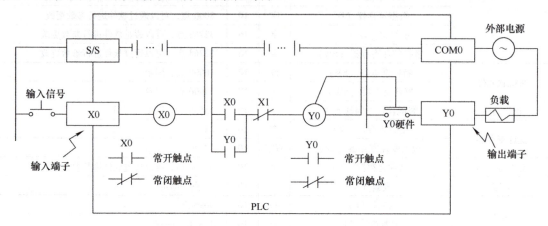

图 1-23 输入/输出继电器信号图

输入/输出继电器的地址编号是以八进制数表示。其基本单元为
1）输入：X0 ~ X7、X10 ~ X17、X20 ~ X27……
2）输出：Y0 ~ Y7、Y10 ~ Y17、Y20 ~ Y27……

扩展单元和扩展模块的输入/输出地址号，从与之相连的基本单元的地址号之后顺序分配。如：FX5U - 32M 基本单元配 FX5 - 32E 扩展单元。

基本单元 I/O 编号为：X0 ~ X7、X10 ~ X17；Y0 ~ Y007、Y10 ~ Y17。

扩展单元 I/O 编号为：X30 ~ X37、X40 ~ Y47；Y30 ~ Y37、Y40 ~ Y47。

2. 辅助继电器（M/SM）

（1）辅助继电器（M） PLC 内拥有许多的辅助继电器（M），辅助继电器的线圈与输出继电器一样，由 PLC 内各软元件的触点驱动。但这些继电器在 PLC 内部只起传递信号的作用，不与 PLC 外部发生联系，在逻辑运算中作为辅助运算、状态缓存、移位等。辅助继电器有无数的常开和常闭触点供用户编程时使用。该触点不能驱动外部负载，外部负载的驱动必须由输出继电器驱动。

当 CPU 模块断电时，重新上电时，辅助继电器状态将会复位（清零）。

辅助继电器（M）的地址编号是按十进制数分配的。

（2）特殊辅助继电器（SM） 特殊用途的辅助继电器是 PLC 内部确定规格的内部继电

器，因此不能像通常的内部继电器那样用于程序中。但是，可根据监控继电器状态反映系统运行情况，或根据需要通过设置为 ON/OFF 来控制 CPU 模块相应功能。按其使用效能分系统时钟、驱动器信息、指令相关、固件更新功能、数据记录功能、CC-Link IE 现场网络 Basic 功能、高速输入输出、内置模拟量用、步进专用等，现将常用的特殊辅助继电器列于表 1-15 中。

表 1-15 常用特殊辅助继电器用法

编号		动作机能或说明
FX5 专用	FX3 兼容	
SM52	SM8005	电池电压低。OFF：正常，ON：电池电压低
SM62	—	报警器。OFF：未检测出，ON：检测出有报警
SM210	—	时钟数据设置请求。OFF→ON：有设置请求，ON→OFF：设置完成
SM213	—	时钟数据读取请求。OFF：无处理，ON：读取请求
SM400	SM8000	RUN 监控，常开触点
SM401	SM8001	RUN 监控，常闭触点
SM402	SM8002	RUN 后仅 1 个扫描周期为 ON
SM403	SM8003	RUN 后仅 1 个扫描 OFF
SM409	SM8011	10ms 时钟。每 10ms 发一脉冲（ON：5ms/OFF：5ms）
SM410	SM8012	100ms 时钟。每 100ms 发一脉冲（ON：50ms/OFF：50ms）
SM412	SM8013	1s 时钟。每 1s 发一脉冲（ON：0.5s/OFF：0.5s）
SM413	—	2s 时钟。每 2s 发一脉冲（ON：1s/OFF：1s）
—	SM8014	1min 时钟（ON：30s/OFF：30s）
—	SM8020	零标志，加减运算结果为"0"时置位
—	SM8021	借位标志，减法运算结果小于最小负数值时置位
—	SM8022	进位标志，加法运算有进位时或结果溢出时置位

3. 定时器（T）/累积定时器（ST）

PLC 内拥有许多的定时器，属于字元件，定时器的地址编号用十进制表示。定时器的作用相当于一个时间继电器。有设定值、当前值和无数个常开/常闭触点供用户编程时使用，当定时器的线圈被驱动时，定时器以增计数方式对 PLC 内的时钟脉冲进行累积，当累积时间达到设定值时，其触点动作。

定时器可用常数 K 作为设定值，也可用数据寄存器（D）的内容作为设定值。

PLC 内部有定时器（T）和累积定时器（ST）两种类型。

定时器有 100ms、10ms、1ms 三种分辨率，分别对应低速定时器、普通定时器、高速定时器三种。三者可使用同一软元件，通过定时器的指定（指令的写法）变为低速定时器/普通定时器/高速定时器，即通过定时器输出指令 OUT、OUTH 和 OUTHS 指令来区分。例如：对于同一 T0，采用 OUT T0 时为低速定时器（100ms），采用 OUTH T0 时为普通定时器（10ms），采用 OUTHS T0 时为高速定时器（1ms）；累积定时器使用方法相同。

定时器设定值的范围为 1～32767，不同分辨率下定时器的定时范围也不同。定时器特性分类见表 1-16。

表 1-16 FX5U 系列 PLC 的定时器特性

指令符号	属性	名称功能	定时分辨率	计时范围/s
OUT T□	停电不保持。需要复位	低速定时器	100ms	0.1~3276.7
OUTH T□		普通定时器	10ms	0.01~327.67
OUTHS T□		高速定时器	1ms	0.001~32.767
OUT ST□	停电保持。需要通过 RST ST□指令复位	低速累积定时器	100ms	0.1~3276.7
OUTH ST□		累积定时器	10ms	0.01~327.67
OUTHS ST□		高速累积定时器	1ms	0.001~32.767

说明：表中□可以用同一编号。

(1) 普通定时器　普通定时器（T），当 PLC 停电后，定时器当前值数据清零，再上电后定时器从当 0 开始计时直到设定值。默认情况下，通用定时器有 512 个，对应编号为 T0~T511。

普通定时器示例如图 1-24 所示，T0 是 100ms（0.1s）普通定时器。

图 1-24　定时器应用实例

(2) 累积定时器（ST）　计时线圈电路处于 ON 状态的时间，累积定时器的线圈为 ON 时开始计测，当前值与设置值一致（时限到）时，累积定时器的触点将变为 ON。即使累计定时器的线圈变为 OFF，也将保持当前值及触点的 ON/OFF 状态。线圈再次变为 ON 时，从保持的当前值开始重新计测。通过 RST ST□指令，进行累计定时器当前值的清除和触点的 OFF。

默认情况下，可使用累积定时器有 16 个，对应编号为 ST0~ST15。

累积定时器的使用示例如图 1-25 所示，当 X0 为"ON"时，累积定时器线圈被驱动，定时器 ST0 以 0.1s 为单位增计时方式计时，当计时值等于设定值 20s（K200×0.1s）时，定时器的触点动作（常开触点闭合/常闭触点断开）。在计时过程中，若 X0 在 15s 时断开（或停电），定时器 ST0 停止计时，X0 再次为"ON"（或再上电）时，累积定时器 ST0 会继续累积计时到设定值 20s 时，累积定时器 ST0 的触点动作。若复位输入 X1 为"ON"时，累积定时器 ST0 复位，其触点也复位。

4. 状态寄存器（S）

PLC 内拥有许多状态寄存器，按十进制编号分配，属于位元件。状态寄存器在 PLC 内提供了无数的常开/常闭触点供用户编程使用。通常情况下，状态寄存器与步进控制指令配合使用，完成对某一工序的步进顺序动作的控制。

当状态寄存器不用于步进控制指令时，可当作辅助继电器（M）使用，功能同（M）一

项目 1　认识 FX5U PLC 的控制系统

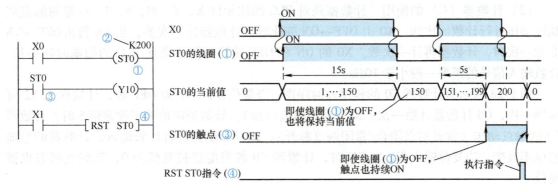

图 1-25　累积定时器动作参考程序及时序图

样，参考程序如图 1-26 所示。

5. 报警器（F）

报警器是在由用户创建的用于检测设备异常/故障程序中使用的内部继电器，是位元件。如图 1-27 所示，将报警器置为 ON 时，SM62（报警器检测）将为 ON，SD62（报警器编号）~SD79（报警器检测编号表）中将存储变为 ON 的报警器的个数及编号。

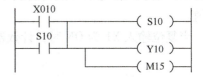

图 1-26　状态寄存器作辅助继电器用

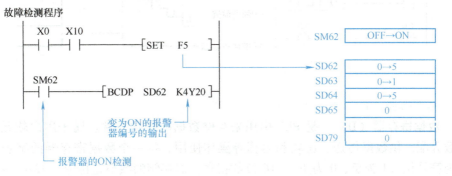

图 1-27　报警器使用示例

6. 计数器（C）

PLC 的计数器是按十进制编号分配的，属于字元件，计数器可用常数 K 作为设定值，也可用数据寄存器（D）的内容作为设定值。计数器拥有无数对常开/常闭触点供用户编程时使用，当计数器的线圈被驱动时，计数器以增计数方式计数，当计数值达到设定值时，计数器触点动作。

（1）计数器的分类　根据计数器数据长度分为计 16 位数器（C）和 32 位超长计数器（LC），计数器（C）与超长计数器（LC）是不同的软元件，可分别设置软元件点数。

计数器（C）：1 点使用 1 字，可计数范围为 0 ~ 32767。默认计数器个数为 256 个，对应编号为 C0 ~ C255。

超长计数器（LC）：1 点使用 2 字，可计数范围为 0 ~ 4294967295。计数器为 64 个，对应编号为 LC0 ~ LC63。有关其使用在后文中讲解。

(2)计数器(C)的使用 计数器是对 PLC 的软元件 X、Y、M、S、T、C 等的触点周期性动作进行计数。比如：X0 由 OFF→ON 变化时，计数器计一次数，当 X0 再由 OFF→ON 变化一次时，计数器再计一次数。X0 的 ON 和 OFF 持续时间必须比 PLC 的扫描时间要长。计数输入信号的频率一般小于 10Hz。

图 1-28 所示为计数器 C0 的程序及时序图，当复位输入 X1 为 OFF 时，计数输入 X2 每接通一次，C0 计数器计数一次，即当前计数值增加 1。计数当前值等于设定值 5 时，计数器 C0 的触点动作（常开触点闭合/常闭触点断开）。此时即使仍然有计数输入，计数器的当前值也不改变。当复位输入 X1 为 ON 时，计数器 C0 的当前值被复位为 0，其触点状态也被复位。

计数器在计数过程中，切断电源时，计数器的计数当前值被清除，计数器触点状态复位；而停电保持型计数器的计数当前值、触点状态被保持。若 PLC 再通电，停电保持型计数器的计数值从停电前计数当前值开始增计数，触点为停电前状态，直到计数当前值等于设定值。

当复位输入 X1 为 ON 时，计数器不能计数或者计数器当前值清零，触点状态复位。

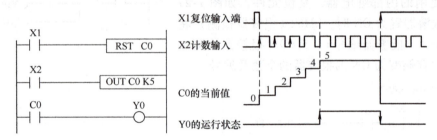

图 1-28 计数器 C0 的程序及时序图

7. 数据寄存器（D）/特殊数据寄存器（SD）

(1)数据寄存器（D） 是 PLC 中用来存储数据的字软元件。属于用户软元。件地址按十进数分配。供数据传送、比较和运算等操作使用。每一个数据寄存器的字长为 16 位，最高位为符号位（1 为负，0 为正）。16 位数据寄存器存储的数值范围是 −32768 ~ +32767。如图 1-29 所示。

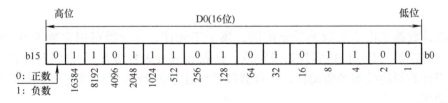

图 1-29 16 位数据寄存器结构

两个地址号相邻的数据寄存器组合可用于处理 32 位数据，通常指定低位，高位自动占有。例如指定了 D20，则高位自动分配为 D21。考虑到编程习惯和外围设备的监控功能，建议在构成 32 位数据时低位用偶数地址编号。32 位数据寄存器存储的数值范围是 −2147483648 ~ +2147483647。

程序运行时，只要不对数据寄存器写入新数据，数据寄存器中的内容就不会变化。通常可通过程序的方式或通过外部设备对数据寄存器的内容进行读/写。数据寄存器的应用示例如图 1-30 所示。

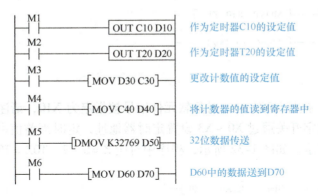

图 1-30 数据寄存器的应用示例

（2）特殊数据寄存器（SD） 是 PLC 内部确定规格的内部寄存器，因此不能像通常的内部寄存器那样用于程序中。但是，可根据需要写入数据以控制 CPU 模块。常用的特殊数据寄存器见表 1-17，其他特殊数据寄存器的作用可查看 FX5U 用户手册。

表 1-17 常用的特殊数据寄存器（SD）

编号	名称	作用说明	读写属性
SD62	报警器 No.	最先检测出的报警器 No.（F 的编号）	R
SD63	报警器个数	检测出报警器的个数将被存储	R
SD64 ~ SD79	报警器检测编号表	报警器检测编号将被存储	R
SD210	时钟数据（公历）年	时钟数据（公历）年将被存储	R/W
SD211	时钟数据（月）	时钟数据（月）将被存储	R/W
SD212	时钟数据（日）	时钟数据（日）将被存储	R/W
SD213	时钟数据（时）	时钟数据（时）将被存储	R/W
SD214	时钟数据（分）	时钟数据（分）将被存储	R/W
SD215	时钟数据（秒）	时钟数据（秒）将被存储	R/W
SD216	时钟数据（星期）	时钟数据（星期）将被存储	R/W
SD218	时区设置值	参数中设置的时区设置值以"分"为单位被存储	R

8. 变址寄存器（Z）、（LZ）

变址寄存器（Z）是字长为 16 位的数据寄存器，与通用数据寄存器一样可进行数据的读写。在 32 位的变址修饰中使用超长变址寄存器（LZ）。

（1）修饰十进制数软元件、数值 可修饰 M、S、T、C、D、R、KnM、KnS、P、K。

例：Z0 = K8，执行 D20Z0 时，对应的软元件软元件编号则为 D28（20 + 8）。

例：Z1 = K8，执行 K30Z1 时，被执行指令是作为十进制的数值 K38（30 + 8）。

例：利用变址寄存器编写显示定时器 T 当前值的程序，如图 1-31 所示。

（2）修饰八进制软元件 对软元件编号为八进制数的软元件进行变址修饰时，Z 的内容也会被换算成八进制后进行加法运算。可修饰 X、Y、KnX、KnY。

例如：Z1 = K10，执行 X0Z1 时，对象软元件编号被指定为 X12，请注意此时不是 X10。

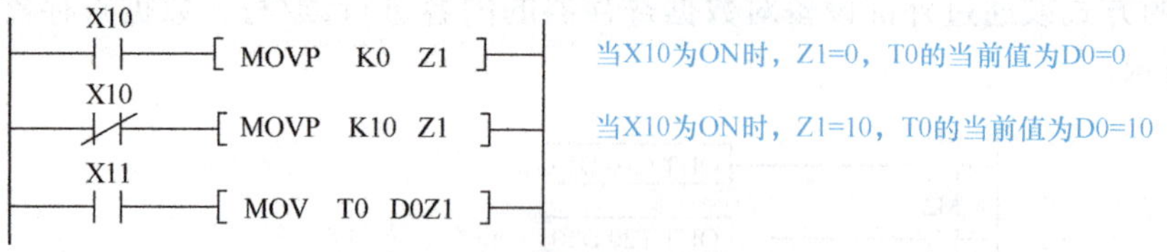

```
    X10
    ─┤├──────[ MOVP  K0   Z1 ]     当X10为ON时，Z1=0，T0的当前值为D0=0
    X10
    ─┤/├─────[ MOVP  K10  Z1 ]     当X10为ON时，Z1=10，T0的当前值为D0=10
    X11
    ─┤├──────[ MOV   T0   D0Z1 ]
```

图 1-31　变址寄存器修饰定时器

例如：Z1 = K8，执行 X0Z1 时，对象软元件编号被指定为 X10，请注意此时不是 X8。

例如：用外接数字开关通过 X0 ~ X3 设置定时器地址，定时当前值由 Y10 ~ Y17 输出驱动外接七段数码管显示。如图 1-32 所示，程序中对应 Z = 0 ~ 9，T0Z = T0 ~ T9。

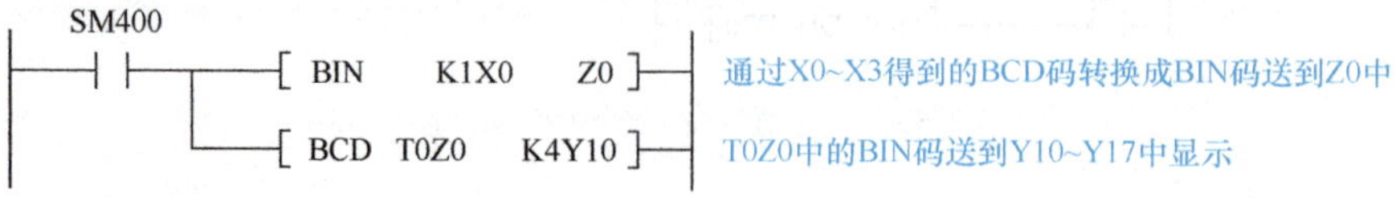

```
   SM400
   ─┤├──────[ BIN   K1X0   Z0 ]    通过X0~X3得到的BCD码转换成BIN码送到Z0中
            ─[ BCD   T0Z0   K4Y10 ] T0Z0中的BIN码送到Y10~Y17中显示
```

图 1-32　变址修饰八进制软元件参考示例

（3）修饰十六进制数值　H。

例如：Z2 = K30，指定常数 H30Z2 时，则常数 H30Z2 为 H4E（H30 + K30）。

例如：Z1 = H30，指定常数 H30Z1 时，则常数 H30Z1 为 H60（30H + 30H）。

9. 指针（P）、（I）

在 PLC 的程序执行过程中，当某条件满足时，需要跳过一段不需要执行的程序或者调用一个子程序或者执行指定的中断程序，这时需要用一"操作标记"来标明所操作的程序段，这一"操作标记"就是指针。

（1）分支用指针（P）　分支指针以十进制进行编号，对于 FX5U 系列 PLC 可用的指针编号为：P0 ~ P62 和 P64 ~ P4095 共 4095 点。其中 P63 指向 END 步，是不能在程序中使用。

当分支指针 P 用于跳转指令（CJ）时，用来指定跳转的起始位置和终点位置，如图 1-33 所示。当分支指针 P 用于子程序调用指令（CALL）时，用来指定被调用的子程序和子程序的位置，如图 1-34 所示。分支指针不能对 P63 进行编程，如图 1-35 所示。

图 1-33　分支指针 P 用于跳转指令（CJ）

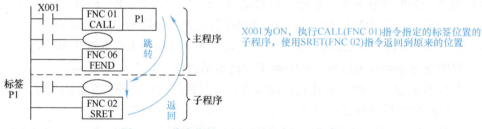

图 1-34　分支指针 P 用于子程序调用指令示例

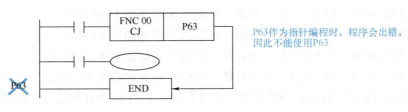

图 1-35 分支指针不能对 P63 进行编程说明程序

（2）中断指针（I）　中断指针作为标号用于指定中断程序的起点。中断程序是从指针标号开始，执行 IRET 指令时结束。中断类型有三种：输入中断、高速计数器中断、定时器中断和来自模块的中断。它与应用指令 IRET（中断返回）、DI（禁止中断）、EI（允许中断）一起使用。FX5U 中断源见表 1-18。

表 1-18　FX5U 中断源

中断源	中断指针编号	中断情况说明
输入中断	I0 ~ I15	CPU 模块的输入中断中使用的中断指针，最多可使用 8 点
高速比较一致中断	I16 ~ I23	CPU 模块的高速比较一致中断中使用的中断指针
内部定时器进行的中断	I28 ~ I31	通过内部定时器进行的恒定周期中断中使用的中断指针
来自模块的中断	I50 ~ I177	具备中断功能的模块中使用的中断指针

注：1. 中断优先度是发生多重中断时的执行顺序。数值越小，中断优先度越高。
　　2. 中断优先顺序是发生相同中断优先度时，按中断源的执行顺序。

10. 指令中软元件常数的指定方法

在使用 PLC 编程时，就要用到指令的操作数的指定方法。主要包括如下几个方面的内容：十进制数、十六进制数和实数的常数指定，位软元件的指定，数据寄存器的位位置指定，特殊功能模块常数 K、H、E（十/十六进制数/实数）的指定。

（1）常数 K（十进制数）　K 表示十进制整数符号，主要用于指定时器和计数器的设定值，或应用指令的操作数中的数值（如：K2345）。

使用字数据（16 位）时设定范围为：K－32768 ~ K32767。

使用两个字数据（32 位）时设定范围为：K－2147483648 ~ K2147483647。

（2）常数 H（十六进制数）　H 是表示十六进制数的符号。主要用于应用指令的操作数的数值（H1235）。

使用字数据（16 位）时设定范围为：H0 ~ HFFFF。

使用两个字数据（32 位）时设定范围为：H0 ~ HFFFFFFFF。

（3）常数 E　E 表示实数（浮点数）的符号。主要用于应用指令的操作数的数值。

普通表示：如 10.2345 就用 E10.2345 表示。

（4）字符串　字符串是顺控程序中直接指定字符串的软元件。例如"ABCD1234"指定。字符串最多可以指定 32 个字符。

11. 位元件的组合（字元件）

位元件每 4 位为一组组成合成单元，也是字元件。KnM0 中的 n 是组数。16 位数据操作时为 K1 ~ K4。32 位数据操作时为 K1 ~ K8。其中 n 为 1 时代表 4 位，n 为 2 时代表 8 位，n 为 3 时代表 12 位，以此类推。

例如：K1Y0→Y0～Y3 的 4 点为对象，位信息示意如图 1-36 所示。
　　　K2Y0→Y0～Y7 的 8 点为对象，位信息示意如图 1-36 所示。
　　　K3Y0→Y0～Y13 的 12 点为对象，位信息示意如图 1-36 所示。
　　　K4Y0→Y0～Y17 的 16 点为对象，位信息示意如图 1-36 所示。
　　　K2M0 即表示由 M0～M7 组成 2 个 4 位组。组合起来也称位元件的组合。
　　　K8X0 表示由 X0～X37 组成的 32 位位信息。组合起来也称位元件的组合。

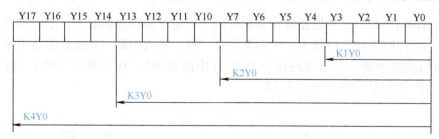

图 1-36　KnY0 组成的位信息图

12. 标签与数据类型

（1）标签　标签是指在输入/输出数据和内部处理中指定任意字符串的变量。分为全局标签、局部标签。

标签的作用是创建程序时不需要考虑软元件和缓冲存储器容量，将程序转至模块，并可以配置在不同的系统进行利用。换句话来说就是：这种编程方法就是将以往的地址变成变量名，然后通过符号表将变量名与实际地址关联。实现软件与硬件分离，在更改硬件地址时不需要考虑逻辑部分。

全局标签：指的是在一个工程中为相同数据的标签。可以在工程内的所有程序中使用，全局标签需要设置标签名、分类、数据类型及软元件的关联。全局标签可以分配任意的软元件。

局部标签：只能在各程序部件中使用的标签。局部标签需要设置标签名、分类与数据类型。

标签的分类显示标签在哪个程序部件和怎样使用。根据程序部件的类型，可选择的分类也不同。标签分类与应用部件见表 1-19。

表 1-19　标签分类与应用部件

分　类	内　容	可使用的程序部件		
		程序块	功能块	功能
全局标签				
VAR_ GLOBAL	在程序块与功能块中使用的通用标签	√	√	×
VAR_ GLOBAL_ CONSTANT	在程序块与功能块中使用的通用常数	√	√	×
VAR_ GLOBAL_ RETAIN	在程序块与功能块中使用的锁存类型的标签	√	√	×
局部标签				
VAR	仅在声明程序部件的范围内使用的标签	√	√	√
VAR_ CONSTANT	仅在声明程序部件的范围内使用的常数	√	√	√

（续）

分类	内容	可使用的程序部件		
		程序块	功能块	功能
局部标签				
VAR_RETAIN	仅在声明程序部件的范围内使用的锁存类型的标签	√	√	×
VAR_INPUT	向功能及功能块中输入的标签。能接受数值的标签，不能在程序部件内更改	×	√	√
VAR_OUTPUT	从功能或功能块中输出的标签	×	√	√
VAR_OUTPUT_RETAIN	从功能及功能块中输出的锁存类型的标签	×	√	×
VAR_IN_OUT	接受数值并从程序部件中输出的局部标签。程序部件内可更改	×	√	×
VAR_PUBLIC	可以从其他程序部件进行访问的标签	×	√	×
VAR_PUBLIC_RETAIN	可以从其他程序部件进行访问的锁存类型的标签	×	√	×

（2）数据类型　标签的数据类型与一般数据变量基本相同，根据位长、处理方法、值的范围等可以划分基本类型、定时器与计数器类型、总称数据类型、结构体和数组。基本数据类型见表1-20。

表1-20　基本数据类型

数据类型		内容说明	值范围	位长
位	BOOL	表示 ON/OFF 二选一的状态类型	0（FALSE）、1（TRUE）	1位
字［无符号］/位列［16位］	WORD	表示16位的类型	0~65535	16位
双字［无符号］/位列［32位］	DWORD	表示32位的类型	0~4294967295	32位
字［带符号］	INT	处理正与负的整数值的类型	-32768~+32767	16位
双字［带符号］	DINT	处理正与负的倍精度整数值的类型	-2147483648~+2147483647	32位
单精度实数	REAL	处理小数点以后的数值（单精度实数值）的类型；有效位数：7位（小数点以后6位）	$2^{-128} \sim 2^{-126}$，0，$2^{-126} \sim 2^{128}$	32位
时间	TIME	作为 d（日）、h（时）、m（分）、s（秒）、ms（毫秒）处理数值的类型	T#-24d20h31m23s648ms~T#24d20h31m23s647ms	32位
字符串（32）	STRING	处理字符串（字符）的数据类型	最多255个半角字符	可变
定时器	TIMER	与定时器（T）相对应的结构体		
累积定时器	RETENTIVETIMER	与累积定时器（ST）相对应的结构体		
计数器	COUNTER	与计数器（C）相对应的结构体		
长计数器	LCOUNTER	与长计数器（LC）相对应的结构体		
指针	POINTER	与软元件的指针（P）相对应的类型		

任务1 认识 PLC 的硬件系统

 **任务要求**

某工厂自动化生产车间有一继电器控制的产品加工生产线,因运行年限长、故障点多且经常性发生故障,维修工作量大、生产效率低。公司决定对系统进行改造升级,厂方决定成立技改小组,小组先行统计生产线的按钮开关、传感器检测开关等共25个,指示灯、电磁阀等共23个,交流电动机2台、直流电动机1台。

根据以上情况,选择合适 PLC 控制(指定用三菱 PLC),并提供控制线路图。请向公司制作 PPT 汇报选用 PLC 的理由、选用 PLC 的规格和如何使用 PLC 等,向公司申请同意选用 PLC 改造方案。

任务目标

知识目标
1. 理解 PLC 的定义、PLC 的工作原理;
2. 了解 PLC 的构成、指标和性能特点;
3. 掌握 FX5U PLC 软件资源和用法;
4. 掌握 FX5U PLC 硬件资源和构建;
5. 了解标签与数据类型用法。

技能目标
1. 能够识别 FX 系列 PLC 的型号和意义;
2. 会 PLC 外部输入端子和传感器的连接;
3. 会 PLC 外部输出端子和控制设备的连接;
4. 能根据项目需求合理选用 PLC;
5. 会撰写技术报告。

 **任务设备**

FX 系列 PLC(FX5U 系列任务)、计算机(安装有 GX Works3 软件)、电动机、指示灯、按钮、各种规格电源和连接导线等。

 **设计指引**

1. 撰写技术报告
根据知识准备内容,并查询相关资料,制作 PPT 向公司汇报下列内容:

1）什么是 PLC？
2）PLC 的作用是什么？
3）PLC 的优点有哪些？
4）PLC 性能指标有哪些？
5）PLC 应用前景和发展趋势如何？
6）选用 PLC 包含哪些要素？

2. 计算负载情况，确定选用 PLC 型号

输入信号分析：按钮开关、传感器检测开关等共 25 个，则输入信号有 25 点；

控制对象分析：指示灯 + 电磁阀等共 23 个，交流电动机 2 台 + 直流电动机 1 台。则输出控制至少要 26 点，负载的性质主要为阻性负载。

总 I/O 点数计算：25 + 26 +（25 + 26）× 10%（冗余数量）= 56 点。

因此参考备选 PLC 型号：FX5U-64MR/ES。

3. 设计控制线路图

知识准备参考图 1-14 ~ 图 1-23，请读者自行设计控制电路。

任务评价

任务完成后，可按表 1-21 进行评价。

表 1-21　认识 PLC 的硬件系统评价表

评价项目	评价内容	评价标准	配分（分）	得分
专业技能	PLC 基础知识	不熟悉 PLC 定义、工作原理、硬件知识扣 10 分 不会外部接线等扣 10 分	20	
	选用 PLC	选用 PLC 分析不合理扣 5 分，完全不正确或分析错误扣 10 分	10	
	PLC 选型	选用型号不正确扣 5 分，不合理扣 5 分	10	
	控制电路设计	电路不正确扣 10 分，功能不全扣 10 分	20	
	汇报材料	PPT 不精美有堆积感扣 5 分，内容不全面扣 5 分	10	
	汇报状态	汇报时表达不清晰扣 6 分，声音不洪亮扣 4 分	10	
素质目标	团队合作	与团队协作不融洽、团队合作意识淡薄不得分	10	
安全文明生产	安全操作规定	1）违反安全生产规定，造成安全事故的不得分 2）岗位 8S 不达标的不得分	10	

任务 2　GX Works3 编程软件的使用

任务要求

项目小组在任务 1 已完成对 PLC 系统的认识，由于 PLC 是依赖程序进行控制，必须把各种控制要求转换成 PLC 能接受并能执行的程序。为此，我们必须掌握相应的编程软件。

三菱 FX5 系列 PLC 控制目前采用 GX Works3 软件进行编程，根据现场提供的程序正确录入到编程软件中、对程序进行描述，与硬件进行通信连接下载到 PLC 中，并能作简单程序的编辑和调试。

任务目标

知识目标
1. 了解 PLC 软元件种类；
2. 掌握梯形编写的规定；
3. 掌握程序描述的规定；
4. 理解 PLC 工作原理。

技能目标
1. 会编程软件包的安装和使用；
2. 会 PLC 程序的编辑、调试与运行；
3. 会 PLC 通信连接设置、操作和程序管理操作；
4. 熟悉软件在线各项操作；
5. 会 PLC 工程管理操作。

任务设备

FX 系列 PLC（FX5U-64MR）、计算机（安装有 GX Works3 软件）、电动机、指示灯、按钮、各种规格电源和连接导线等。

设计指引

1. 初识软件功能

GX Works3 是三菱电机自动化公司开发的基于 Windows 环境下使用的 PLC 编程软件，对以 MELSEC iQ-R、MELSEC iQ-L 和 MELSEC iQ-F 系列为主的 PLC 进行设置、编程、调试以及维护的工程工具。软件具有程序创建、参数设置、对 CPU 模块的写入/读取、监视/调试、诊断等功能。

GX Works3 软件支持梯形图（LD）、功能块/梯形图（FBD/LD）、顺序功能图（SFC）和结构化文本（ST）等多种编程语言进行编程。操作时既可联机编程，也可脱机离线编程，并且支持仿真功能；软件能方便地实现网络监控，程序的上传、下载，不仅可通过 CPU 模块直接连接完成，也可通过网络系统完成。

2. 编程软件安装

（1）软件获得　编程软件获得可以从三菱电机自动化（中国）有限公司官方网站进行免费下载，下载之前要注册用户，可经免费申请安装系列号。网址：https：//www.mitsubishielectric-fa.cn/。本书以 GX Works3 Ver 1.075E 版本为例进行讲解。

（2）软件安装环境要求

1）硬件要求：建议运行 8GB 以上，硬盘可用空间 40GB 以上。

2）操作系统：Windows XP、Windows7、Windows8、Windows10、Windows Vista 的 32 位或 64 位操作系统。

（3）GX Works3 编程软件的安装　安装前，要结束所有运行的应用程序并关闭杀毒软件。如果在其他应用程序运行的状态下进行安装，有可能导致产品无法正常运行。安装至个人计算机时，要以"管理员"或具有管理员权限的用户进行登录。

软件在网站下载完成后，进行解压缩，然后在软件安装包"Disk1"文件夹下找到"setup"应用程序文件，双击后开始安装，按照提示一步一步完成安装。（说明：安装过程时间较长，需耐心等候。另外在安装过程中根据提示需要输入系列号。）

3. 工程管理

（1）新建工程

1）GX Works3 软件安装完成后，从开始菜单栏或双击桌面快捷方式启动"GX Works3"，打开编程软件，开始界面如图 1-37 所示，为后文讲述方便，在界面中把软件的窗口及部件进行了标注。界面各部分作用如下：

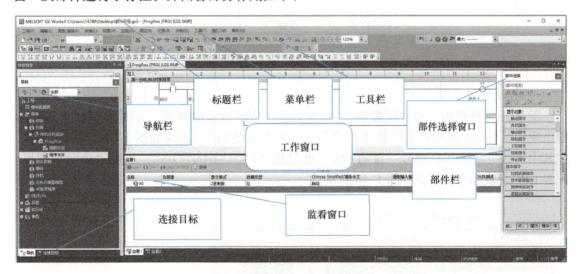

图 1-37　GX Works3 软件开始界面

① 标题栏：用于显示项目名称、文件保存的路径、程序步数、系统工作状态（编辑、只读、监视）。

② 菜单栏：以菜单方式调用编程工作所需的各种命令。

③ 工具栏：提供常用命令的快捷图标按钮，便于快速调用。

④ 导航栏：导航窗口位于最左侧、可自动折叠（隐藏）或悬浮显示。以树状结构显示工程内容（包含程序名、注释、软元件、参数等的导航），通过树状结构可以进行新建数据或显示所编辑画面等操作。

⑤ 工作窗口：进行程序编写、运行状态监视的工作区域。

⑥ 部件栏：显示程序部件名。

⑦ 部件选择窗口：该窗口以一览形式显示用于创建程序的指令或 FB 块等，可通过拖动

方式将指令放置到工作窗口进行程序编辑。该窗口也可自动折叠（隐藏）或悬浮显示。

⑧ 监看窗口：从监看窗口可选择性查看程序中的部分软元件或标签的运行数据。可以强制软元件的 ON/OFF 状态，或对字元件进行赋值等。

⑨ 连接目标：用于计算机与 PLC 连接通信设定内容。操作时点击连接目标进行通信连接的设定。具体设定在后文通信连接中讲解。

2）在菜单栏上单击"工程"从工程下拉菜单中选择"新建"或用"Ctrl + N"快捷键新建一个工程，如图 1-38 所示，在"系列""机型""程序语言"选项中分别选取硬件相对应 PLC 的系列、PLC 的机型和程序语言，单击"确定"即可。

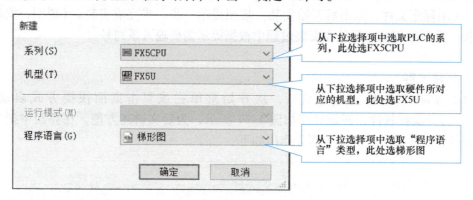

图 1-38　新建工程界面

3）模块配置

① 双击导航栏中"模块配置图"，出现如图 1-39a 所示的界面，在图形 CPU 上单击右键出现如图 1-39b 所示的下拉菜单，单击"CPU 型号更改"，出现如图 1-39c 所示的界面，在其中选择与实际 PLC 型号一致的 PLC，此处选"FX5U-64MT/DS"，单击"确定"即可。配置 CPU 模块后参考界面如图 1-40 所示。

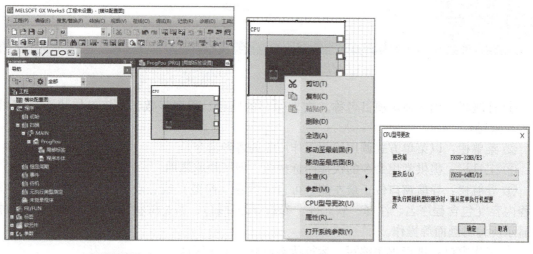

a) 配置初始界面　　　　　　b) 下拉选项　　　　　　c) 更改CPU型号

图 1-39　模块配置操作步骤

项目1　认识FX5U PLC的控制系统

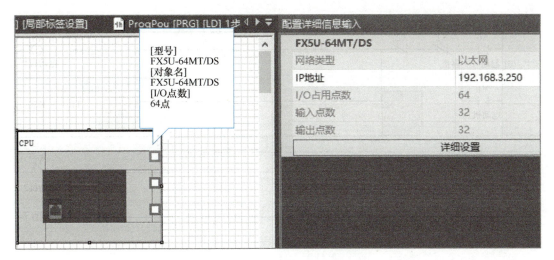

图 1-40　CPU 模块配置成功界面

② 其他模块配置。在图 1-41 中，比如要配置 "FX5-485ADP" 模块，单击右侧 "部件选项" 下面的 "通信适配器"，出现所对应的模块，用鼠标将模块拖到 CPU 的左侧即可，如果放置 CPU 那一侧出现红颜色图标则表示放置错误或该侧不能放置该模块。

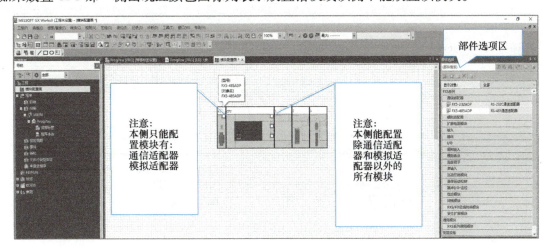

图 1-41　其他模块的配置

(2) 程序输入与编辑

在 GX Works3 编程软件中，一般情况下，多采用梯形图编程。由于梯形图编程支持语言混合使用，在梯形图编辑时，可以采用内嵌 ST 语言程序，也可以通过程序部件插入的方式，创建和使用功能块 FB。以下以图 1-42 所示的两台电动机分时起动控制程序讲述程序输入方法。

1) 程序的输入要编写程序时，软件状态必须是写入模式。当工作窗口内的光标为蓝边空心框时为写入模式，可以进行程序的编辑。也可从标题栏上看到软件是写入、读取还是监视状态。程序输入有三种方法：指令输入法、菜单栏命令/快捷键输入、部件选取法输入。

① 指令输入法。在梯形图编辑窗口，将光标放置在需编辑的单元格位置，双击或直接

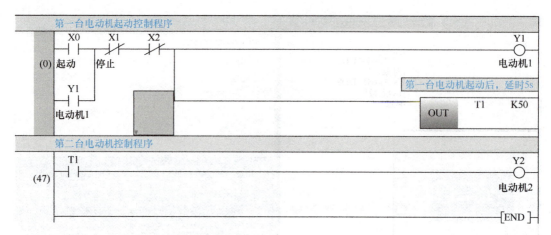

图1-42 软件示范操作程序

通过键盘输入指令,则会弹出指令输入文本框,在输入框中输入"LD X0"回车即可,如图1-43所示。定时器、计数器、线圈之类直接输入"OUT T1 K50"回车即可,如图1-44所示。按此法依次输入需编辑的指令和元件参数。

图1-43 指令输入示例

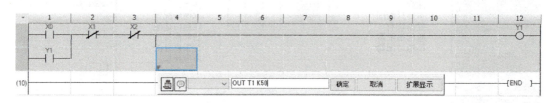

图1-44 线圈类输入示例

② 菜单栏命令/快捷键输入。菜单命令/快捷键输入法就是利用工具栏中按钮或相应快捷键输入程序。程序编辑时,先将光标放置在需编辑的位置,然后直接按对应的快捷键(或者单击工具栏按钮中相应快捷键选择输入的指令),在弹出的输入文本框中键入元件号、参数等,完成程序编辑。工具栏快捷键如图1-45所示,图中标号各快捷键的作用见表1-22。如上一步中"LD X0"输入方法,按键盘上的"F5"键。然后在输入框中输入"X0"方法,回车即可,如图1-46所示。其他指令按此方法输入。

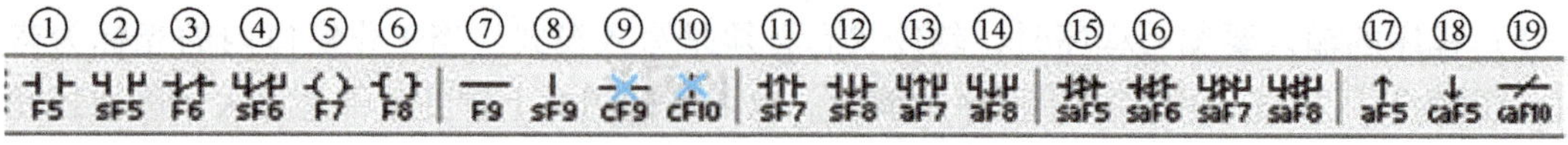

图1-45 工具栏中快捷键

图 1-46 快捷键输入示例

表 1-22 快捷键作用表

快键标号	作用	输入方法	快键标号	作用	输入方法
①	串联常开触点	F5	⑪	串联上升沿常闭触点	Shift + F7
②	并联常开触点	Shift + F5	⑫	串联下降沿常闭触点	Shift + F8
③	串联常闭触点	F6	⑬	串联上升沿常开触点	Alt + F7
④	并联常闭触点	Shift + F6	⑭	串联下降沿常开触点	Alt + F8
⑤	输出软元件	F7	⑮	并联上升沿常开触点	Shift + Alt + F5
⑥	应用指令	F8	⑯	并联下降沿常开触点	Shift + Alt + F6
⑦	水平连接线	F9	⑰	上升沿微分输出	Alt + F5
⑧	竖直连接线	Shift + F9	⑱	下降沿微分输出	CTR + Alt + F5
⑨	删水平连接线	Ctr + F9	⑲	取反输出	CTR + Alt + F10
⑩	删竖直连接线	Ctr + F10			

③ 部件选取法输入。在编辑窗口右侧的"部件选择"窗口中，先找到指令所属范围，然后单击需要编辑的触点、线圈或指令，并将其拖放到编辑工作区对应位置上，指令插入后，再单击插入的指令，在弹出的对话框中编辑指令的操作数，如图 1-47 所示。

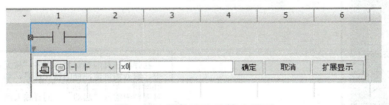

图 1-47 部件选取法输入示列

2）程序转换：程序编写完后是灰颜色的，必须进行转换。即程序写入至 PLC 之前，需要进行确定梯形图和参数内容的操作。否则无法执行。

① 单击菜单栏上的"转换"→"全部转换"。或用快捷键"Shift + Alt + F4"进行转换。如图 1-48 所示。

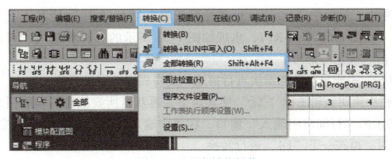

图 1-48 程序转换操作

② 转换完成后，单击"确定"。界面如图1-49所示。

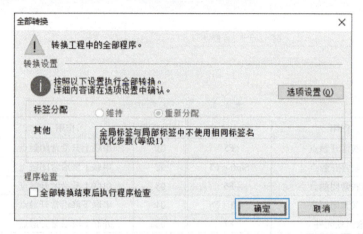

图1-49　转换操作界面

3）工程描述：通常对工程的描述包括注释、声明和注解，以便更好地分析一个工程。

① 程序注释（程序内有效的注释）。是一个注释文件，它在特定程序有效。通常对软元件的功能进行描述或标签的释义。创建软元件注释方法有两种，方法一：能一次性将程序所有软元件的功能全部进行描述。方法二：每次只能对一个软元件进行描述。

方法一：单击"导航"栏中"软元件"，双击"通用软元注释"，步骤如图1-50所示。

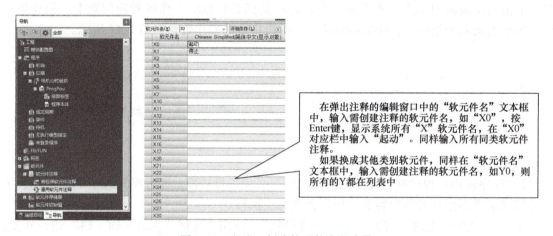

图1-50　方法一创建软元件注释步骤

方法二：单击工具栏中"软元件/标签注释编辑"图标"　"使其压下，再双击所要编辑的软元件（如图1-50中的X1），出现如图1-51所示的"注释输入"窗口，在其中输入"停止"单击"确定"即可。

② 程序声明。主要是对功能图块进行描述，使得程序更容易理解。

单击工具栏中声明编辑图标"　"使其压下，再双击所要编辑的功能图块的行首，出现如图1-52所示的"行间声明输入"窗口，在其中输入"第一台电机起动控制程序"，单击"确定"即可，再按一下"F4"进行转换。

③ 程序注解。主要指的是对应用程序中线圈或指令的功能进行描述。

图 1-51 方法二创建软元件注释步骤

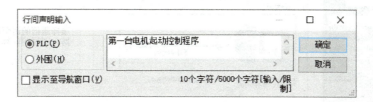

图 1-52 程序声明描述

单击工具栏中注解编辑图标""使其压下,再双击所要编辑的应用指令,如图 1-53 所示的"注解输入"窗口,在其中输入"第一台电机起动后,延时 5s",单击"确定"即可。再按一下"F4"进行转换。

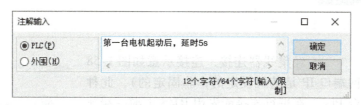

图 1-53 注解输入窗口

4) 程序下载与上传:

① 通信连接。程序下载与上传操作实际上是软件在线数据功能操作,可以实现计算机向 CPU 模块或存储卡写入、读取、数据效验等操作。要实现这一功能,必须要使计算机与 CPU 模块取得通信连接。FX5 PLC 的 CPU 模块与计算机通信可以是通过以太网口通信,也可以是通过内置 485 模块进行串行通信。这里我们仅介绍以太网进行通信连接的两种方式。

以太网通信方式一:以太网端口直接连接。连接示意如图 1-54 所示。在进行连接前先用 RJ45 电缆一端连接计算机上 RJ45 接口,另一端连接 FX5 CPU 模块经太网端口。操作步骤如下。

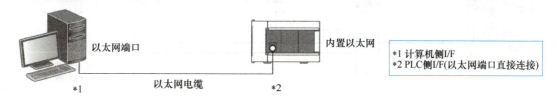

图 1-54 以太网端口直接连接

a）单击软件左侧导航栏"当前连接目标"下的"connection"，如图 1-55 所示，出现如图 1-56 所示的"简易连接目标设置"画面，在画面中勾选"直接连接设置"，同时勾选"以太网"。此时"适配器"选项必须选定"硬件通信设备"，适配器 IP 地址自动生成。

b）单击"通信测试"的按钮，出现"已成功与 FX5 CPU 连接"的界面，如图 1-57 所示，单击"确定"后退出即可。

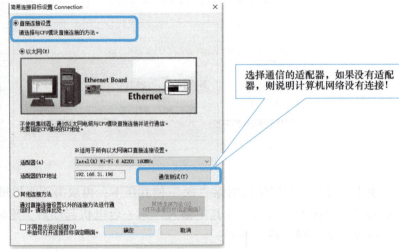

图 1-55　通信导航　　　　　　　　图 1-56　简易连接设置

以太网通信方式二：经集线器连接，连接示意如图 1-58 所示（图中以太网端口 IP 是随机设定的，非固定的），此种情况可以连接多台 PLC。在进行连接前先用 RJ45 电缆一端连接计算机上 RJ45 接口，另一端连接集线器（交换机）上。同时用另一根 RJ45 电缆 FX5 CPU 模块经太网端口与交换机相连接。操作步骤如下：

a）设定计算机网络 IP 地址，如 192.168.3.10。注意不能与 CPU 模块地址相同，但必须在同一网段。计算机网络 IP 地址设置如图 1-59 所示。

图 1-57　通信成功

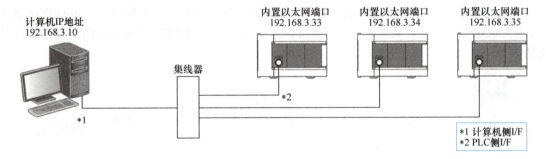

图 1-58　经集线器连接示意图

b）在导航栏中依次双击"参数"→"FX5UCPU"→"模块参数"→"以太网端口"，

出现如图 1-60 所示的"设置项目"界面,在"IP 地址"对应栏中设定 FX5UCPU 的 IP 地址,本例中设定为:192.168.3.33。

c)单击软件左侧导航栏"当前连接目标"下的"connection",出现图 1-61 所示的"简易连接目标设置"画面,在画面中勾选"其他连接方法",单击"其他连接方法"按钮,出现图 1-62 "连接目标指定"的画面。

d)单击图 1-62 "连接目标指定"的画面中 "CPU 模块"。出现图 1-63 所示的"可编程控制器侧 I/F CPU 模块详细设置"画面,在其中勾选"经由集线器连接"按钮,此时,可以 IP 地址框输入 CPU 的 IP 地址(如果此前已用以太网通信方式一进行通信,CPU 中有默认的 IP 地址,不能修改)。如果 CPU 模块已经连接,也可以单击"搜索"按钮,搜索主机 IP 地址。单击"确定"按钮,如图 1-64 所示。

图 1-59　计算机网络 IP 地址

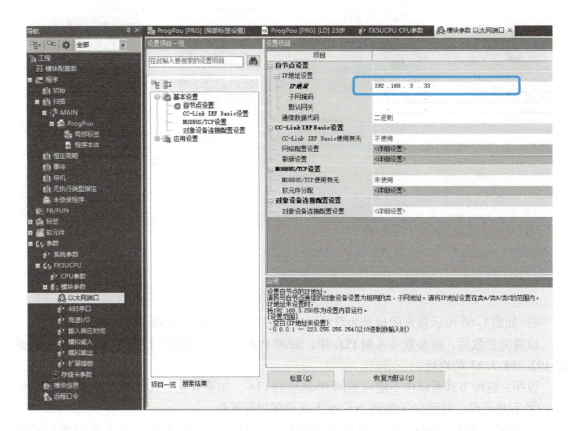

图 1-60　IP 地址设定栏

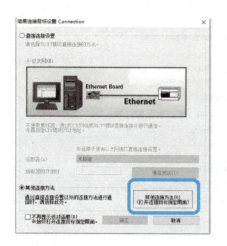

图 1-61 连接目标设置界面

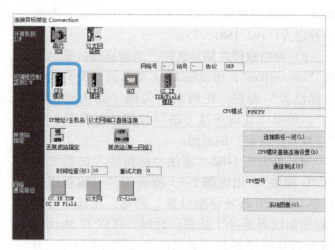

图 1-62 连接目标指定画面

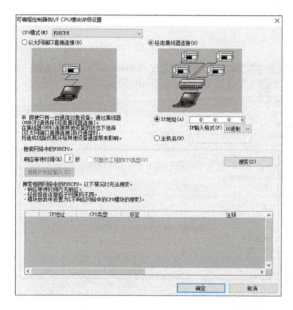

图 1-63 通信设置　　　　　　　　　　图 1-64 计算侧通信连接确认

e) 如图 1-65 所示搜索的地址为默认地址，进行通信测试，成功界面如图 1-66 所示。

设置完参数后，将参数写入到 PLC 中，后对 PLC 复位。再次进行通信搜索后，才能显示 192.168.3.33 的地址。

说明：这种方式系统中不能有相同 IP 地址的 PLC，如果有先将其他 PLC 从系统中断开。

② 程序下载。将程序下载到 PLC 按下列步骤进行操作。

a) 单击工具栏上图标 ![icon]，或单击菜单栏［在线］的下拉菜单"写入至可编程控制器"，如图 1-67 所示。

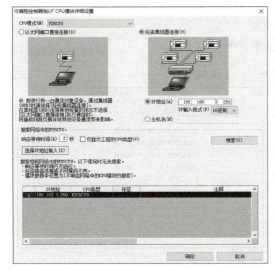
图1-65 搜索IP地址界面

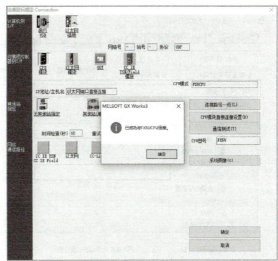
图1-66 通信成功界面

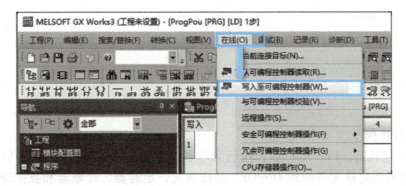
图1-67 写入程序操作步骤1

b) 单击"参数+程序"后，单击"执行"。或者选择"全选"框，然后选择下方"执行"按钮，如图1-68所示。

c) 显示图1-69所示画面后，单击［全部是］。写入过程如图1-70所示。

d) 如图1-71所示写入完成后，应将PLC复位（或将电源由OFF→ON），如图1-72所示。

5) 程序运行与监控：

① 运行程序。程序下载完成后，应将CPU模块调整为运行状态（RUN）以执行写入的程序。CPU模块的动作状态通过位于PLC本体左侧盖板下的"RUN/STOP/RESET"开关进行调整。

a) 复位：将开关拨向RESET位置并保持超过1s后松开，可以复位CPU模块。或使CPU模块断电也可以实现复位功能。

b) 运行：通过手动调整PLC本体的"RUN/STOP/RESET"开关至RUN位置，或执行菜单栏"在线"→"远程操作"命令，可将PLC设定为RUN（运行）模式，此时PLC运行指示灯（RUN）点亮。或将"RUN/STOP/RESET"开关拨至RUN位置可执行程序，拨至

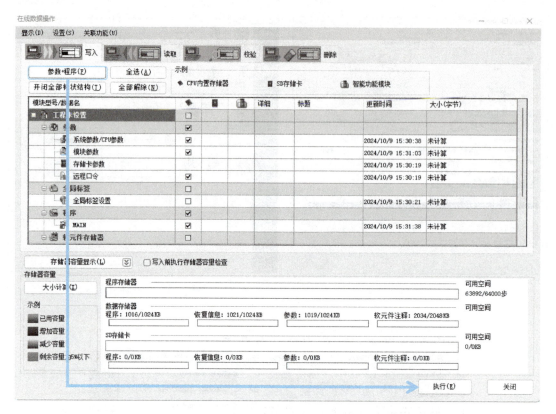

图 1-68 写入程序操作步骤 2

STOP 位置可停止程序。

② 监视程序运行。PLC 运行后，执行菜单栏"在线"→"监视"→"监视模式"命令，可实现梯形图的软元件触点 ON/OFF 动作情况，定时器、计数器和数据寄存器的当前值情况。

图 1-69 写入过程 1

图 1-70 写入过程 2

项目 1　认识 FX5U PLC 的控制系统　　· 43 ·

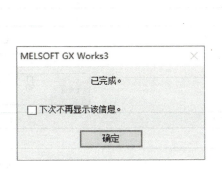

图 1-71　写入过程 3

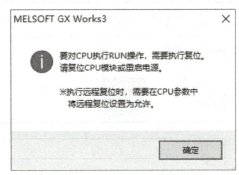

图 1-72　写入过程 4

单击 GX Works3 的工具栏的"在线"→"监视"→"软元件/缓冲存储器批量监视"，如图 1-73 所示。

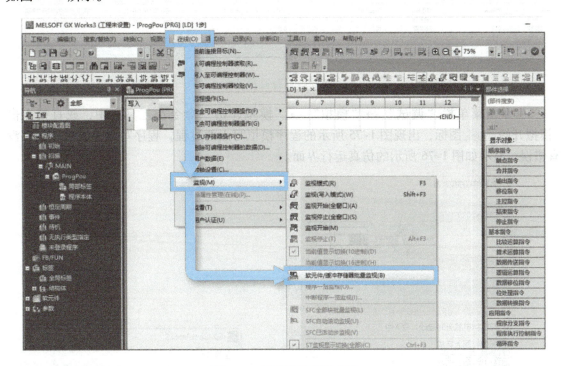

图 1-73　程序监视操作方法

③ 监看功能。如需监看并修改不同种类的软元件或标签的数值，可通过监看功能实现。单击菜单栏"在线"→"监看"→"登录至监看窗口"，选择性打开监看窗口。

在窗口"名称"项目下，依次录入需要监控的软元件或标签，并可修改软元和数据类型等参数；设置完成后，即自动更新并显示实际运行情况。

在监看窗口，可通过 ON、OFF 按钮修改选择的位元件状态；可通过"当前值"文本框改数据软元件或数据标签的当前值。运行监看界面如图 1-74 所示。

④ 程序模拟运行。

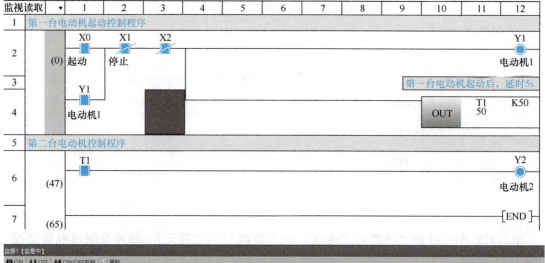

图1-74　运行监看界面

a) 单击菜单栏"调试"→"模拟"→"模拟开始"命令在工具栏中，或直接点击"模拟开始" 图标，出现图1-75所示的程序模拟写入的过程，程序写入完成后，如果没有错误，显示如图1-76所示的仿真运行界面。

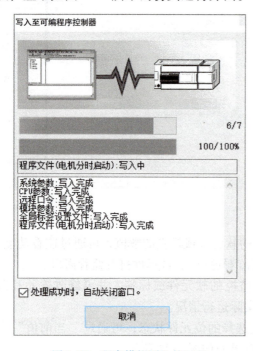

图1-75　程序模拟写入的过程

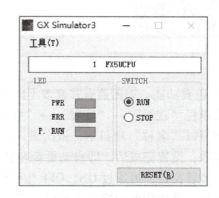

图1-76　仿真运行界面

项目 1　认识 FX5U PLC 的控制系统　·45·

b) 此时可进入程序监视和监看模式, 查看并进行调试程序运行状态, 具体过程与实物 PLC 运行监控过程一致。

c) 结束模拟运行, 可单击菜单栏"调试"→"模拟"→"模拟停止"命令, 或直接单击工具栏上 图标, 退出模拟运行状态。

任务评价

任务完成后, 可按表 1-23 进行评价。

表 1-23　GX Works3 编程软件的使用任务评价表

评价项目	评价内容	评价标准	配分	得分
专业技能	工程建立	不会工程建立、管理操作不得分	10	
	程序编辑	不能正确进行程序输入、修改不得分	20	
	程序描述	不会注释、声明、注解输入不得分	10	
	通信连接	不能正确进行通信连接、下载不得分	20	
	运行管理	不会运行、监看操作不得分	20	
	模拟运行	不会模拟运行操作不得分	10	
安全文明生产	安全操作规定	1) 违反安全生产规定, 造成安全事故的不得分 2) 岗位 8S 不达标的不得分	10	

知识拓展

1.4　PLC 常用数制与数制转换

1.4.1　数制

1. 二进制 (B, Binary number)

PLC 内部运算是采用二进制数进行操作的, 用二进制来表示变量或变化的码值。二进制以数字 2 为基数, 二进制数只有两个数码 0 和 1, 加法时逢二进一位。二进制数后可加一大写的 B 表示。例如:

$(1011.011)_2 = 1011.011B = 1 \times 2^3 + 0 \times 2^2 + 1 \times 2^1 + 1 \times 2^0 + 0 \times 2^{-1} + 1 \times 2^{-2} + 1 \times 2^{-3} =$
$= 1 \times 8 + 0 \times 4 + 1 \times 2 + 1 \times 1 + 0 \times (1/2) + 1 \times (1/4) + 1 \times (1/8)$
$= 11.375$

二进制数的每个数字都称为一个位, 在 PLC 中每个字能够以二进制数或位的形式存储数据。一个字所包括的位数取决于 PLC 系统的类型, 16 位和 32 位最常用。图 1-77 中表示由 2 个字节组成的 16 位 (字), 最低位 (LSB) 为代表最小值的数字, 最高位 (MSB) 为代表最大值的数字, 实际为符号位, 为 1 时数为负, 为 0 时数为正。

在 FX 系列 PLC 中, 以十制数对定时器、计数器、数据寄存器的设定值进行指定, 但是

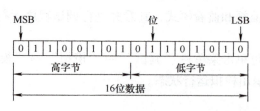

图 1-77 二进制数据结构

在 PLC 内部都是以二进制数进行处理的,而在外围设备进行监控时,则自动变换成十进制数。

2. 八进制（O,Octal number）

八进制系统是以基数为 8 的数制,一个八进制数能够用 3 个二进制数字表示。它通常用于微处理器、计算机和可编程系统,PLC 用户或程序员可以利用其组成一个信息字节中的 8 个数据位进行编址。一般 PLC 的输入和输出模块地址都有是按八进制编址的。例如:

$(596)_8 = 5 \times 8^2 + 9 \times 8^1 + 6 \times 8^0$

3. 十进制（D,Decimal number）

十进制系统是以 10 为基值,具有 10 个独特的数字——数字 0~9。在计算机输入程序时用 K 表示,如 K2022、K4095 等。根据数学上计数的理论,N 位计数制的数,可以按 N（又称基数）的幂指数展开求和的方法求出其值。十进制数可按 10 的幂指数展开求和的方法表示。例如:

$(98.36)_{10}$ 或 98.36D 或 $98.36 = 9 \times 10^1 + 8 \times 10^0 + 3 \times 10^{-1} + 6 \times 10^{-2}$

其中,某一位数乘 10 的几次方,要看这一位后面的整数部分有几位。如上面的 9 后面,整数部分有 1 位,这个 9 就相当于 9 乘 10 的 1 次方。

在 FX 系列 PLC 中,在 PLC 中用到十进制的有下列地方:

1) 定时器、计数器的设定值;
2) 辅助继电器 M、状态寄存器 S、数据寄存器（T、C、D）的编号;
3) 指定应用指令的操作数与指定动作;
4) 特殊功能模块的编号和缓冲寄存器（BFM）的编号 。

4. 十六进制（H,Hexadecimal number）

十六进制数有十六个码码:0~9 和 A、B、C、D、E、F,基数是 16,加法时逢十六进一位。十六进制数后可加一个大写的 H 表示。例如:

$6EH = (6E)_{16} = 6 \times 16^1 + 14 \times 16^0 = (110)_{10} = 110D = 110$

在 FX 系列 PLC 中同十进制数一样,用于指定应用指令的操作数与指定动作。在编程时输入用 H,如 H36、H100 等。

1.4.2 数制转换

在 PLC 运算时经常用到各种数制转换,监控程序运行工况等。为此,以下讲述各种数制转换的方法。

1. 二进制数→十六进制数

方法:将二进制数从最低位（小数点左边第 1 位）开始,向左数,每 4 位二进制数转换为一位十六进制数。

例如：1 1011 0110 = 0001 1011 0110 = 1B6H（最高位不够 4 位的前面补零凑够 4 位）。

例如：(01110001101.1100001) = 38D.C2H（小数部分向右数，每 4 位一组转换为一位十六进制数，最低位不够 4 位的后面补零凑够 4 位）。

2. 十六进制数→二进制数

方法：将每 1 位十六进制数转换为 4 位二进制数。

例如：68H = 01101000　　　96H = 10010110　　　C5H = 11000101

由于二进制数与十六进制数之间的转换方法很简单，所以经常用十六进制数去表示二进制数。一个二进制数与它的十六进制数是一一对应的，这些十六进制数进入计算机内后，统统都会变成二进制数（实际是变成晶体管集电极电平的"高低"不同状态）。

3. 十六进制数 → 十进制数

例如：6EH = 110　80H = 128 = 2^7　100H = 256 = 2^8　400H = 1024 = 2^{10}　1000H = 4096 = 2^{12}　10000H = 65536 = 2^{16}

这些数据在 PLC 中经常性使用，最好能记住。

4. 十进制数→二进制数→十六进制数

方法一：整数部分用除 2 取余法，先写商后写余数，无余数写 0 的方法。从高位到低位依次写出来。如图 1-78 所示，79 的二进制数为 1001111。

方法二：按数据排位的方法。如图 1-79 所示，172 的二进制数为 10101100。

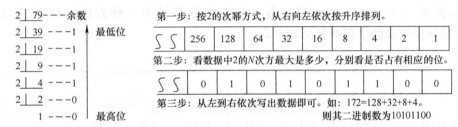

图 1-78　取余法　　　　　　　图 1-79　数据排位法

例如：126 = 1111110 = 7EH　　127 = 01111111 = 7FH　　128 = 10000000 = 80H　　256 = 100000000 = 100H　　89.75 = 1011001.11 = 59.CH（0.75 里有 2^{-1} = 1/2 = 0.5，还有 2^{-2} = 1/4 = 0.25）。

5. 十进制数→十六进制数

方法一：按十→二→十六进行。

例如：126 = 1111110 = 7EH　　　89 = 1011001 = 59H　　　98 = 1100010 = 62H
　　　2^8 = 256 = 100H　　　　2^{12} = 4096 = 1000H　　2^{16} = 65536 = 10000H

方法二：除 16 取余法。

例如：2012 = 7DCH

```
     │2012
  16 │125 - - - 12
       7 - - - 13
```

1.5　PLC 常用码制

在 PLC 数据处理过程还经常会用到各种代码系统，比如 BCD 码、ASCII、格雷码等。

1. BCD 码（Binary Code Decimal）

BCD 码提供了一种处理需要从 PLC 输入或输出大数字的便利方法。BCD 码是利用 4 位二制数来表示十进制数 0~9 的表示方法。在 BCD 码系统中，能够通过 4 位数显示的最大十进制数为 9。表示方法如图 1-80 所示。

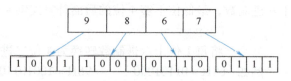

图 1-80 十进制数 BCD 码的表示形式

为了区分 BCD 码和二进制数，要加括号并用下角标"BCD"表示它是一个 BCD 码，已不是原来意义上的"二进制数"了。

例如：86 =（10000110）$_{BCD}$，可以把这个代表十进制数 86 的 BCD 码（10000110）$_{BCD}$ 记成十六进制形式"86H"，此时的 86H 已不是原来意义上的十六进制"数"了，而是十进制数的 86 的 BCD 码，就代表了十进制数 86。

在 PLC 控制中，PLC 的指轮开关和 LED 显示就是 PLC 设备利用 BCD 码系统的应用实例。

2. ASCII（American Standard Code for Information Interchange）

ASCII 是美国标准信息交换码。用 7 位二进制表示数字（阿拉伯数字 0~9）、字母（26 个大写和 26 个小写字母）、特殊字符（@、#、$、%等）、控制字符（NUL、SOH、STX 等）、运算符号（+、-、×、/等）等 128 个特殊字符的一种方法。ASCII 见表 1-24，表 1-24 中特殊控制功能字符解释见表 1-25。

表 1-24 ASCII 表

低位	高位							
	b6 b5 b4	b6 b5 b4	b6 b5 b4	b6 b5 b4	b6 b5 b4	b6 b5 b4	b6 b5 b4	b6 b5 b4
b3 b2 b1 b0	000	001	010	011	100	101	110	111
0000	NUL	DLE	SP	0	@	P	、	p
0001	SOH	DC1	!	1	A	Q	a	q
0010	STX	DC2	"	2	B	R	b	r
0011	ETX	DC3	#	3	C	S	c	s
0100	EOT	DC4	$	4	D	T	d	t
0101	ENQ	NAK	%	5	E	U	e	u
0110	ACK	SYN	&	6	F	V	f	v
0111	BEL	ETB	'	7	G	W	g	w
1000	BS	CAN	(	8	H	X	h	x
1001	HT	EM	)	9	I	Y	i	y
1010	LF	SUB	*	:	J	Z	j	z
1011	VT	ESC	+	;	K	[	k	{
1100	FF	FS	,	<	L	\	l	|
1101	CR	GS	-	=	M	]	m	}
1110	SO	RS	·	>	N	Ω(1)	n	~
1111	SI	US	/	?	O	_	o	DEL

表1-25　表1-24中特殊控制功能的解释

字符	功能	字符	功能	字符	功能	字符	功能
NUL	空字符	DLE	数据链路转义符	BS	退一格	CAN	作废
SOH	标题开始	DC1	设备控制1	HT	横向列表	EM	介质已满
STX	正文开始	DC2	设备控制2	LF	换行	SUB	取代
ETX	本文结束	DC3	设备控制3	VT	纵向列表	ESC	换码
EOT	传输结束	DC4	设备控制4	FF	换页键	FS	文字分割符
ENQ	询问请求	NAK	否定	CR	回车	GS	组分割符
ACK	应答	SYN	同步	SO	移出符	RS	记录分割符
BEL	报警符	ETB	信息组传送结束	SI	移入符	US	单元分割符
SP	空格	DEL	删除				

从表1-24可以算出各个字符的ASCII，计算方法如图1-81所示。如0的ASCII是"0"=30H，9的ASCII是"9"=39H，还有"A"=41H，…、"ENQ"=05H。敲键盘上的数字"0"键，输入到计算机内存中的是ASCII 30H，存储器中就存储一个7bit或8bit的字，这个字可以用来表示字母、函数或表示由于按下特殊键所产生的控制信号数据。在FX系列PLC产品通信时，数据交换是以ASCII的形式进行的，ASCII码还用于PLC的CPU与字母数字键盘及打印机的连接。

图1-81　ASCII计算方法

3. 格雷码

格雷码是一种特殊的二进制码，它没有使用位加权。就是说每一位都没有一个确定的权值。通过格雷码可以只改变一个位，就从一个数变为下一个数。在计数器电路容易混乱，但在编码器电路中是非常合适的。例如，用绝对编码器作为位置变送器，也可以用格雷码来确定角位置。格雷码和相应的二进制数比较见表1-26。

表1-26　格雷码和相应的二进制数比较

格雷码	二进制数	格雷码	二进制数	格雷码	二进制数	格雷码	二进制数
0000	0000	0110	0100	1100	1000	1010	1100
0001	0001	0111	0101	1101	1001	1011	1101
0011	0010	0101	0110	1111	1010	1001	1110
0010	0011	0100	0111	1110	1011	1000	1111

从表1-26中可看出，二进制数制中，改变单一的"数"最多需要改变4位数字，而格雷码只要改变一个位。例如。将二进制数0111改变成1000（十进制数7改变成8）需要改变所有4个数字。这种变化增加了在数字电路出错的可能性。因此，格雷码是一种效率较高的编码。由于格雷码每次变换只要改变一个位，所以格雷码的转变速度比其他码的速度要

快，比如 BCD 码。

格雷码适用于机器人运动、机床和伺服传动系统精确控制的位置编码。图 1-82 所示为利用 4 位格雷码的光学编码器来检测角位转置的变化。图中，附在转轴上的编码器盘可确定转轴的位置，编码器盘输出一个数字格雷码信号；一组固定的光电二极管用于检测从编码器的径向一列单元的反射光。每个单元将输出一个对应于二进制数 1 或 0 的电压，这取决于光的反射量。因此码盘上的每一列单元将产生一个不同的 4 位二进制数字。

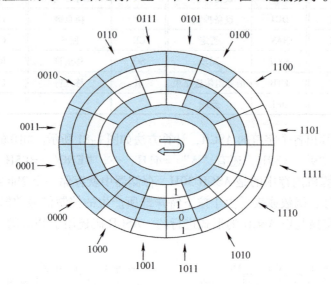

图 1-82　格雷码在光学编码器上应用

项目 2　FX5U PLC 控制系统编程语言与指令使用

知识准备

2.1　FX5U PLC 的编程语言

PLC 控制系统是工程技术人员按照工业控制系统的现场控制要求，使用 PLC 的编程语言进行编制的技术文件。依据国际电工委员会制定的 IEC 标准，PLC 有五种编程语言，分别是梯形图（Ladder Diagram，LD）、语句表（Instruction List，IL）、功能块图（Function Block Diagram，FBD）、顺序功能图（Sequential Function Chart，SFC）和结构文本（Structured Text，ST）。不同厂家、不同型号的 PLC 编程语言支持的编程语言会有不同。但是所有 PLC 的编程都使用以继电器逻辑控制为基础的梯形图。FX5U 系列使用 GX Work3 编程软件编程，支持以上五种 PLC 编程语言。

2.1.1　梯形图（LD）

1. 梯形图用法与特点

梯形图是在继电器—接触器控制系统基础上演变而来的一种图形语言，用触点及线圈等表示回路的图表语言。它是目前用得最多的 PLC 编程语言。继电器与梯形图符号对应关系见表 2-1。

表 2-1　继电器与梯形图符号对应关系

符号名称	继电器电路符号	梯形符号
常开触点	─ / ─	─┤ ├─
常闭触点	─ / ─	─┤/├─
线圈	─□─	─○─

梯形图是一种类似于继电器控制线路图的语言。其画法是从左母线开始，经过触点和线圈，终止于右母线。

例如：如图 2-1 所示三相异步电动机正反转继电控制电路，如果改用 PLC 控制，控制电路如图 2-2 所示，PLC 梯形图如图 2-3 所示。

由此可见，梯形图具有以下特点：

1) 梯形图表示的不是一个实际电路，而只是一个控制程序，其间连线表示是编程元件的逻辑关系，编程元件不是真实的硬件继电器，而是软件继电器。

2) 梯形图两侧的公共线称为公共母线，分析时，可以假想有一个"能流"从左向右流动。

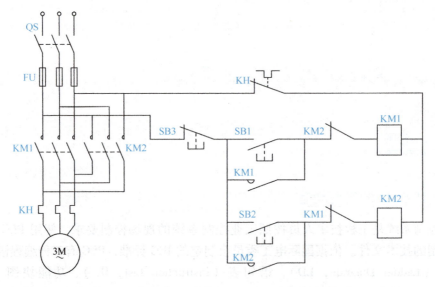

图 2-1 三相异步电动机正反转继电控制电路

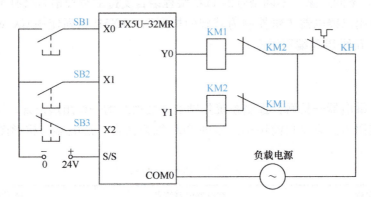

图 2-2 三相异步电动机正反转 PLC 控制电路

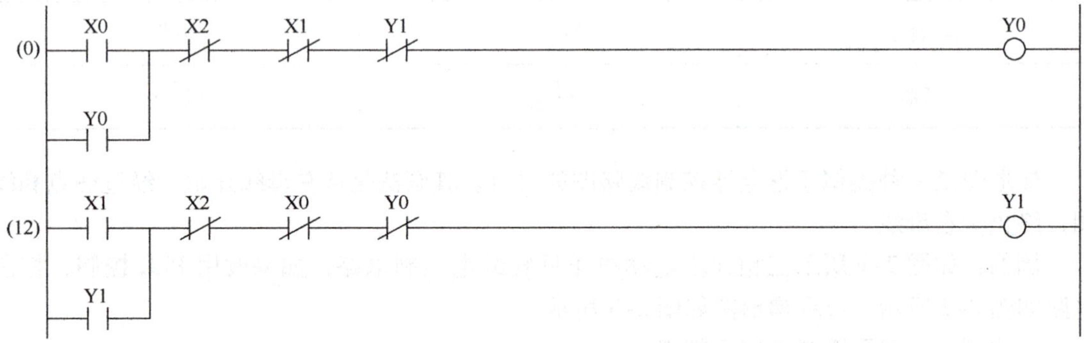

图 2-3 三相异步电动机正反转 PLC 程序梯形图

3)程序执行是一个逻辑运算的过程。根据梯形图中各触点的状态和逻辑关系,能求出各个线圈对应的编程元件的状态。

4)梯形图中的各编程元件的常开触点和常闭触点,都可以无限次使用。

5）梯形图中的线圈应该放在最右边。

2. 梯形图程序执行顺序

根据 PLC 的扫描工作原理，程序自左向右、自上向下扫描并按此顺序执行。如图 2-4 所示的程序，执行程序时，根据 X1~X4 的 ON/OFF，Y5、Y6 的 ON 时序如图 2-5 所示。

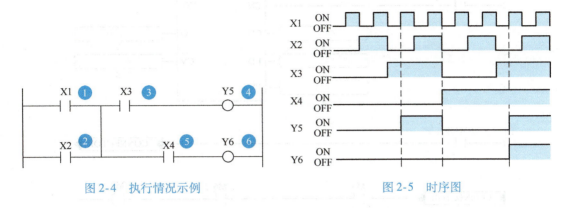

图 2-4　执行情况示例　　　　　　　图 2-5　时序图

2.1.2　语句表（IL）

语句表是由不同的指令所构成的语句组成的，其中指令则是由助记符和操作数组成。其中操作码指出了指令的功能，操作数指出了指令所用的组件或数据。例如图 2-3 中的梯形图写成指令表如下：

LD	X0	LD	X1
OR	Y0	OR	Y1
ANI	X2	ANI	X2
ANI	X1	ANI	X0
ANI	Y1	ANI	Y0
OUT	Y0	OUT	Y1

从上面的指令表中，我们可以看出如 LD、OR、ANI、OUT 等称为助记符，X0、X1、Y0、Y1 等称为操作数。

2.1.3　功能块图（FBD）

功能块图与梯形图一样，功能块图则是一种图形化编程语言。功能块图则类似于电子线路的逻辑电路图的一种编程语言，如图 2-6 所示。FBD/LD 是通过将实施特定处理的块、变量、常数沿着数据和信号的流动进行连接，创建程序的语言，如图 2-7 所示。

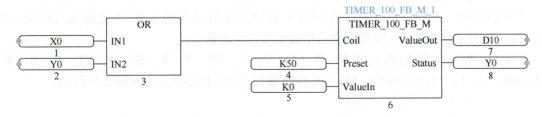

图 2-6　功能块图（FBD）

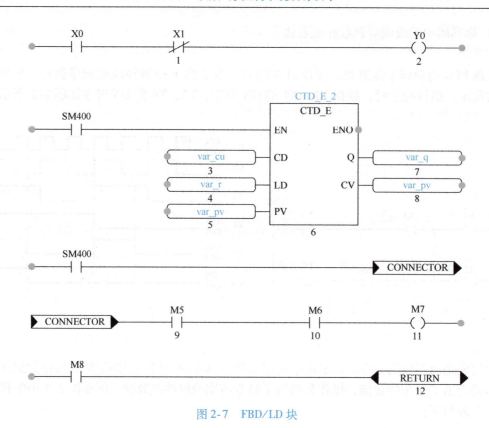

图 2-7　FBD/LD 块

2.2　FX5U 系列顺控程序指令的使用技术

FX5U 系列 PLC 的指令包括 CPU 模块专用指令和模块专用指令，CPU 模块专用指令包括顺控程序指令、基本指令、应用指令、步进梯形图指令、内置以太网功能用指令和 PID 控制指令，模块专用指令包括网络通用指令、CC-Link IE 现场网络用指令、高速计数器指令、外部设备通信指令、定位指令和 BFM 分割读取/写入指令。本章讲述顺控程序指令的用法，其他指令在后续章节进行讲解。

顺控程序指令是专门为逻辑控制设计的指令，指令能直观地表达触点与线圈之间连接关系。FX5U 系列 PLC 的顺控指令归纳为触点指令、结合指令、线圈输出、主控指令和其他指令等。

2.2.1　触点指令的使用

1. LD/LDI（取/取反）指令

LD（LOAD）/LDI（LOAD INVERSE）指令用于软元件的常开/常闭触点与母线、临时母线、分支起点的连接。或者说表示母线运算开始的触点。

LD/LDI 指令可用的软元件有：X、Y、M、L、SM、F、B、SB、T、ST、C、D、W、SD、SW、R、LC、U□\G□。LD/LDI 指令编程及时序图如图 2-8 和图 2-9 所示。

2. AND/ANI（与/与非）指令

AND/ANI 指令用于一个常开/常闭触点与其前面电路的串联连接（作"逻辑与"运算），串联触点的数量不限，该指令可多次使用。AND/ANI 指令可用的软元件为：X、Y、

M、L、SM、F、B、SB、T、ST、C、D、W、SD、SW、R、LC、U□\G□。使用参考图 2-10 和图 2-11 示例所示。

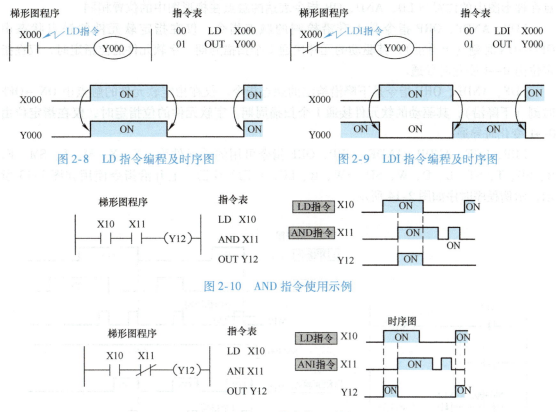

图 2-8　LD 指令编程及时序图

图 2-9　LDI 指令编程及时序图

图 2-10　AND 指令使用示例

图 2-11　ANI 指令使用示例

3. OR/ORI（或/或非）指令

OR/ORI 指令用于一个常开/常闭触点与上面电路的并联连接（作逻辑或运算）。并联触点的数量不限，该指令可多次使用，但要使用打印机打印时，并联列数不要 24 行。OR/ORI 指令可用的软元件为：X、Y、M、L、SM、F、B、SB、T、ST、C、D、W、SD、SW、R、LC、U□\G□。使用参考图 2-12 示例所示。

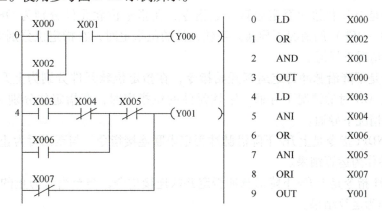

图 2-12　OR、ORI 使用示例

4. LDP、LDF、ANDP、ANDF、ORP、ORF 指令

LDP、LDF、ANDP、ANDF、ORP、ORF 指令是触点脉冲检测指令。这类指令表达的触点在梯形图中的位置与 LD、AND、OR 指令表达的触点在梯形图中的位置相同。

LDP、ANDP、ORP 指令是上升沿检测的触点指令。仅在指定软元件的触点状态由 OFF→ON 时刻（上升沿），其驱动的元件接通 1 个扫描周期。字软元件的位指定时，仅在指定位由 0→1 变化时导通。

LDF、ANDF、ORF 指令是下降沿检测的触点指令。仅在指定软元件的触点由 ON→OFF 时刻（下降沿），其驱动的软元件接通 1 个扫描周期。字软元件的位指定时，仅在指定位由 0→1 变化时导通。

LDP、LDF、ANDP、ANDF、ORP、ORF 指令可用的软元件为：X、Y、M、L、SM、F、B、SB、T、ST、C、D、W、SD、SW、R、LC、U□\G□。上升沿指令使用如图 2-13 所示，示例程序时序如图 2-14 所示。

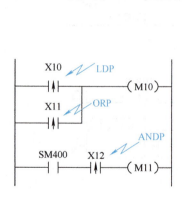

图 2-13 上升沿指令使用示例

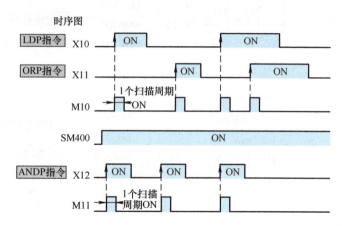

图 2-14 示例程序时序

5. LDPI、LDFI、ANDPI、ANDFI、ORPI、ORFI 指令

LDPI/LDFI、ANDPI/ANDFI、ORPI/ORFI 这一类指令是脉冲否定运算开始指令，可用的软元件为：X、Y、M、L、SM、F、B、SB、T、ST、C、D、W、SD、SW、R、LC、U□\G□。

LDPI 指令是上升沿脉冲否定运算开始指令，在指定位软元件分别为 OFF 时、ON 时、下降沿时（ON→OFF）的情况下导通。字软元件的位指定时，在指定位分别为 0、为 1、为 1→0 的变化的情况下导通。

LDFI 指令是下降沿脉冲否定运算开始指令，在指定位软元件分别为上升沿时（OFF→ON）、OFF 时、ON 时的情况下导通。字软元件的位指定时，在指定位分别为 0、为 1、为 0→1 的变化的情况下导通。

ANDPI/ANDFI 指令是上升/下降沿脉冲否定串联连接指令，与至当时为止的运算结果进行 AND 运算并作为运算结果。

ORPI/ORFI 指令是上升/下降沿脉冲否定并联连接指令，与至当时为止的运算结果进行 OR 运算，并作为运算结果。

LDPI/LDFI 指令使用示例如图 2-15 所示，脉冲否定指令使用的 ON/OFF 信息见表 2-2。

图 2-15　LDPI/LDFI 指令使用示例

表 2-2　脉冲否定指令使用的 ON/OFF 信息表

脉冲否定指令中指定的软元件		LDPI、ANDPI、ORPI 的状态	LDFI、ANDFI、ORFI 的状态
位软元件	字软元件的位指定		
OFF→ON	0→1	OFF	ON
OFF	0	ON	ON
ON	1	ON	ON
ON→OFF	1→0	ON	OFF

2.2.2　线圈输出类指令的使用

1. OUT 指令

OUT 指令也叫做线圈驱动指令，用于线圈的连接，将 OUT 指令之前的运算结果输出到指定的软元件中。OUT 指令可多次连续使用（这叫做并联输出）。OUT 指令可使用的软元件有 Y、M、L、SM、F、B、SB、S、T、ST、C、D、W、SD、SW、R。OUT 指令编程示例如图 2-16 所示。

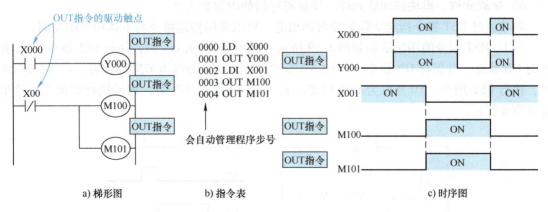

图 2-16　OUT 指令编程举例

对于定时器和计数器的线圈设定，在 OUT 指令后要加上设定值，设定值以十进制数直接指定，也可以通过数据寄存器（D）或文件寄存器（R）间接指定，如图 2-17、图 2-18 所示。

2. SET/RST（置位/复位）指令

（1）SET 指令　SET 指令用于对软元件置位，指将受控组件设定为 ON 并保持受控组件的状态。SET 指令可使用的软元件为 Y、M、L、SM、F、B、SB、S、D、W、SD、SW、R、U□\G□。

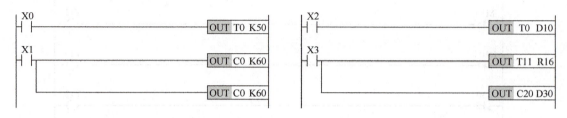

图 2-17　直使指定示例　　　　　　　　图 2-18　间接指定示例

SET 指令对于位软元件：将线圈、触点置为 ON，SET 指令对于字软元件指定的位置 1。

（2）RST 指令　RST 指令用于对软元件复位，指将受控组件设定为 OFF，也就是解除受控组件的状态。RST 指令可使用的软元件为：Y、M、L、SM、B、SB、T、ST、C、S、D、W、SD、SW、R、U□\G□。

对于定时器、计数器，在 RST 指令被跳转的程序、子程序和中断程序中执行的情况下，定时器和计数器可能会保持复位后的状态不变，定时器和计数器不动作。

RST 指令不能复位报警器 F。RST 指令 ON 时只能复位报警器 SD64～SD79 中有内容，执行指令变为 ON 时，将报警器置为 OFF。变为 OFF 的报警器编号（F 编号）将从特殊寄存器（SD64～SD79）中被删除，SD63 的内容将被 -1。

RST 输入变为 ON 时，控件变化情况如下：

1）位软元件：将线圈、触点置为 OFF。
2）定时器、计数器：将当前值置为 0，将线圈、触点置为 OFF。
3）字软元件的位指定：将指定位置为 0。
4）字软元件、模块访问软元件、变址寄存器的内容置为 0。

对于通过 RST 指令指定字软元件时的功能，可以采用传送指令与下述梯形图相同。

SET、RST 指令的用法示例如图 2-19 所示。图中当 X0 为 ON 时，执行 SET 指令，Y0 置位为 ON 状态，并保持 ON 状态，即使 X0 变 OFF 时，Y0 仍然为 ON 的状态。当 X1 为 ON 时，执行 RST 指令，Y0 复位为 OFF 状态。若 X0、X1 均为 ON 时，则后执行的优先，这里复位指令优先。

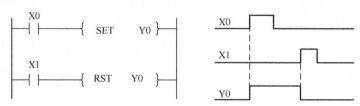

图 2-19　SET、RST 指令的用法编程

3. PLS、PLF（脉冲输出微分）指令

PLS 指令将指定信号上升沿进行微分后，输出一个脉冲宽度为一个扫描周期的脉冲信号。如图 2-20 所示，当 X0 的状态由 OFF→ON 时，M10 接通一个扫描周期。

PLF 指令将指定信号的下降沿进行微分后，输出一个脉冲宽度为一个扫描周期的脉冲信号。如图 2-21 所示,当 X1 的状态由 ON→OFF 时,M11 接通一个扫描周期。

通常使用 PLS/PLF 指令将脉宽较宽的输入信号变成脉宽为一个扫描周期的触发信号。常用该信号对计数器进行初始化或复位。

PLS/PLF 指令可使用的软元件为:Y、M(特殊 M 除外)。

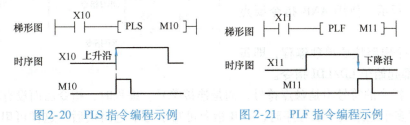

图 2-20　PLS 指令编程示例　　　图 2-21　PLF 指令编程示例

另外,使用 OUT 指令和 PLS 指令的功能是一样的,如图 2-22 所示。

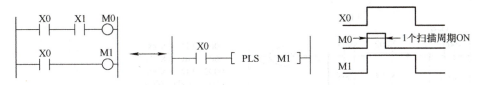

图 2-22　OUT 指令和 PLS 指令等效程序

4. ALT 位软元件交替输出

ALT 指令作用:如果输入变为 ON,对位软元件进行取反(ON↔OFF)的指令。指令只能使用 Y、M、L 等位元件。用 ALT 指令单按钮实现电动机起停示例如图 2-23 所示。

注意:如果通过 ALT 指令编程,将在每个运算周期进行动作取反。通过指令 ON/OFF 使动作取反时,应使用 ALTP 指令(脉冲执行型)或将 指令触点设为 LDP 等(脉冲执行型)。

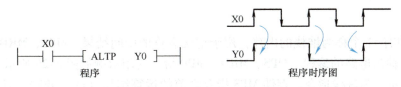

图 2-23　ALT 指令应用示例

2.2.3　结合类指令的使用

1. ORB(电路块或)指令

电路块:电路块是指由两个或者两个以上的触点连接构成的电路。

ORB 指令用于串联电路块的并联连接。ORB 指令的用法和编程举例如图 2-24 所示。

使用 ORB 指令要点如下:

1)编程时,每一个电路块单独进行编程,即每个电路块起始于 LD/LDI 指令。

2)ORB 指令的符号不是触点符号,而是连接符号。编程时,指令后面没有软元件。

3)编写多个电路块并联程序时,ORB 指令可写于每个电路块后(如图 2-24 所示指令表),这样可并联无限的电路块,ORB 使用的次数没有限制。ORB 指令也可将所有电路块程序写完后,连续写多个 ORB 指令,但这样编程时,最多可连续写 8 次 ORB 指令。

2. ANB（电路块与）指令

ANB 指令用于并联电路块的串联连接。进行 A 块与 B 块的 AND 运算，并作为运算结果。ANB 指令的用法和编程举例如图 2-25 所示。使用 ANB 指令要点如下：

1）每一个电路块要单独编程，即每一个电路块都起始于 LD/LDI 指令。

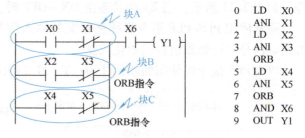

图 2-24　ORB 指令的用法编程示例

2）ANB 指令的符号不是触点符号，而是连接符号。编程时，指令后面没有软元件。

3）编写多个电路块串联程序时，ANB 指令可写于每个电路块后，这样可串联无限的电路块。ANB 指令也可将所有电路块程序写完后，连续写多个 ANB 指令。但最多可连续写 8 次 ANB 指令。

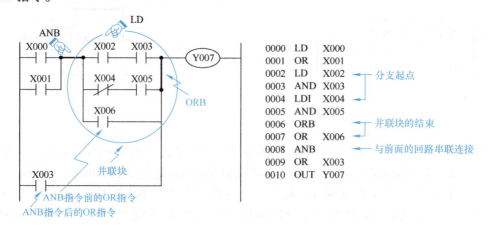

图 2-25　ANB 指令用法编程示例

3. MPS、MRD、MPP（运算结果进栈、读栈、出栈）指令

在 PLC 中有 11 个称为堆栈的内存，用于记忆运算的中间结果。MPS、MRD、MPP 指令用于分支多重输出电路的编程。MPS、MRD、MPP 指令使用示例如图 2-26 所示。

MPS（Push）为进栈指令，存储 MPS 指令之前的运算结果（ON/OFF）。该指令将当前的运算结果送入栈存储器。

MRD（Read）为读栈指令，该指令用于读出栈内由 MPS 指令存储的运算结果。栈内数据不改变。

MPP（Pop）为出栈指令，该指令用于取出栈内由 MPS 指令存储的运算结果，同时该数据在栈内消失。清除通过 MPS 指令存储的运算结果。MPS 指令的使用数将被减 1。

使用栈指令基本要点如下：

1）栈起点相当于电路的串联连接，写指令时使用 AND、ANI 指令；

2）MPS、MPP 指令必须成对使用；

3）编程时，在 MPS、MRD、MPP 指令后没有软元件；

4）MPS 指令可以重复使用，但使用次数不允许超过 16 次（或者说：最多可作 16 个分支点记忆）。实际中称为多层栈的意思。如图 2-27、图 2-28 所示。

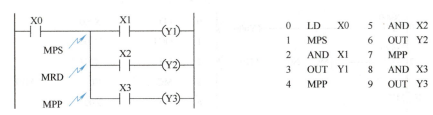

图 2-26 栈指令使用示例

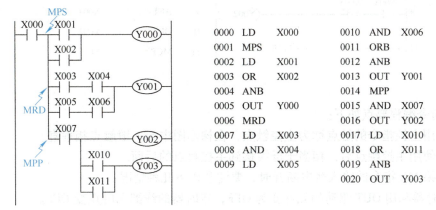

图 2-27 二层栈编程示例

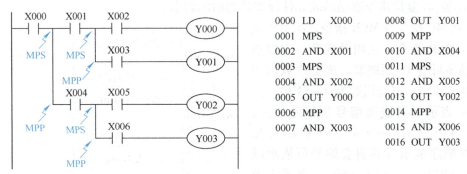

图 2-28 三层栈编程示例

2.2.4 主控指令的使用

MC（Master Control）：主控指令或称公共触点串联连接指令（MC 的意义是将母线转移到条件触点后面）。作用是通过梯形图的公共母线的开闭，创建高效的梯形图切换程序的指令。

MCR（Master Control Reset）：主控复位指令，将母线还原回来。

MC、MCR 指令用于一个或多个触点控制多条分支电路的编程。每一主控程序均以 MC 指令开始，MCR 指令结束，它们必须成对使用。当执行指令的条件满足时，直接执行从 MC 到 MCR 的程序。

例如：在图 2-29 中，当 X1 为 ON 时，执行 MC 到 MCR 间的程序，否则不执行这段程序。当 X1 为 OFF 时，即使此时 X2 为 ON，Y1 也为 OFF。（特别说明：图中指令输入时，标为标号 N0 == M10 的地方，不需要输入，自动生成。）

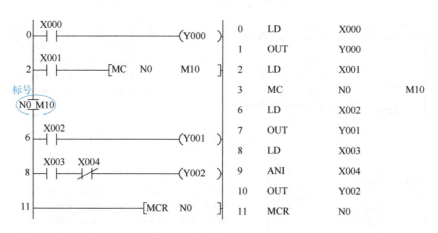

图 2-29 主控指令编程示例

主控指令编程要点如下：

1）使用主控指令的触点称为主控触点，在梯形图中与一般触点相垂直。

2）在使用主控触点后，相当于母线移到主控触点的后面。

3）如果 MC 指令的输入触电断开时，要注意以下几种情况：

① 定时器和用 OUT 驱动的元件变为 OFF，定时器的线圈和触点变 OFF。

② 累积定时器计数器，线圈变为 OFF，但计数值、触点均保持当前的状态。

③ 用置位/复位指令驱动的软元件保持其当时的状态。

4）在 MC 指令与 MCR 指令之间可再次使用 MC/MCR 指令，这叫做嵌套。主控点回路内最多可有 15 层嵌套。嵌套次数可按顺序分 0~14 级，嵌套层数为 0~14 层，用 N0~N14 表示（其嵌套编号须依序加大：N0→N1→…→N13→N14）。主控结束按 N14~N0 顺序表示（其嵌套编号须依次减小：N14→N13→…→N1→N0）。多重主控指令使用编程如图 2-30 所示。

5）主控指令 MC 可使用的软元件为 Y、M。

6）MCR 指令的前面不能附加触点指

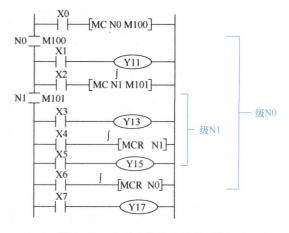

图 2-30 多重主控指令编程示例

令。使用时应设置同一嵌套编号的 MC 指令及 MCR 指令。

2.2.5 移位指令的使用

顺控指令的移位指令功能见表 2-3。

1. 位软元件移位指令：SFT

1）指令功能在位软元件的情况下，将（d）中指定的软元件的前一个软元件的 ON/OFF 状态移位到（d）中指定的软元件中，（d）中指定的软元件的前一个软元件将变为 OFF。

【例 2-1】 有七个灯从左到右每隔 1s 轮流点亮，无限循化。程序如图 2-31 所示。

项目 2　FX5U PLC 控制系统编程语言与指令使用

表 2-3　移位指令功能一览表

助记符	名称	功能	表现形式	操作数说明
SFT（P）	位软元件移位	将（d）中指定的软元件的前一个软元件的ON/OFF状态移位到（d）中指定的软元件中	SFT（P）　　d	d：移位的软元件起始编号
SFL（P）	16位数据的n位左移位	将（d）中指定的软元件的16位数据左移（n）位	SFL（P）　　d　n	d：存储移位数据的软元件起始编号 n：移位次数
SFR（P）	16位数据的n位右移位	将（d）中指定的软元件的16位数据右移（n）位	SFR（P）　　d　n	
BSFR（P）	n位数据的1位右移位	将（d）中指定的软元件开始（n）点的数据向右移位1位	BSFR（P）d　n	d：移位的软元件起始编号 n：移位的软元件数
BSFL（P）	n位数据的1位左移位	将（d）中指定的软元件开始（n）点的数据向左移位1位	BSFL（P）d　n	
DSFR（P）	n字数据的1字右移位	将（d）中指定的软元件开始（n）点的数据向右移位1字	DSFR（P）d　n	
DSFL（P）	n字数据的1字左移位	将（d）中指定的软元件开始（n）点的数据向左移位1字	DSFL（P）d　n	

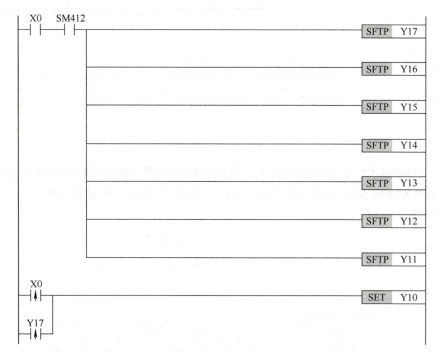

图 2-31　示例参考程序图

说明：如果连续使用 SFT（P）指令的情况下，应创建从软元件编号的大编号开始的程序。对于移位的起始的软元件应通过 SET 指令置为 ON。如图中先将 Y10 置 ON。

通过SFTP指令指定了Y10的情况下，执行SFTP指令时将Y10的ON/OFF移位到Y11中，将Y10置为OFF。

2) 字软元件的位指定的情况下，将（d）中指定位的前一个位的1/0状态移位到（d）中指定的位中，（d）中指定位的前一个位变为0。

例如：通过SFT（P）指令指定了D0.5［D0的位5（b5）］的情况下，执行SFT（P）指令时将D0的b4的1/0移位到b5中，将b4置为0。执行情况如图2-32所示。

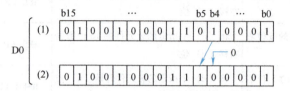

图2-32　字软元件的位指定的情况下执行情况

2. 16位数据的n位左移位：SFL（P）

将（d）中指定的软元件的16位数据左移（n）位。

如：SFLP　D0　K8，表示将（D0）中指定的软元件的16位数据从最低位开始左移（8）位。从最低位开始的（8）位将变为0。执行情况如图2-33所示。

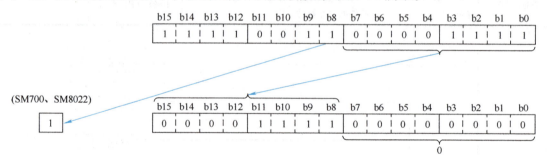

图2-33　左移位执行情况

当（d）中指定了位软元件的情况下，以位数指定中指定的软元件范围进行左移位。

如：SFLP K2X10 K3，这时候将X15～X17三位左移溢出，同时将X10～X12本位变为0。执行情况如图2-34所示。

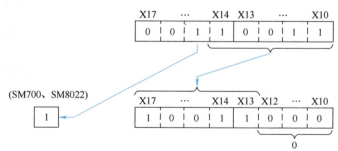

图2-34　左移位（d）中指定了位软元件的情况下执行情况

（n）指定0～15。（n）中指定了16以上的值的情况下，将以（n）÷16的余数值向左移位。例如，(n) =18 时，18÷16=1 余 2，因此向左移位 2 位。

2.2.6 其他指令的使用

1. INV 指令

用于将执行 INV 指令之前的运算结果取反状态。INV 指令后无软元件。INV 指令只能在与 AND、ANI、ANDP、ANDF 指令相同位置处编程。INV 指令不能在 LD 指令、OR 指令的位置使用。

INV 指令的用法和编程示例如图 2-35 所示。

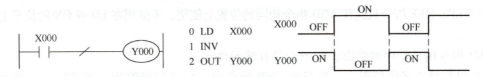

图 2-35　INV 指令的用法编程示例

注意：使用了梯形图块的情况下，以梯形图块的范围对运算结果进行取反。并用 INV 指令及 ANB 指令使梯形图动作的情况下，注意取反的范围。如图 2-36 所示。

图 2-36　使用梯形图块情况下的取反指令

2. MEP MEF 指令

MEP MEF 指令是将运算结果脉冲化的指令，不需要指定软元件编号。

MEP 指令是指在到指令为止的运算结果（运算结果的上升沿时为 ON），从 OFF→ON 时变为导通状态。指令的功用是在串联多个触点的情况下，容易实现脉冲化处理。MEP 指令编程使用如图 2-37 所示。

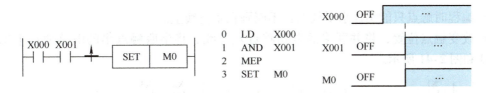

图 2-37　MEP 指令编程使用

MEF 指令是指在到指令为止的运算结果（运算结果的下降沿时为 ON），从 ON→OFF 时变为导通状态。指令的功用是在串联多个触点的情况下，容易实现脉冲化处理。MEF 指令编程使用如图 2-38 所示。

使用 MEP、MEF 指令注意事项如下：

1) 在子程序和 FOR ~ NEXT 指令中，有 MEP、MEF 指令对用变址修饰的触点进行脉冲

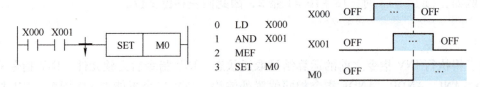

图 2-38　MEF 指令编程使用

化，可能无法动作。

2）MEP、MEF 指令只能在 AND 指令相同的位置上使用，不能用在 LD 或 OR 的位置上。

3. END（程序结束）指令

END 指令用于程序的结束，指令后没有软元件。

PLC 以扫描方式执行程序，执行到 END 指令时，扫描周期结束，再进行下一个周期的扫描。END 指令后面的程序不执行。

调试程序时，常常在程序中插入 END 指令，将程序进行分段调试。

2.3　顺控指令编程设计技术

2.3.1　编程基本要求

1）梯形图中每一逻辑行从左到右排列，以触点与左母线连接开始，以线圈与右母线连接结束（有些梯形图也可省去右母线）。

2）触点使用次数不限，可以用于串行线路，也可用于并行线路。所有输出元件的线圈也都可以作为辅助继电器使用。

3）线圈不能重复使用。

4）输出线圈右边不能再画触点。如图 2-39 所示。

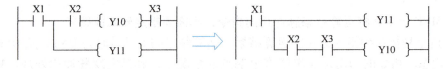

图 2-39　输出线圈使用规定

5）编程时触点只能画在水平线上，不能画在垂直线上。

6）改变触点位置，将并联多的电路移近左母线，将串联触点多的电路放在上部。如图 2-40 和图 2-41 所示。

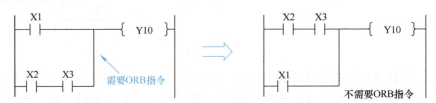

图 2-40　串联触点编程规定

7）对于不能编程的电路，应该对其进行优化，使其能为 PLC 所识别。图 2-38 中左图

图 2-41 并联触点编程规定

为一桥式电路，从继电器电路来说是允许的，但是不进行优化，是不能为 PLC 所识别，只有变换成图 2-42 中右图才可以使 PLC 识别。

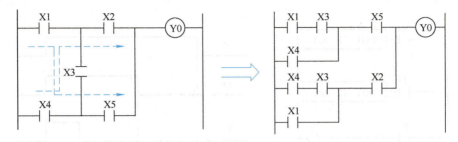

图 2-42 桥式电路变换

2.3.2 指令设计技巧

1. 延时电路

【例 2-2】 失电延时定时器。

如图 2-43 所示。当 X2 为 ON 时，其常开触点闭合，输出继电器 Y2 接通并自保持，但定时器 T2 却无法接通。只有 X2 断开，且断开时间达到设定值（5s）时，Y2 才由 ON 变 OFF，实现了失电延时。

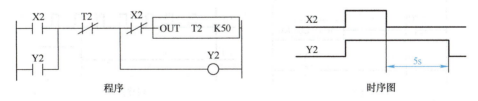

图 2-43 失电延时程序图和时序图

【例 2-3】 双延时定时器：是指通电和失电均延时的定时器，用两个定时器完成双延时控制，如图 2-44 所示。

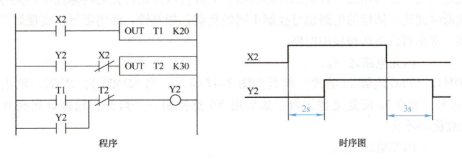

图 2-44 双延时定时器程序图和时序图

当输入 X2 为 ON 时，T1 开始计时，2s 后接通 Y2 并自保持。当输入 X2 由 ON 变 OFF 时，T2 开始计时，3s 后，T2 常闭触点断开使 Y2 线圈失电，实现了输出线圈 Y2 在通电和失电时均产生延时控制的效果。

【例 2-4】 长延时定时器。

FX 系列 PLC 最大计时时间为 3276.7s，为产生更长的设定时间，可将多个定时器、计数器联合使用，扩大其延时时间。

方法一：在图 2-45 中，输入 X0 导通后，输出 Y0 在 Kt1 + Kt2 的延时之后接通，延时时间为两个定时器设定值 Kt1 + Kt2 之和。

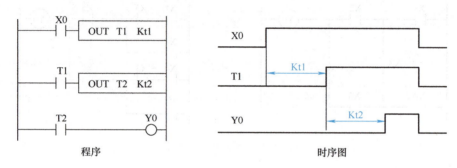

图 2-45　方法一的程序图和时序图

方法二：用一个定时器和一个计数器连接构成一个等效倍乘的定时器，如图 2-46 所示。

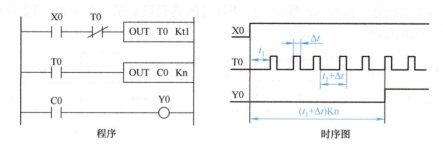

图 2-46　方法二的程序图和时序图

2. 闪光电路

闪光电路是广泛应用的一种实用控制电路，它既可以控制灯光的闪烁频率，又可以控制灯光的通断时间比。同样的电路也可控制不同的负载，如电铃、蜂鸣器等。实现灯光控制的应用很多，常用有以下四种应用电路。

【例 2-5】 闪光电路之一。

用 SM412（PLC 内部 1s 脉冲）编程如图 2-47 所示，当 SM400 为 ON 时，输出继电器 Y0 则亮 0.5s，灭 0.5s 反复交替运行。如果用 Y0 点控制一个灯光，则该灯光亮 0.5s，灭 0.5s，如此循环不止。

【例 2-6】 闪光电路之二。

图 2-47 为亮暗时间相等且固定不变的参考程序，若要求亮暗时间不相等的话则要采用

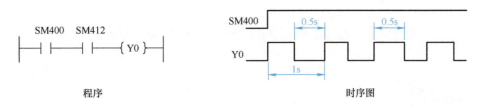

图 2-47 闪光电路之一的程序图和时序图

图 2-48 所示的电路才能实现。

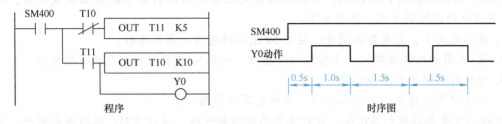

图 2-48 闪光电路之二的程序图和时序图

【例 2-7】 闪光电路之三。

图 2-49 可知,当 SM400 为 ON 时,由于 T1 时间未到,其动断触点闭合 Y0 为 ON。当 T1 整定时间到 Y0 为 OFF,T1 的动合点闭合使 T0 开始计时,当 T0 时间到,其动断点闭合使 T1 开始计时,同时 Y0 也为 ON,如此循环。

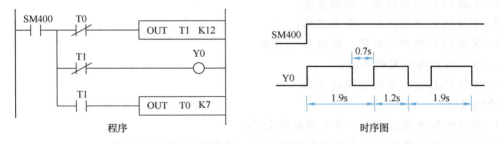

图 2-49 闪光电路之三的程序图和时序图

【例 2-8】 闪光电路之四。图 2-50 所示是实现闪光灯闪动 5 次就自动停止该功能的电路图。

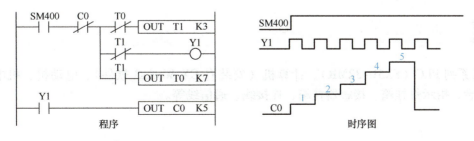

图 2-50 闪光电路之四的程序图和时序图

任务 3 给水泵电动机控制系统设计与调试

任务要求

某水厂因负载增加，需增加一台给水泵，根据水泵负载的要求选用 37kW 的三相交流异步电动机，系统要求用 PLC 控制，为保证水泵起动期间不给供电系统电压造成波动，要求用星-三角起动的控制方式。要求如下：

1. 星形先闭合，主电路再闭合；延时 5s 星形转换为三角形运行。
2. 星-三角起动转换期间，要有灯闪烁指示，闪烁周期为 0.5s，闪烁次数为 N。
3. 系统有热保护和急停功能。
4. 运行中有运行指示、停止指示、热继电器动作指示。

根据以上要求选用电器设备，设计主电路和控制电路，分配 I/O，编写控制程序，安装调试运行。

任务目标

知识目标
1. 掌握 PLC 的顺控指令编程方法；
2. 掌握 PLC 编程控制的基本思路；
3. 掌握 PLC 内部定时器、计数器的用法；
4. 掌握辅助继电器的用法；
5. 掌握 PLC 控制系统的设计思路。

技能目标
1. 会分析任务控制要求，并正确分配 I/O；
2. 能根据系统要求设计主电路和控制电路，会电路电器设备选型；
3. 能根据控制要求设计系统控制程序并调试运行；
4. 会根据控制线路图安装 PLC 外部控制线路；
5. 会 PLC 控制系统的调试与故障处理。

任务设备

FX 系列 PLC（FX5U-32MR）、计算机（安装有 GX Works3 软件）、电动机、机电一体化实训台、指示灯挂箱、接触器挂箱、连接线、通信线等。

设计指引

1. 根据任务要求进行 I/O 分配（见表 2-4）

表 2-4　I/O 分配表

输入端口	功能分配	输出端口	功能分配
X0	急停按钮（ES）	Y10	KM1
X1	起动按钮（SB1）	Y11	KM2
X2	热继电器（KH）	Y12	KM3
X3	停止按钮（SB2）	Y13	转换指示灯
		Y14	运行指示灯

2. 设计主电路接线（见图 2-51）

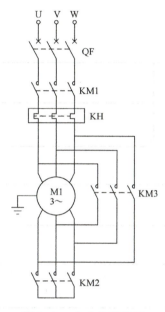

图 2-51　主电路接线图

3. 设计输入输出控制接线图（见图 2-52）

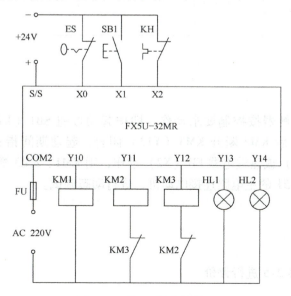

图 2-52　输入/输出接线图

4. 编制参考程序

本任务采用两种不同的方法，分别如图 2-53 和图 2-54 所示。

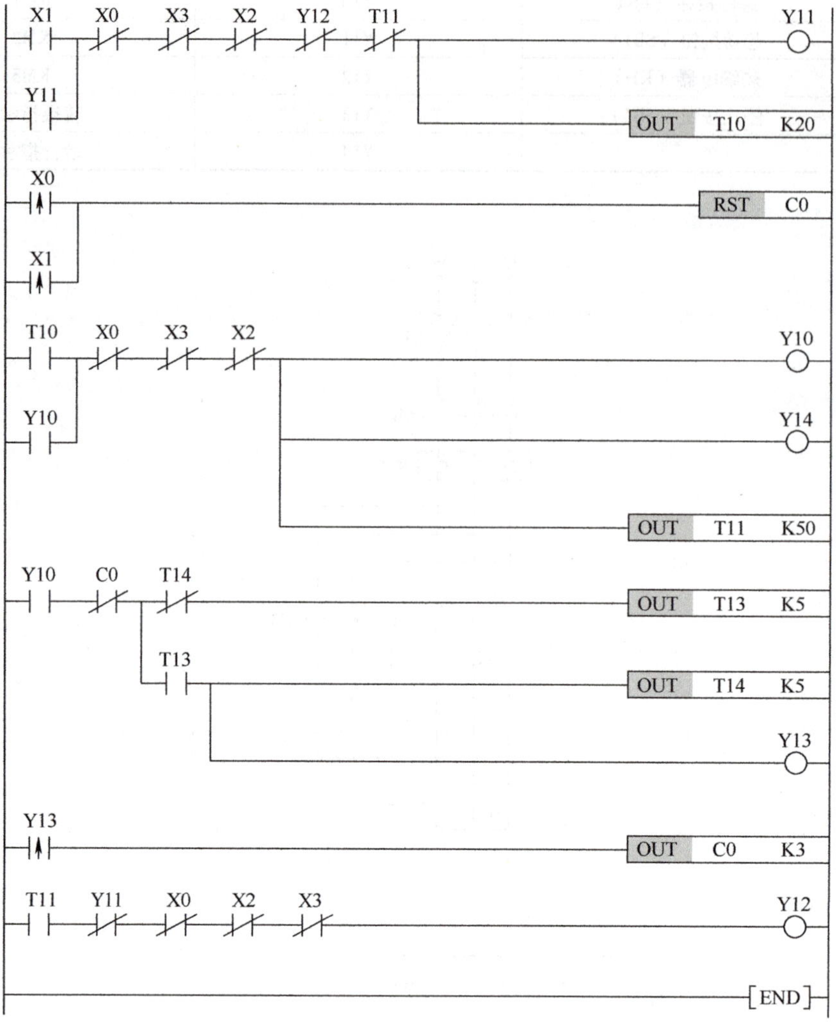

图 2-53　方法一参考程序梯形图

5. 运行调试

1）空载调试，接触器按控制要求动作，即按起动按钮 SB1（X1）时，KM2（Y11）、KM1（Y10）闭合，3s 后 KM2 断开 KM3（Y12）闭合，起动期间指示灯（Y13）闪三次，当按停止按钮 SB（X3）或热继电器 FR（X2）动作，则 KM1、KM3 断开。

2）然后再按图 2-51 的主电路连接电动机，进行动态调试。

任务评价

任务完成后，按表 2-5 进行评价。

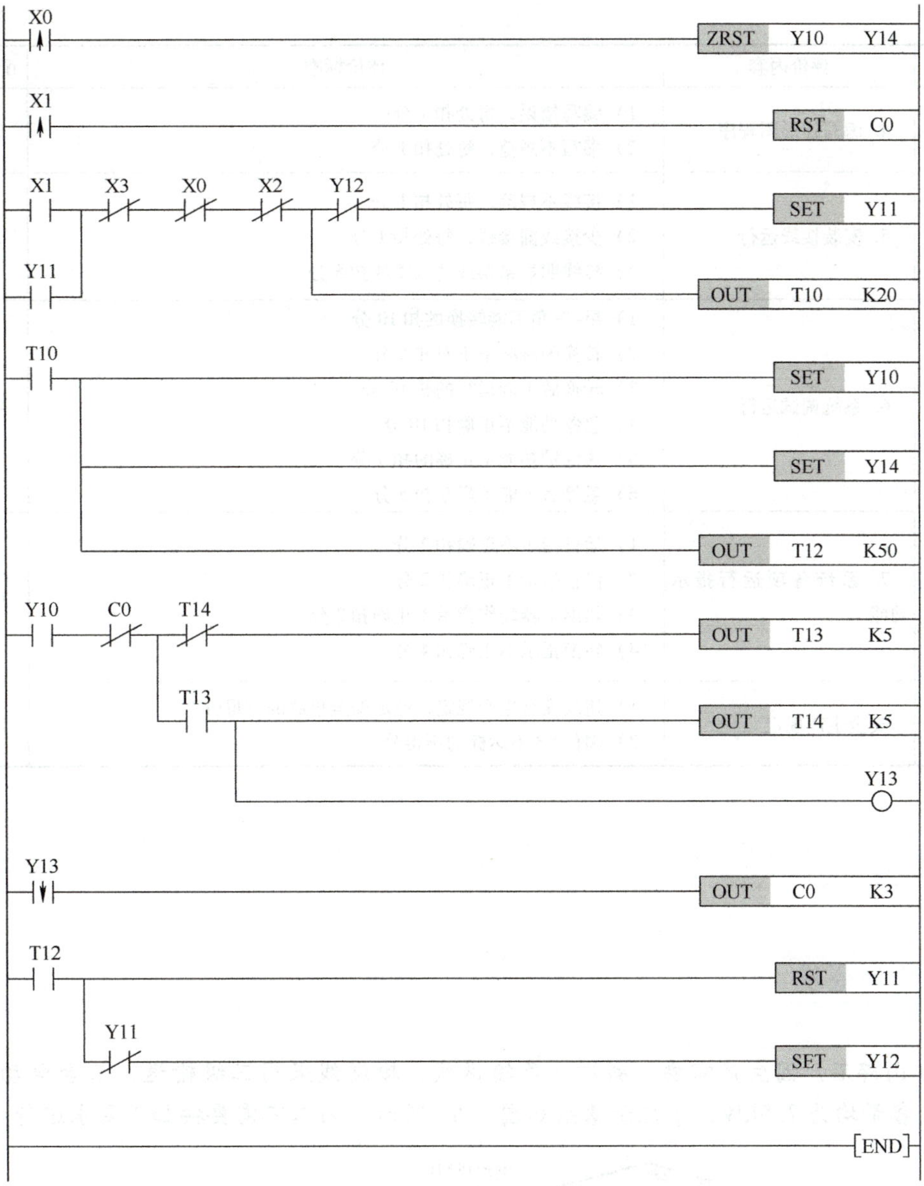

图 2-54　方法二参考程序梯形图

表 2-5　给水泵电动机控制系统设计与调试任务评价表

评价项目	评价内容	评价标准	配分	得分
专业技能	1. I/O 分配	少分配、分配错误或缺少功能，每处扣1分	5	
	2. 元器件选取	名称、型号或参数不对，每处扣1分	5	
	3. 设计并画出主电路、控制接线图	1）图形不标准或错误，每处扣1分 2）缺少文字符号或不标准，每处扣2分 3）缺少设备型号、型号错误或规格不符，每处扣1分 4）电源标识不规范或错误，每处扣1分 5）线路绘制不规范、不工整或规划不合理，每项扣1分	10	

(续)

评价项目	评价内容	评价标准	配分	得分
专业技能	4. 编写梯形图程序	1）编写错误，每处扣1分 2）书写不规范，每处扣1分	10	
	5. 安装接线运行	1）接线不规范，每处扣1分 2）少接或漏接线，每处扣1分 3）接线明显错误或造成事故扣5分	5	
	6. 系统调试运行	1）星-三角不能转换的扣10分 2）转换闪烁频率不对5分 3）转换后不能运行的扣10分 4）急停功能不正确扣10分 5）热保护功能不正确的扣5分 6）急停后不能重启动扣5分	45	
	7. 系统各项运行指示功能	1）运行指示不正确扣2分 2）停止指示不正确扣2分 3）热继电器动作指示不正确扣2分 4）转换指示不正确扣4分	10	
安全文明生产	安全生产规定	1）违反安全生产规定，造成安全事故的不得分 2）岗位8S不达标的不得分	10	

任务4　多级输送线控制系统设计与调试

任务要求

某矿山碎石厂因生产需要，新增一条输送线，输送线采用三级输送，三台电动机M1、M2、M3容量均为7.5kW，系统示意图如图2-55所示。因工艺需要按如下要求进行控制。

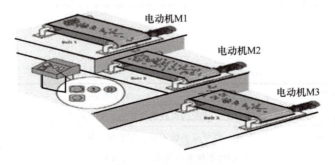

图2-55　系统示意图

1. 系统有手动和自动两种控制方式，两种工作方式有对应的指示状态。
2. 采用手动控制方式时，起动和停止方式如下：

1) 起动顺序为：按一下起动按钮，倒计时 T1 秒，电动机 M1 起动；电动机 M1 起动后，再按一下起动按钮，倒计时 T1 秒，电动机 M2 起动；电动机 M2 起动后，再按一下起动按钮，倒计时 T1 秒，电动机 M3 起动并运行；起动过程中若前级未起动，则后级无法起动。

2) 停止顺序为：按一下停止按钮，倒计时 T2 秒，电动机 M3 停止；电动机 M3 停止后，再按一下停止按钮，倒计时 T2 秒，电动机 M2 停止；电动机 M2 停止后，再按一下停止按钮，倒计时 T2 秒，电动机 M1 停止；停止过程中若前级电动机没有停止，则后级无法停止。

3. 采用自动控制方式时，起动和停止方式如下：

1) 起动顺序为：按一下起动按钮，电动机 M1～M3 按顺序每隔 T3 秒依次起动，直到电动机全部起动完成；起动过程中若前级未起动，则后级无法起动；如 M1 未起动，M2 无法起动。

2) 停止顺序为：按一下停止按钮，电动机 M3～M1 按顺序每隔 T4 秒依次停止，直到电动机全部停止；停止过程中若前级电动机没有停止，则后级无法停止；如 M3 未停止，M2 不能停止。

4. 系统实时显示电动机运行台数。

5. 系统要求有急停功能，紧急停止时，所有电动机全部停止。

请根据以上要求，采用 PLC 控制系统运行，设计控制电路、分配 I/O、编写 PLC 控制程序，安装线路并调试运行。

任务目标

知识目标

1. 掌握 PLC 的顺控指令编程方法；
2. 掌握 PLC 编程的基本思路；
3. 掌握 PLC 软元件（T、M、D）的用法；
4. 掌握 PLC 控制系统的设计思路。

技能目标

1. 会分析任务控制要求，并正确分配 I/O；
2. 能根据系统要求设计主电路和控制电路，会电路电器设备选型；
3. 能根据控制要求设计系统控制程序并调试运行；
4. 会根据控制线路图连接 PLC 外部控制线路；
5. 会 PLC 控制系统调试与故障处理。

任务设备

FX 系列 PLC（FX5U-64MR）、计算机（安装有 GX Works3 软件）、电动机、指示灯、按钮、各种规格电源和连接导线等。

 设计指引

1. 根据系统要求进行 I/O 口分配（见表 2-6）

表 2-6　I/O 口分配表

输入端口	功能	输入端口	功能
X0	系统急停按钮	Y1	第一台电动机 KM1
X1	起动按钮	Y2	第二台电动机 KM2
X2	停止按钮	Y3	第三台电动机 KM3
X3	手动/自动切换	Y4	手动运行指示
X4		Y5	自动运行指示
X5		Y6	系统停止指示
		Y20 ~ Y26	数码管（a ~ g）

2. 绘制控制接线图（见图 2-56，主电路接线图略）

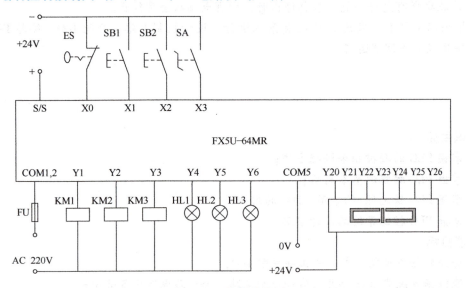

图 2-56　控制接线图

3. 编写参考程序（见图 2-57）

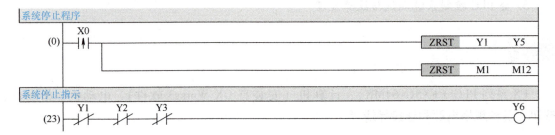

图 2-57　参考程序

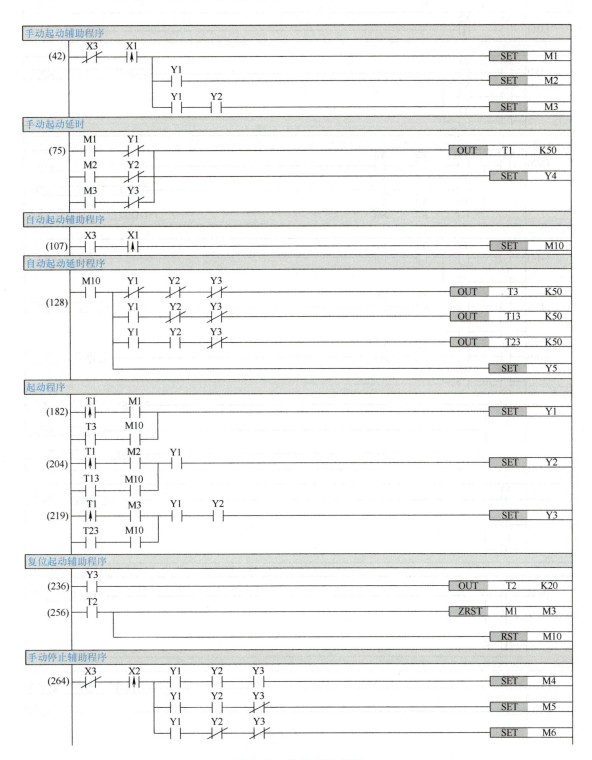

图 2-57 参考程序（续）

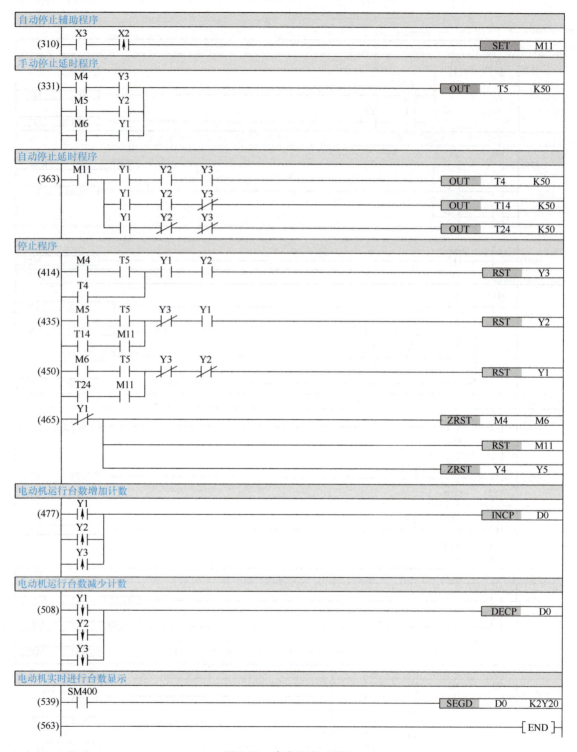

图 2-57 参考程序（续）

4. 运行调试步骤

1）按控制接线图连接控制回路与主回路。

2）将编译无误的控制程序下载至 PLC 中，并将模式选择开关拨至 RUN 状态。

3)分别进行手动起动/停止和自动起动/停止操作：

手动操作，按 SA1

起动：每按 SB1 一次起动一台电动机，且电动机按 M1~M3 的顺序起动；

停止：每按 SB2 一次停止一台电动机，且电动机按 M3~M1 的顺序停止；

急停：在运行过程中，按 ES 电动机全部停止。

自动操作，断开 SA1

起动：按 SB1 观察并记录电动机运行状态，以及是否按电动机 M1~M3 的顺序自动起动；

停止：按 SB2 观察并记录电动机停止状态，以及是否按电动机 M3~M1 的顺序自动停止；

急停：在运行过程中，按 ES 电动机全部停止。

5. 尝试编译新的控制程序

实现与示例程序相同的控制效果。

 任务评价

任务完成后，可按表 2-7 进行评价。

表 2-7 多级输送线控制系统设计与调试任务评价表

评价项目	评价内容	评价标准	配分	得分
专业技能	1. 输入/输出端口分配	少分配、分配错误或缺少功能，每处扣 1 分	5	
	2. 元器件选取	名称、型号或参数不对，每处扣 1 分	5	
	3. 设计并画出控制接线图	1）图形不标准或错误，每处扣 1 分 2）缺少文字符号或不标准，每处扣 2 分 3）缺少设备型号、型号错误或规格不符的，每处扣 1 分 4）电源标识不规范或错误，每处扣 1 分 5）线路绘制不规范、不工整或规划不合理，每项扣 1 分	10	
	4. 编写程序	1）编写错误，每处扣 1 分 2）书写不规范，每处扣 1 分	10	
	5. 安装接线运行	1）接线不规范，每处扣 1 分 2）少接或漏接线，每处扣 1 分 3）接线明显错误或造成事故扣 5 分	5	
	6. 系统调试运行	1）手动顺序起动不正确，扣 10 分 2）手动停止功能不正确扣 10 分 3）手动状态下急停功能不正确扣 5 分 4）自动顺序起动不正确扣 10 分 5）自动停止功能不正确扣 10 分 6）自动状态下急停功能不正确，扣 5 分	50	
	7. 系统各项运行指示功能	1）手动运行指示不显示扣 2 分 2）自动运行指示不显示扣 2 分 3）停止指示不显示扣 1 分	5	
安全文明生产	安全规定生产	1）违反安全生产规定，造成安全事故的不得分 2）岗位 8S 不达标的不得分	10	

任务5　简易三层电梯控制系统设计与调试

任务要求

某工业园区一工厂有一货梯，因购进年代较久远，均采用继电器控制。由于硬件控制电路接点较多，故障多。经该公司领导决定进行改造，工程部提出用PLC进行改造，系统操作示意如图2-58所示。请根据下列控制要求设计控制系统并安装调试运行。

1. 电梯停在一层或二层时，按3AX则电梯上行至3LS停止。
2. 电梯停在三层或二层时，按1AS则电梯下行至1LS停止。
3. 电梯停在一层时，按2AS则电梯上行至2LS停止。
4. 电梯停在三层时，按2AX则电梯下行至2LS停止。
5. 电梯停在一层时，按2AS、3AX则电梯上行至2LS停止T秒；然后继续自动上行至3LS停止。
6. 电梯停在三层时，按2AX、1AS则电梯运行至2LS停止T秒；然后继续自动下行至1LS停止。
7. 电梯上行途中，下降招呼无效；电梯下行途中，上行招呼无效。
8. 轿厢位置要求用七段数码管显示，上行、下行用上下箭头指示显示。
9. 电梯曳引机用接触器驱动正反转控制。

各符号意义如下：1AS、2AS、2AX、3AX分别为一、二、三层招呼信号；1LS、2LS、3LS分别为一、二、三层磁感应位置开关（可用位置开关代替）。

任务目标

知识目标
1. 掌握PLC顺控指令使用方法和编程技巧。
2. 掌握MOV指令、SEGD指令的使用方法和编程技巧。
3. 掌握位置类设备编程方法。
4. 掌握PLC控制系统的设计思路。

技能目标
1. 会分析任务控制要求，并正确分配I/O；
2. 能根据系统要求设计主电路和控制电路，会电路电器设备选型；
3. 能根据控制要求设计系统控制程序并调试运行；
4. 会根据控制线路图连接PLC外部控制线路；
5. 会PLC控制系统调试与故障处理。

项目 2 FX5U PLC 控制系统编程语言与指令使用

 **任务设备**

FX 系列 PLC（FX5U-64MR）、计算机（安装有 GX Works3 软件）、电动机、数码管、指示灯、按钮、各种规格电源和连接导线等。

 **设计指引**

1. 根据控制要求进行 I/O 口分配（见表 2-8）

表 2-8 三层电梯控制 I/O 口分配表

输	入	输	出
X0	二层下呼按钮	Y0	上行 KM1 信号
X1	一层上呼按钮	Y1	下行 KM2 信号
X2	二层上呼按钮	Y10	上行显示▲
X3	三层下呼按钮	Y11	下行显示▼
X11 ~ X13	一 ~ 三层限位	Y20 ~ Y26	数码管 a ~ g 段

2. 设计三层电梯改造控制接线（见图 2-58、图 2-59）

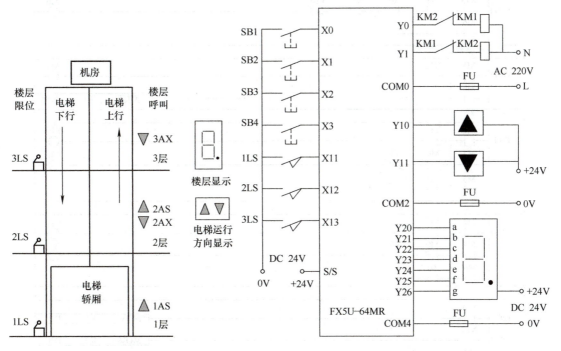

图 2-58 三层电梯示意图　　　　图 2-59 三层电梯控制接线图

3. 按控制要求编写参考梯形图（见图 2-60）

提示：编程时仔细分析并抓住控制要求 1 ~ 6 条的呼叫和位置信号是本任务编程的关键。

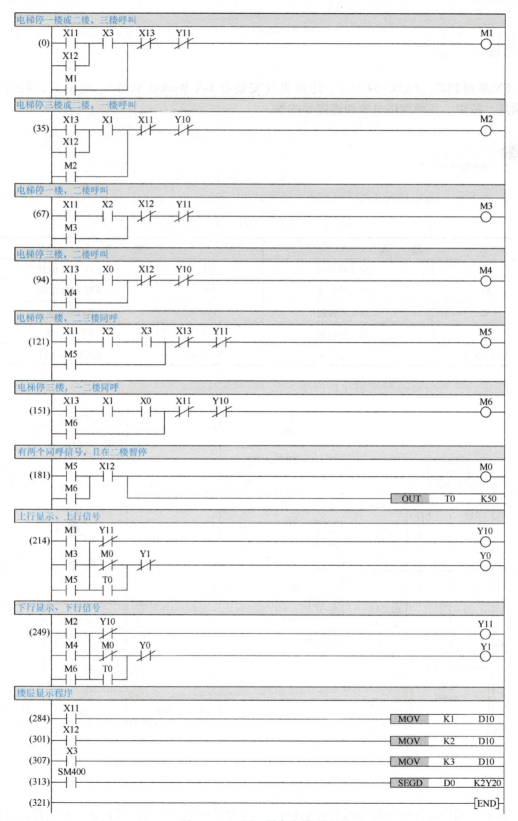

图 2-60 三层电梯参考梯形图

 **任务评价**

任务完成后，可按表2-9进行评价。

表2-9 简易三层电梯控制系统设计与调试任务评价表

评价项目	评价内容	评价标准	配分	得分
专业技能	1. I/O 分配	少分配、分配错误或缺少功能，每处扣1分	5	
	2. 元器件选取	名称、型号或参数不对，每处扣1分	5	
	3. 设计并画出控制接线图	1）图形不标准或错误，每处扣1分 2）缺少文字符号或不标准，每处扣2分 3）缺少设备型号、型号错误或规格不符，每处扣1分 4）电源标识不规范或错误，每处扣1分 5）线路绘制不规范、不工整或规划不合理，每项扣1分	10	
	4. 编写程序	1）编写错误每处扣1分 2）书写不规范每处扣1分	10	
	5. 安装接线运行	1）接线不规范，每处扣1分 2）少接或漏接线，每处扣1分 3）接线明显错误或造成事故扣5分	5	
	6. 系统调试运行	1）电梯停在一层或二层时，不能到三楼扣5分 2）电梯停在三层或二层时，不能到一楼扣5分 3）电梯停在一层时，不能到二楼扣5分 4）电梯停在三层时，不能到二楼扣5分 5）电梯停在一层时，二、三楼同呼时，不能在二楼停T秒扣5分，不能到三楼扣5分 6）电梯停在三层时，二、一楼同呼时，不能在二楼停T秒扣5分，不能到一楼扣5分 7）电梯上行途中，下降招呼有效扣5分 8）电梯下行途中，上行招呼有效扣5分	45	
	7. 系统各项运行指示功能	1）电梯楼层显示不正确扣5分 2）上下行显示不正确扣5分	10	
安全文明生产	安全生产规定	1）违反安全生产规定，造成安全事故的不得分 2）岗位8S不达标的不得分	10	

任务6 简易机械手控制系统设计与调试（1）

 **任务要求**

某机械手工作情况示意如图2-61所示，机械手的工作是将A点工件搬运到B点，有搬

运工件计数统计功能。

1. 在原点位置机械夹钳处于夹紧位，机械手处于左上角位，在原点时红灯点亮；机械夹钳为有电放松，无电夹紧。

2. 自动运行时：单周期运行时，在原点按起动按钮，按工作循环图连续工作一个周期；连续运行时，则不断重复搬运工件工作。

3. 一个周期工艺过程如下：原点→下降→夹紧（T）→上升→伸出（右移）→下降→放松（T）→上升→缩回（左移）到原点。

根据以上要求，采用 PLC 控制，选取合适的设备，设计控制电路、分配 I/O、编写控制程序，安装系统并调试运行。

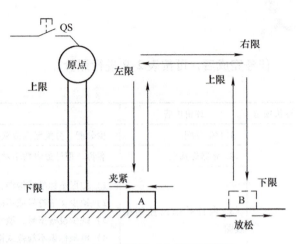

图 2-61　机械手工作情况示意图

任务目标

知识目标
1. 掌握基本指令的使用和编程方法；
2. 掌握移位指令的用法技巧；
3. 掌握梯形图程序编程的原则；
4. 掌握 PLC 控制系统的设计思路。

技能目标
1. 会分析任务控制要求，并正确分配 I/O；
2. 能根据系统要求设计主电路和控制电路，会电路电器设备选型；
3. 能根据控制要求设计系统控制程序并调试运行；
4. 会根据控制线路图连接 PLC 外部控制线路；
5. 会 PLC 控制系统调试与故障处理。

任务设备

FX 系列 PLC（FX5U-32MR）、计算机（安装有 GX Works3 软件）、电动机、机电一体化实训台、指示灯挂箱、连接线、通信线等。

设计指引

1. 根据控制要求进行 I/O 口分配（见表 2-10）

表 2-10 机械手控制 I/O 口分配

输 入		输 出	
X7	单周/连续模式	Y0	放松/夹紧
X1	上行限位	Y1	上行
X2	下行限位	Y2	下行
X3	左行限位	Y3	缩回（左行）
X4	右行限位	Y4	伸出（右行）
X5	起动	Y5	原点指示灯
X6	停止		

2. 根据 I/O 分配表设计机械手控制接线图（见图 2-62）

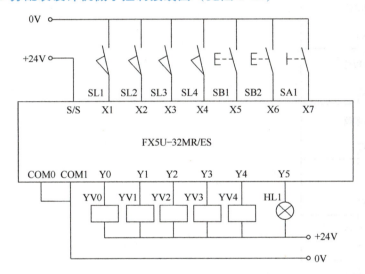

图 2-62 机械手控制接线图

3. 根据控制要求编制控制程序（见图 2-63）

图 2-63 主参考程序图

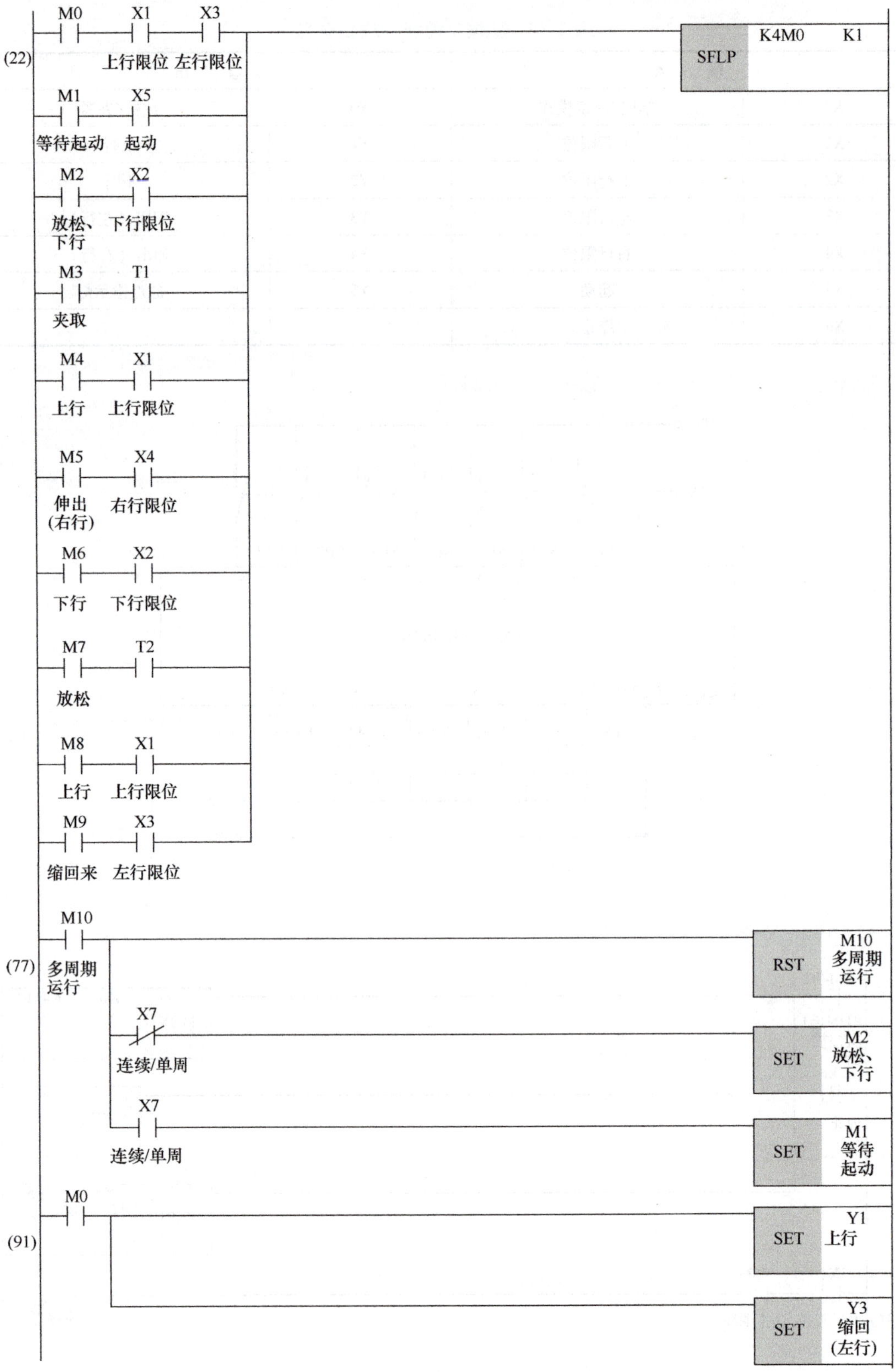

图 2-63 主参考程序图（续）

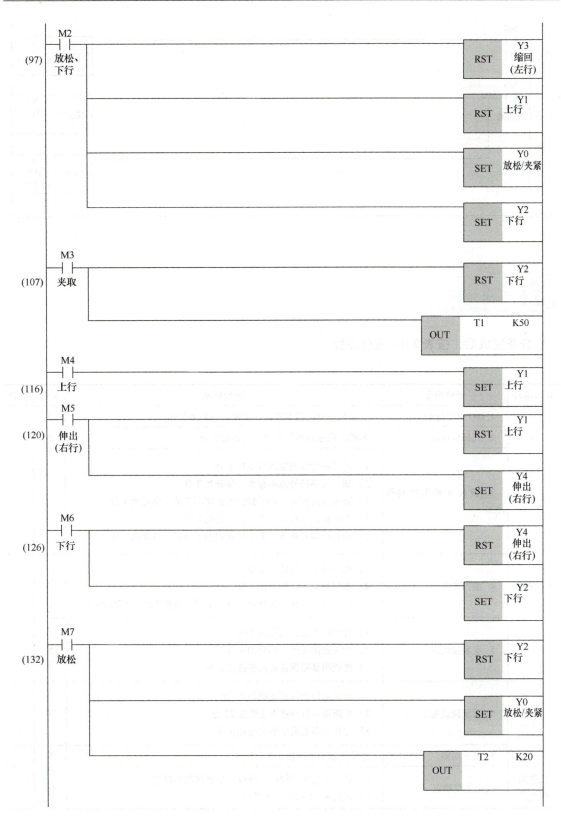

图 2-63 主参考程序图（续）

```
         M8
        ─┤├─                                          ┌─────┬──────┐
(143)    上行                                          │ SET │  Y1  │
                                                      │     │  上行 │
                                                      └─────┴──────┘
         M9
        ─┤├─                                          ┌─────┬──────┐
(147)   缩回来                                         │ RST │  Y1  │
                                                      │     │  上行 │
                                                      └─────┴──────┘

                                                      ┌─────┬──────┐
                                                      │ SET │  Y3  │
                                                      │     │ 缩回 │
                                                      │     │(左行)│
                                                      └─────┴──────┘
(153)                                                              [END]
```

图 2-63　主参考程序图（续）

任务评价

任务完成后，按表 2-11 进行评价。

表 2-11　简易机械手控制系统设计与调试（1）任务评价表

评价项目	评价内容	评价标准	配分	得分
专业技能	1. I/O 端口分配	少分配、分配错误或缺少功能，每处扣 1 分	5	
	2. 元器件选取	名称、型号或参数不对，每处扣 1 分	5	
	3. 设计并画出控制接线图	1）图形不标准或错误每处扣 1 分 2）缺少文字符号或不标准，每处扣 2 分 3）缺少设备型号、型号错误或规格不符的，每处扣 1 分 4）电源标识不规范或错误，每处扣 1 分 5）线路绘制不规范、不工整或规划不合理，每项扣 1 分	10	
	4. 编写程序	1）编写错误，每处扣 1 分 2）书写不规范，每处扣 1 分 3）指令书写错误，每处扣 1 分；不写或错误 5 处以上扣 10 分	10	
	5. 安装接线运行	1）接线不规范，每处扣 1 分 2）少接或漏接线，每处扣 1 分 3）接线明显错误或造成事故扣 5 分	5	
	6. 系统调试运行	1）自动运行功能不正确扣 20 分 2）单周期运行功能不正确扣 25 分 3）停止后不能重新起动的扣 5 分	50	
	7. 指示功能	原点指示不正确扣 5 分	5	
安全文明生产	安全生产规定	1）违反安全生产规定，造成安全事故的不得分 2）岗位 8S 不达标的不得分	10	

项目 3　PLC 与变频器应用设计技术

 知识准备

3.1　FR-E800-E 变频器的硬件知识

3.1.1　认识 FR-E800-E 变频器

三菱变频器 E800 系列是一款小型高性能变频器。具有以下特点：

1）标准搭载 CC-Link IE TSN，提高操作性：高效的协议实现了生产现场的实时数据收集，并能够使多个不同的网络混合在同一主线上，从而可以与各种各样的应用程序组合。

2）搭载多协议，扩大应用场景：通过搭载多种协议，可以切换多种的通信规格。支持世界上主要的工业用 Ethernet 通信协议。

3）搭载两个 Ethernet 端口，无须集线器就可以实现灵活的连接。

4）运用 AI 报警诊断功能，锁定报警发生的原因，实现停机时间最小化。

5）扩充预测保护功能：能够侦测到因腐蚀性气体而引发变频器损伤的先兆。借助环境诊断功能，使变频器设置环境的状态可视化，提高保护性，防患于未然。

6）与智能手机协作，通过智能手机或者平板电脑扫描产品上的二维码便可直接链接支援页面，或者远程无线连接变频器的应用程序，缩短起动时间，提高维护性。

FR-E800 变频器型号意义识如图 3-1 所示，各位代表的含义见表 3-1。

图 3-1　FR-E800 变频器型号构成

表 3-1　FR-E800 变频器型号位代表的含义

区域	区域表示意义	代码	代码表示意义
A	表示电压等级	2	200V 等级
		4	400V 等级
		6	575V 等级
B	表示电源相数	无	三相电源输入
		S	单相电源输入
C	表示额定容量或额定电流	0.1~22	变频器额定容量（kW）
		0008~0330	变频器额定电流（A）
D	表示通信和功能安全的规格	无	标准规格产品（RS-485 通信 + SIL2/PLd）
		E	Ethernet 规格产品（Ethernet 通信 + SIL2/PLd）
		SCE	Ethernet 规格产品（Ethernet 通信 + SIL3/PLe）

（续）

区域	区域表示意义	代码	代码表示意义
E	表示标准规格产品的监视输出、额定频率及通信规格等	-1	脉冲（FM），60Hz，漏型逻辑
		-4	电压（AM），50Hz，源型逻辑
		-5	电压（AM），60Hz，漏型逻辑
		PA	通信协议组 A，60Hz，漏型逻辑
		PB	通信协议组 B，60Hz，源型逻辑
F	表示有无电路板涂层、导体镀层	无	无电路板涂层，无导体镀层
		-60	有电路板涂层，无导体镀层

3.1.2 FR-E800-E 变频器的接线

FR-E800-E（Ethernet 规格产品）变频器的各回路接线端子，如图 3-2 所示。

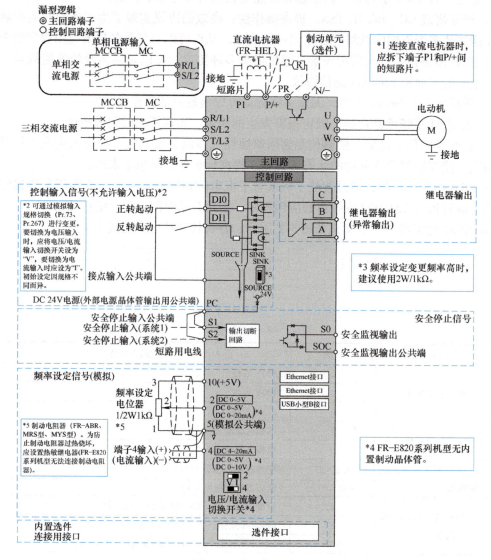

图 3-2　端子接线图

1. 主回路接线

主电路电源和电动机的连接如图 3-3 所示。电源必须接 R、S、T，绝对不能接 U、V、W，否则会损坏变频器。在接线时不必考虑电源的相序。使用单相电源时必须接 R、S 端。电动机接到 U、V、W 端子上。

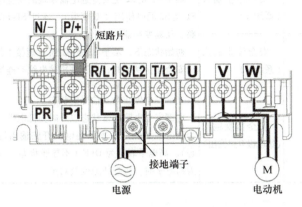

图 3-3 电源和电动机的连接

2. 控制回路接线

控制回路输入信号端子功能见表 3-2。

表 3-2 控制回路输入信号功能说明

种类	端子记号	公共端	端子名称	端子功能说明	额定规格
触点输入	DI0	SD（漏型：负极公共端）	正转起动	STF 信号 ON 时正转，OFF 时停止	输入电阻 4.7kΩ；开路时电压 DC 21~27V 短路时 DC 4~6mA
	DI1	PC（源型：正极公共端）	反转起动	STR 信号 ON 时反转，OFF 时停止 STF 和 STR 信号同 ON 时，停止指令	
频率设定	10	5	频率设定用电源	在初始状态下连接频率设定器时，应连接到端子 10	DC 5V±0.5V 允许负载电流 10mA
	2	5	频率设定（电压）	输入 DC 0~5V（或 0~10V） 通过 Pr.73 进行 DC 0~5V 与 DC 0~10V、0~20mA 的输入切换 电流输入（0~20mA）时，应将电压/电流输入切换开关设为"I"	电压输入时：输入电阻 10kΩ±1kΩ 最大允许电压 DC 20V 电流输入时：输入电阻 245Ω±5Ω 最大允许电流为 30mA
	4	5	频率设定（电流）	输入 DC 4~20mA，只有 AU 信号为 ON 时该输入信号才会有效（端子 2 输入无效）。使用端子 4 时，应将 Pr.178、Pr.179 其中任意一个设定为"4"并分配功能，然后将 AU 信号设为 ON 通过 Pr.267 进行 4~20mA 和 DC 0~5V、DC 0~10V 的输入切换。电压输入（0~5V/0~10V）时，应将电压/电流输入切换开关设"V"	

（续）

种类	端子记号	公共端	端子名称	端子功能说明	额定规格
安全停止信号	S1	PC	安全停止输入（系统1）	端子 S1 及 S2 是安全继电器模块的安全停止输入信号用端子。端子 S1 及 S2 同时使用（双频道）。通过 S1-PC 间、S2-PC 间的短路或开路，切断变频器的输出	
	S2	PC	安全停止输入（系统2）	初始状态下，端子 S1 及 S2 通过短接电线与端子 PC 进行短接。使用安全停止功能时，拆下该短接电线后连接安全继电器模块	
	S0	SOC	安全监视输出（集电极开路输出）	表示安全停止输入信号的状态 内部安全电路异常状态以外时为低电平，内部安全电路异常状态时为高电平（低电平表示集电极开路输出用的晶体管为 ON（导通状态）。高电平表示为 OFF（不导通状态）。端子 S1、S2 两者都开路且为高电平时，应查找原因及对策	

3. 有关漏型逻辑类型和源型逻辑类型说明

控制逻辑（漏型／源型）切换 使用标准规格产品、Ethernet 规格产品的情况下，可以切换输入信号的控制逻辑。通过切换控制电路板上的拨码开关，可以对控制逻辑进行切换。出厂时的控制逻辑因规格不同而异。漏型/源型切换如图 3-4 所示。（注：输出信号与开关的设定无关，漏型逻辑及源型逻辑中均可使用。）

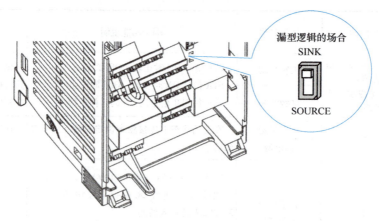

图 3-4 漏型/源型切换开关

1）漏型逻辑是从信号输入端子流出电流从而使信号为 ON 的逻辑。端子 SD 是触点输入信号的公共端子，端子 SE 是集电极开路输出信号的公共端子，如图 3-5 所示。

2）源型逻辑是电流流入信号输入端子从而使信号为 ON 的逻辑。端子 PC 是触点输入信号的公共端子，端子 SE 是集电极开路输出信号的公共端子，如图 3-6 所示。

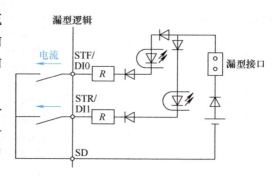

图 3-5 漏型逻辑

项目 3　PLC 与变频器应用设计技术

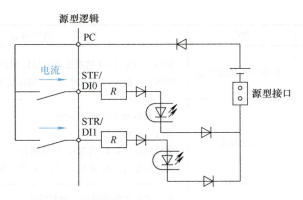

图 3-6　源型逻辑

3.1.3　认识 FR-E800 操作面板

Ethernet 规格产品、安全通信规格产品面板如图 3-7 所示。各部分名称及功用见表 3-3。

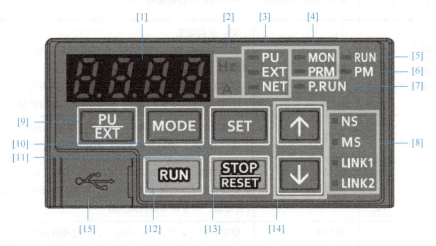

图 3-7　FR-E800 操作面板

表 3-3　操作面板各部分名称及功用

序号	操作部位	名称	说明内容
[1]	8888	监视（4 位 LED）	显示频率、参数编号等。注：通过设定 Pr. 52、Pr. 774 ~ Pr. 776，可以变更监视项目
[2]	Hz A	单位显示	Hz：显示频率时亮灯（设定频率监视显示时闪烁） A：显示电流时亮灯 注：显示上述以外的信息时，"Hz" "A" 均熄灯
[3]	■ PU ■ EXT ■ NET	运行模式显示	PU：PU 运行模式时亮灯 NET：网络运行模式时亮灯 EXT：外部运行模式时亮灯（初始设定时，电源 ON 后即亮灯） PU、EXT：外部/PU 组合运行模式时亮灯

(续)

序号	操作部位	名称	说明内容
[4]	■ MON ■ PRM	操作面板状态显示	MON：仅第 1~3 监视显示时亮灯/闪烁 PRM：参数设定模式时亮灯。选择简单设定模式时闪烁
[5]	■ RUN	运行状态显示	在变频器动作中亮灯/闪烁 亮灯：正转运行中 缓慢闪烁（1.4s 周期）：反转运行中 快速闪烁（0.2s 周期）：输入起动指令但无法运行状态
[6]	■ PM	控制电动机显示	设定 PM 无传感器矢量控制时亮灯 选择试运行状态时闪烁 感应电机设定时熄灯
[7]	P.RUN	顺控功能有效显示	顺控功能动作时亮灯
[8]	■ NS ■ MS ■ LINK1 ■ LINK2	通信状态	NS：通信状态 MS：变频器状态。绿灯 ON 为正常动作，熄灯为电源 OFF/变频器复位 LINK1：通信接口 1 状态。绿灯亮灯/闪烁为链接/正在接收数据 LINK2：通信接口 2 状态。绿灯亮灯/闪烁为链接/正在接收数据
[9]	PU EXT	PU/EXT 键	切换 PU 运行模式、PU［JOG］运行模式、外部运行模式 与［MODE］键同时按下后，切换至运行模式简单设定模式
[10]	MODE	MODE 键	模式切换，与［PU/EXT］键同时按下后，可切换至运行模式的简单设定模式。长按（大于 2s）后可进行操作锁定。Pr.161 = "0"（初始值）时按键锁定模式无效
[11]	SET	SET 键	设定数据；如果在运行中按下，则监视内容将发生变化
[12]	RUN	RUN 键	起动指令。可以通过 Pr.40 的设定选择旋转方向
[13]	STOP RESET	STOP/RESET 键	停止运行指令。保护功能起动时，进行变频器的复位
[14]	↑ ↓	上下键	变更频率设定、参数的设定值
[15]	USB	USB 接口	可以通过 USB 连接使用 FR Configurator2 软件

3.1.4 变频器的运行模式

FR-E800-E 变频器共有 7 运行模式，通过 Pr.79（运行模式选择）进行设定，见表 3-4。表 3-4 中 Pr.79 运行模式选择与 Pr.340（通信起动模式选择）相关联，Pr.340 设定值意义说明如下，也即是说如果选择网络运行就必须设定 Pr.340 的值为 0 或 10。

Pr.340 = = 0：依据 Pr.79 的设定进行模式选择。

Pr.340 = = 1：在网络运行模式下起动。

Pr.340 = = 10：在网络运行模式下起动。通过操作面板变更 PU 运行模式与网络运行模式。

项目 3　PLC 与变频器应用设计技术

表 3-4　变频器操作模式

设定值	运行模式	频率指令	起动信号	LED 显示
0	通过 [PU/EXT] 键切换，可切换成 PU、外部运行模式、NET 模式			相应灯亮
1	PU 运行模式（面板操作）	操作面板设定	[RUN] 键输入	PU 灯亮
2	外部运行模式，可切换外部和 NET 模式	端子 2、4、5、JOG、多段速等提供	外部信号输入（端子 STF、STR）	外部时 EXT 亮 NET 时 NET 亮
3	外部/PU 组合运行模式 1	从 PU 设定或外部输入信号（仅限多段速度）	外部信号输入（端子 STF、STR）	运行时 PU 和 EXT 同时点亮
4	外部/PU 组合操作模式 2	外部输入（端子 2、4，JOG，多段速度选择）	[RUN] 键输入	
6	无损切换模式 在持续运行的状态下进行 PU 运行、外部运行和 NET 运行之间切换			PU 运行 PU 灯亮 外部时 EXT 亮 NET 时 NET 亮
7	外部运行模式（PU 运行互锁） X12 信号 ON：可切换至 PU 运行模式，X12 信号 OFF：禁止切换至 PU 运行模式			

3.2　FR-E800-E 变频器的参数

FR-E800-E 系列变频器的参数 1400 多个，按功能分类有基本功能、标准运行功能、输出端子功能、第二功能、显示功能、通信功能等 39 种。这里仅介绍常用的几个参数。

1. 与频率相关的参数

（1）输出频率范围（Pr. 1、Pr. 2、Pr. 18）　为保证变频器所带负载的正常运行，在运行前必须设定其上、下限频率，用 Pr. 1 "上限频率"（出厂设定为 120Hz，设定范围为 0～120Hz）和 Pr. 2 "下限频率"（出厂设定为 0Hz，设定范围为 0～120Hz）来设定，可将输出频率的上、下限钳位。

用 Pr. 18 "高速上限频率"，出厂设定 120Hz，设定范围 120～400Hz。如需用在 120Hz 以上运行时，用参数 Pr. 18 设定输出频率的上限。当 Pr. 18 被设定时，Pr. 1 自动地变为 Pr. 18 的设定值。输出频率和设定频率关系如图 3-8 所示。

（2）基准频率（Pr. 3）和标准频率电压（Pr. 19）　这两个参数用于调整变频器输出频率、电压到额定值。当用标准电动机时，通常设定为电动机的额定频率；如果需要电动机在工频电源与变频器切换时，要设定基底频率与电源频率相同。如使用三菱恒转矩电动机时则要使基底频率设定为 50Hz。

基准频率（Pr. 3）：出厂设定值为 50Hz，设定范围为 0～400Hz。

标准频率电压（Pr. 19）：出厂设定值为 9999，设定范围为 0～1000V、8888、9999。设定为 8888 时为电源电压的 95%，设定为 9999 时与电源电压相同。

（3）起动频率（Pr. 13）　设定在起动信号为 ON 时的开始频率。起动频率设定范围在 0～60Hz 之间，出厂设定为 0.5Hz。起动频率输出信号如图 3-9 所示。

如果变频器的设定频率小于 Pr. 13 "起动频率"的设定值，变频器将不能起动。

如果起动频率的设定值小于 Pr. 2 的设定值，即使没有指令频率输入，只要起动信号为 ON 时，电动机也在设定频率下运转。

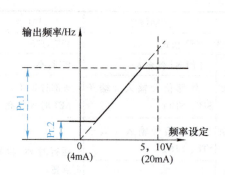

图 3-8　输出频率和设定频率关系

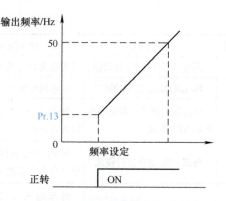

图 3-9　起动频率输出信号

(4) 点动频率 (Pr. 15) 和点动加/减速时间 (Pr. 16)　外部操作模式时,点动运行用输入端子功能选择点动操作功能,当点动信号 ON 时,用起动信号 (STF,STR) 进行起动和停止。PU 操作模式时切换到 JOG 时用 PU (FR-DU04) 面板可实行点动。

点动频率 (Pr. 15) 出厂设定为 5Hz,设定范围为 0~400Hz。点动加/减速时间 (Pr. 16) 出厂设定为 0.5s,设定范围为 0~3600s (Pr. 21 = 0 时) 或 0~360s (Pr. 21 = 1)。其输出信号如图 3-10 所示。

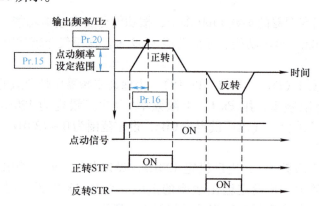

图 3-10　点动频率输出信号

注意:点动频率的设定值必须大于起动频率。

2. 与时间有关的参数

Pr. 7 为加速时间:出厂设定为 5s,设定范围为 0~3600s/0~360s。

Pr. 8 为减速时间:出厂设定为 5s,设定范围为 0~3600s/0~360s。

Pr. 20 为加/减速时间基准频率。

Pr. 21 为加/减速时间单位:设定值为 0 时 (出厂设定),设定范围为 0~3600s (最小设定单位为 0.1s);当其设定值为 1 时,设定范围为 0~360s (最小设定单位为 0.1s)。

加减速时间其输出信号见图 3-11 所示。

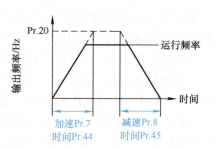

图 3-11　加减速时间输出信号

3. 与变频器保护的相关参数

（1）电子过电流保护（Pr. 9） 电子过电流保护的设定用于防止电动机过热，可以得到最优保护特性。通常设定为电动机在额定运行频率时的额定电流值，设定为 0 时，电子过电流功能无效。其出厂设定为变频器额定电流的 85%。

当变频器连接两台或三台电动机时，电子过电流保护不起作用，必须在每台电动机上安装外部热继电器。

（2）输出/输出欠相保护（Pr. 251） 这种保护指的是变频器输出侧的 U、V、W 三相中，有一相欠相，变频器停止输出。但也可以将输出欠相保护（E. LF）功能设定为无效。

Pr. 251 设定为 0 时，输出欠相保护功能无效；

Pr. 251 设定为 1 时，输入欠相保护功能有效。

4. 运行参数相关参数

（1）Pr. 77，参数写入选择 防止参数被意外修改，可以通过此参数进行设定。其设定见表 3-5。

表 3-5 Pr. 77 设定意义

设定值	设定意义说明
0	仅在停止中可以写入参数（出厂值为 0）
1	无法写参数和清除操作，但 Pr. 72、Pr. 75、Pr. 77、Pr. 79、Pr. 160 是能写入的
2	运行中也可以写入参数，但 Pr. 19、Pr. 79、Pr. 81、Pr. 291 等 20 几个参数是可以写入

（2）Pr. 78，反转防止选择 防止起动信号的误动作产生的反转事故。设定意义见表 3-6。

表 3-6 Pr. 78 设定意义说明表

设定值	设定意义说明
0	正转与反转都允许操作
1	不允许反转，尽管正转的各种信号给到变频器，变频器始终只能正转
2	不允许正转，尽管反转的各种信号给到变频器，变频器始终只能反转

（3）Pr. 160，用户参数组读出选择 操作面板或参数单元读出的参数限制设定。设定意义见表 3-7。

表 3-7 Pr. 160 设定意义说明表

设定值	设定意义说明
9999	仅能显示在简单模式参数
0	能够显示简单模式参数 + 扩展模式参数（出厂设定为 0）
1	仅能显示在用户参数组登记的参数

其他常用参数请读者参考变频器使用手册。

3.3 FR-E800-E 变频器的基本操作

1) FR-E800-E 变频器运行模式切换操作如图 3-12 所示,切换方法如图 3-13 所示。

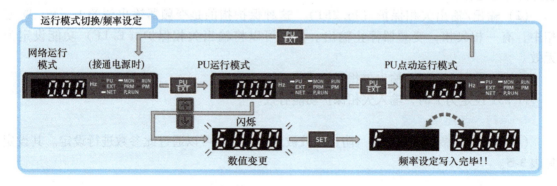

图 3-12 运行模式切换操作

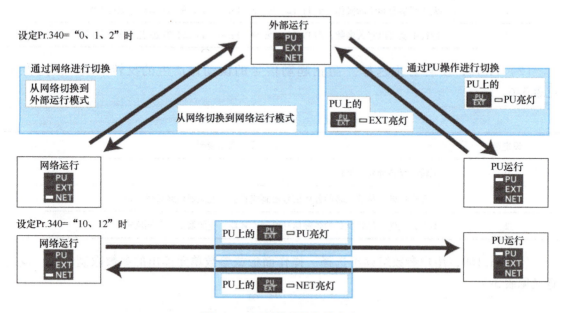

图 3-13 运行模式的切换方法

2) 基本操作方法如图 3-14 所示,参数设定画面切换方法如图 3-15 所示。

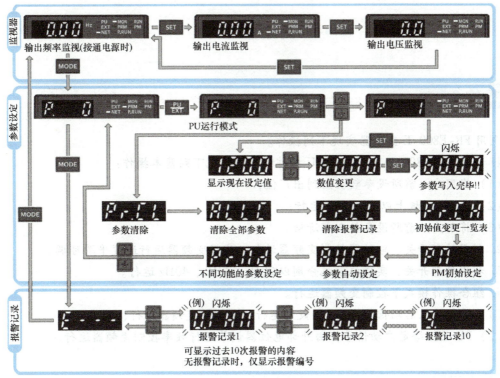

图 3-14　FR-E800-E 变频器的基本操作

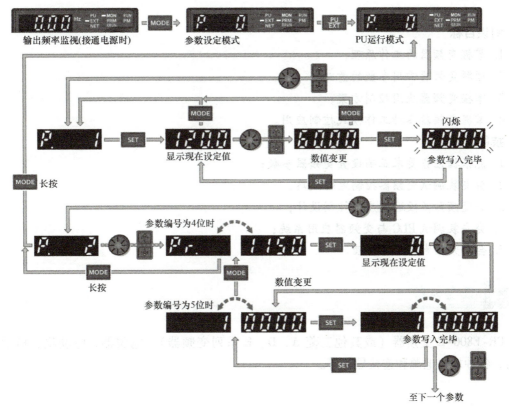

图 3-15　FR-E800 参数设定切换方法

任务7　FR-E800-E变频器运行控制系统设计与调试

任务要求

利用FR-E800-E变频器实现下列操作。
1. 利用FR-E800-E变频器在PU操作模式下实现下列基本操作：
（1）将用户以前所设参数初始到出厂值；
（2）在PU面板上以F=45Hz运行；
（3）将用户以前所设参数全部清除。
2. 利用外部开关、电位器控制变频器运行，实现变频器运行速度平滑可调。
3. 利用外部开关，实现电动机分别以20Hz、30Hz、40Hz运行。
4. 组合操作模式下控制变频器运行。
（1）外部输入启动信号，用PU设定运行频率控制变频器运行；
（2）PU面板给定启动信号，由外部电位器调节运行频率控制变频器运行。

任务目标

知识目标
1. 掌握变频器的工作原理；
2. 理解变频器常用参数的意义；
3. 掌握变频器应用控制方案；
4. 掌握变频器各种工作模式控制应用。

技能目标
1. 能根据任务要求正确设置变频器参数；
2. 会安装调试变频器控制电路线路；
3. 会变频器多段速度应用控制设计；
4. 会安装调试PLC与变频器应用系统；
5. 会变频器常见故障处理。

任务设备

FR-E800-E变频器（或其他三菱A、D、E系列变频器）、电位器、电动机、指示灯、按钮、各种规格电源和连接导线等。

项目 3 PLC 与变频器应用设计技术

设计指引

1. 基本设定操作步骤

1) 恢复参数为出厂值,操作步骤见表 3-8。

表 3-8 恢复参数为出厂值操作步骤

设置步骤	操作	显示
1	电源接通时显示的监视器画面	0.00
2	按 PU/EXT 键,进入 PU 运行模式	PU 显示灯亮
3	按 MODE 键,进入参数设定模式	P0
4	按 ↑ ↓ 键,显示为 ALLC	ALLC
5	按 SET 键,读取当前的设定值	0
6	按 ↑ ↓ 键,将值设定为 1	1
7	按 SET 键 1.5S 确定	闪烁

2) 变更运行频率设定值的操作方法见表 3-9。

表 3-9 变更运行频率的操作步骤

设置步骤	操作	显示
1	电源接通时显示的监视器画面	0.00
2	按 PU/EXT 键,进入 PU 运行模式	PU 显示灯亮
3	按 MODE 键,进入频率设定模式	F
4	按 SET 键,读取当前的设定值	00.0
5	按 ↑ ↓ 键,将频率设定为 45.00Hz	45.00
6	按 SET 键 1.5s 确定	闪烁

3) 参数设定,以设定 Pr.7 = 10 为例。设定参数步骤参考表 3-10。

表 3-10 设定参数步骤

操作步骤	显示结果
1 按 PU/EXT 键,选择 PU 操作模式	PU 灯亮
2 按 MODE 键,进入参数设定模式	P 0
3 按 ↑ ↓ 键,选择参数号码 Pr.7	P 7
4 按 SET 键,读出当前的设定值	5.0
5 按 ↑ ↓ 键,把设定值变为 10	10.0
6 按 SET 键 1.5s,完成设定	10.0 P 7 闪烁

4) 参数清零操作方法见表 3-11。

表 3-11 参数清零操作方法

操作步骤		显示结果
1	按 PU/EXT 键，选择 PU 操作模式	PU 灯亮
2	按 MODE 键，进入参数设定模式	P 0
3	按↑键，选择 CLR	CLr
4	按 SET 键，读出当前的设定值	0
5	拨动 ↑ ↓ 设定用旋钮，把设定值变为 1	1
6	按 SET 键 1.5s，完成设定	1 CLr 闪烁

5）基本参数设置见表 3-12。

表 3-12 基本参数设置

序号	参数代号	初始值	设置值	说明
1	Pr. 1	120	50	上限频率（Hz）
2	Pr. 2	0	0	下限频率（Hz）
3	Pr. 3	50	50	电动机额定频率
4	Pr. 7	5	2	加速时间
5	Pr. 8	5	2	减速时间
6	Pr. 9	0	0.12	电子过电流保护（0.12A）
7	Pr. 160	0	0	可以显示简单模式参数+扩展参数
8	Pr. 73	1	1	模拟量控制选择，输入 0~5V
9	Pr. 340	1	0	运行模式由 Pr. 79 决定
10	Pr. 79	0		运行模式选择

2. 运行操作

（1）PU 操作

1）按下操作面板 RUN 按钮，起动变频器。

2）操作"↑ ↓"按键，增加、减小变频器输出频率。

3）按下操作面板 STOP/RESET 按钮，停止变频器运行。

（2）外部操作

1）设定下列参数。

Pr. 178 == 0 （STF/DI0 端子功能选择）

Pr. 179 == 1 （STR/DI1 端子功能选择）

Pr. 79 == 2 （外部操作运行模式）

2）按图 3-16 所示电路安装控制线路。

3）按 SB1 变频器起动，电动机正转，调节电位器，变频器运行速度平滑可调。断开 SB1 电动机停止工作。

4）按 SB2 变频器起动，电动机反转，调节电位器，变频器运行速度平滑可调。断开 SB2 电动机停止工作。

（3）三速运行操作

1）设定下列参数。

Pr. 178 = = 0　　（STF/DI0 端子功能选择）

Pr. 179 = = 1　　（STR/DI1 端子功能选择）

Pr. 5 = = 20Hz　　（3 速设定，中速）

Pr. 6 = = 30Hz　　（3 速设定，低速）

Pr. 24 = = 40Hz　　（3 速设定，高速）

Pr. 79 = = 3　　（外部操作运行模式）

2）按图 3-17 所示电路安装控制线路。

3）接通 SB1 变频器以 20Hz 速度运行，接通 SB2 变频器以 30Hz 速度运行。SB1 与 SB2 同时接通时变频器以 45Hz 速度运行。

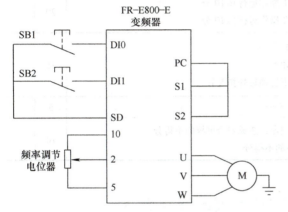

图 3-16　外部运行模式接线图

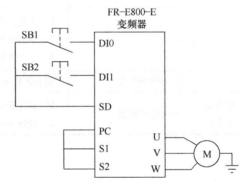

图 3-17　多速运行模式接线图

（4）组合运行操作模式 1 运行操作步骤

1）变频器上电，确认 PU 灯亮。

2）将 Pr. 79 设定为"3"，选择组合操作模式 1，运行状态"EXT"和"PU"指示灯亮。

3）参照图 3-16 接线，合上 SB1 或 SB2 使起动信号接通，电动机运行。

4）用 PU 面板设定运行频率为 45Hz。

5）停止：断开 SB1 或 SB2，电动机停止运行。

（5）组合运行操作模式 2 运行操作步骤

1）变频器上电，确认 PU 灯亮。

2）将 Pr. 79 设定为"4"，选择组合操作模式 2，运行状态"EXT"和"PU"指示灯亮。

3）参照图 3-17 接线（注：不用接 DI0 和 DI1），按面板上的 RUN 按钮，用外部电位器调节运行频率至 50Hz。

4）按面板上的 STOP/RESET 键，电动机停止运行。

任务评价

任务完成后，按表 3-13 进行评价。

表 3-13　FR-E800-E 变频器运行控制系统设计与调试任务评价表

评价项目	评价内容	评价标准	配分	得分
专业技能	1. PU 操作	1）不会正确设定参数扣 5 分 2）不能正确连续运行扣 10 分 3）不能面板点动运行扣 5 分	20	
	2. 外部操作	1）不会设定参数扣 5 分 2）不能正确连续运行扣 10 分 3）不能点动运行扣 5 分	20	
	3. 组合操作	1）不会组合模式 1 操作运行扣 10 分 2）不会组合模式 2 操作运行扣 10 分	20	
	4. 三速运行	1）不能正确接线扣 5 分 2）不会运行操作扣 5 分 3）三段速度运行不正确每处扣 5 分	25	
	5. 恢复出厂值	不会恢复出厂值扣 5 分	5	
安全文明生产	安全生产规定	1）违反安全生产规定，造成安全事故的不得分 2）岗位 8S 不达标的不得分	10	

任务 8　输送带调速控制系统设计与调试

任务要求

某输送带用 FR-E800-E 变频器驱动电动机运行，因工艺需要在工件检测时需要进行自动调速，按如下要求进行控制：

1. 当输送带上入口处检测到有工件时，按下启动按钮输送带才能运行，变频器以 40Hz 的频率高速运转。
2. 当工件到达检测区域时，变频器从 40Hz 降到 15Hz 的频率低速运转。
3. 当工件离开检测区域时，以 30Hz 的频率高速运转。
4. 当工件到达传送带末端时，变频器停止运行。
5. 参数要求：加速时间为 1s，减速时间为 0.5s，设置过电流保护、上限频率等参数。
6. 不管在什么模式下，按下急停按钮，传送带马上停止运行。

根据以上要求，请设计 PLC 与变频器控制系统电路和控制程序，并安装调试运行。

任务目标

知识目标

1. 掌握 PLC 顺控指令使用方法和编程技巧；
2. 理解变频器常用参数意义；
3. 掌握变频器调速控制方法；
4. 掌握 PLC 控制变频器运行的设计思路。

技能目标

1. 会分析任务控制要求，并正确分配 I/O；
2. 能根据系统要求设计主电路和控制电路，会电路电器设备选型；
3. 能设计 PLC 与变频器综合应用程序并调试运行；
4. 会 PLC、变频器外部控制线路安装调试；
5. 会 PLC 控制变频器系统故障处理。

 任务设备

FX 系列 PLC（FX5U-64MR）、FR-E800-E 变频器（或其他型号变频器）、计算机（安装有 GX Works3 软件）、电动机、指示灯、按钮、各种规格电源和连接导线等。

 设计指引

1. 根据系统要求分配 I/O 口（见表 3-14）

表 3-14　I/O 口分配表

输入端口	功能	输入端口	功能
X0	系统急停按钮	Y1	DI0 信号
X1	自动启动按钮	Y2	DI1 信号
X10	入口处工件检测传感器	Y10	运行指示
X11	工件属性检测传感器		
X12	输送带尾部检测传感器		

2. 设置变频器参数（见表 3-15）

表 3-15 变频器参数表

序号	变频器参数	出厂值	设定值	功能说明
1	Pr.1	120Hz	50Hz	上限频率
2	Pr.2	0Hz	0	下限频率
3	Pr.3	50Hz	50Hz	基准频率
4	Pr.4	50	40	多段速设定
5	Pr.5	30	15	多段速设定
6	Pr.6	10	30	多段速设定
7	Pr.7	5s	1s	加速时间
8	Pr.8	5s	1s	减速时间
9	Pr.9	1.36A	0.2A	电子过热保护
10	Pr.79	0	3	运行模式选择
11	Pr.71	0	3	适用电动机
12	Pr.80	9999	0.1	电动机容量
13	Pr.81	9999	4p	电动机极数
14	Pr.83	400V	380V	电动机额定电压
15	Pr.84	9999	50Hz	电动机额定频率
16	Pr.96	0	11	自动调谐设定/状态
17	Pr.178	60	0	STF/DI0 端子功能选择

3. 设计控制接线（见图 3-18）

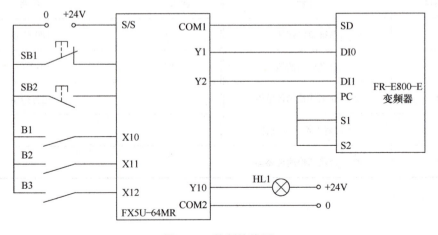

图 3-18 控制接线图

4. 编写参考程序（见图 3-19）

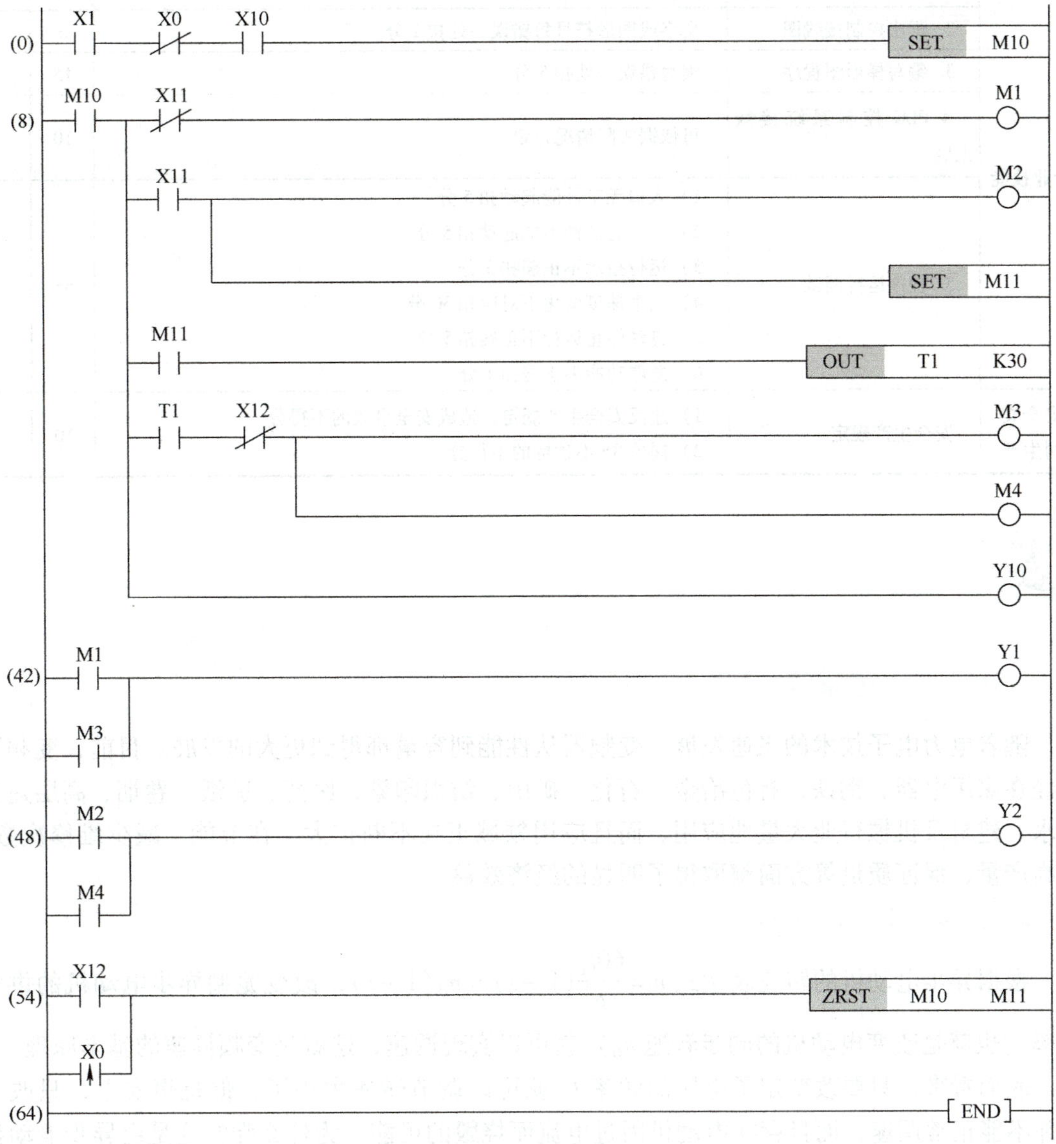

图 3-19 参考程序

任务完成后，按表 3-16 进行评价。

表 3-16 输送带调速控制系统设计与调试任务评价表

评价项目	评价内容	评价标准	配分	得分
专业技能	1. 输入、输出端口分配	分配错误一处扣 1 分	5	
	2. 画出控制接线图	文字或图形符号每错误一处扣 1 分	5	
	3. 编写梯形图程序	编写错误一处扣 5 分	15	
	4. PLC 控制系统接线正确	可依据实际情况评定	10	
	5. 程序运行调试	1）入口无工件能起动扣 5 分 2）入口有工件不能起动扣 5 分 3）运行指示不正确扣 5 分 4）三个速度变化不对应扣 30 分 5）自动停止运行不正确扣 5 分 6）急停功能不正确扣 5 分	55	
安全文明生产	安全生产规定	1）违反安全生产规定，造成安全事故的不得分 2）岗位 8S 不达标的不得分	10	

 **知识拓展**

3.4 变频器调速原理

随着电力电子技术的飞速发展，变频器从性能到容量都得到更大的发展。目前，变频器已经在家用电器、钢铁、有色冶金、石化、矿山、纺织印染、医药、造纸、卷烟、高层建筑供水、建材及机械行业大量地应用，而且应用领域正在不断扩大。在节能、减少维修次数、提高产量、保证质量等方面都取得了明显的经济效益。

3.4.1 变频器简单工作原理

根据异步电动机的转速表达式 $n = \dfrac{60f_1}{p}(1-s) = n_0(1-s)$，改变笼型异步电动机的供电频率（也就是改变电动机的同步转速 n_0）就可以实现调速，这就是变频调速的基本原理。

表面看来，只要改变定子电压的频率 f_1 就可以调节转速大小了，但是事实上，只改变 f_1 并不能正常调速，而且存在电动机因过电流而烧毁的可能。为什么呢？这是由异步电动机的特性决定的。现从基频以下与基频以上两种调速情况进行分析。

1. 基频以下恒磁通（恒转矩）变频调速

（1）恒磁通变频调速的原因　　恒磁通变频调速实质上就是调速时要保证电动机的电磁转矩恒定不变。这是因为电磁转矩与磁通是成正比的。

如果磁通太弱，铁心利用不充分，同样的转子电流下，电磁转矩就小，电动机的负载能力下降，要想负载能力恒定就得加大转子电流，这就会引起电动机过电流发热而烧毁。

如果磁通太强，电动机会处于过励磁状态，使励磁电流过大，同样引起电动机过电流而发热。所以变频调速一定要保持磁通恒定。

(2) 怎样才能做到变频调速时磁通恒定 从公式 $E_1 = 4.44Nf\Phi$ 可知：每极磁通 $\Phi_1 = \dfrac{E_1}{4.44N_1f_1}$ 的值是由 E_1 和 f_1 共同决定的，对 E_1 和 f_1 进行适当控制，就可以使气隙磁通 Φ_1 保持额定值不变。由于 $4.44N_1f_1$ 对某一电动机来讲是一个固定常数，因此只要保持 $E_1/f_1 = C$ （即保持电动势与频率之比为常数）即可进行控制。

但是，E_1 难以直接检测和直接控制。当 E_1 和 f_1 的值较高时，定子的漏阻抗压降相对比较小，如忽略不计，即认为 U_1 和 E_1 是相等的，则可近似地保持定子相电压 U_1 和频率 f_1 的比值为常数。这就是恒压频比控制方程式

$$\frac{u_1}{f_1} = C$$

当频率较低时，U_1 和 E_1 都变得很小，此时定子电流却基本不变，所以定子的阻抗压降，特别是电阻压降，相对此时的 U_1 来说是不能忽略的。我们可以想办法在低速时人为地提高定子相电压 U_1 以补偿定子的阻抗压降的影响，使气隙磁通 Φ_1 保持额定值基本不变，如图 3-20 所示。

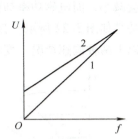

图 3-20 中，1 为 $U_1/f_1 = C$ 时的电压与频率关系曲线；2 为有电压补偿时（即近似 $E_1/f_1 = C$）的电压与频率关系曲线。实际上变频器装置中相电压 U_1 和频率 f_1 的函数关系并不简单地如曲线 2 一样，通用的变频器有几十种电压与频率函数关系曲线，可以根据负载性质和运行状况加以选择。

图 3-20 U/f 与 E/f 的关系

由上面的讨论可知，笼型异步电动机的变频调速必须按照一定的规律同时改变其定子电压和频率，采用所谓变压变频 VVVF（Variable Voltage Variable Frequency）调速控制。现在的变频器都能满足笼型异步电动机的变频调速的基本要求。

(3) 恒磁通变频调速机械特性 用 VVVF 变频器对笼型异步电动机在基频以下进行变频控制时的机械特性如图 3-21 所示。其控制条件为 $E_1/f_1 = C$。

图 3-21a 表示在 $U_1/f_1 = C$ 的条件下得到的机械特性。在低速区，定子电阻压降的影响使机械特性向左移动，这是主磁通减小的缘故；图 3-21b 表示采用了定子电压补偿后的机械特性；图 3-21c 则表示采用了端电压补偿的 U_1 与 f_1 之间的函数关系。

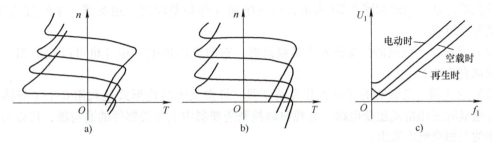

图 3-21 变频调速机械特性

2. 基频以上恒功率（恒电压）变频调速

恒功率变频调速又称为弱磁通变频调速。这是考虑由基频 f_{1N} 开始向上调速的情况，频

率由额定值 f_{1N} 向上增大,如果按照 $U_1/f_1 = C$ 的规律控制,电压也必须由额定值 U_{1N} 向上增大,但实际上电压 U_1 受额定电压 U_{1N} 的限制不能再升高,只能保持 $U_1 = U_{1N}$ 不变。根据式 $\Phi_1 \approx U_1/(4.44f_1N_1)$ 分析主磁通 Φ_1 随着 f_1 的上升而应减小,这相当于直流电动机弱磁调速的情况,属于近似的恒功率调速方式。证明如下:

在 $f_1 > f_{1N}$, $U_1 = U_{1N}$ 时,$E_1 = 4.44f_1N_1\Phi_1$ 近似为 $U_{1N} \approx 4.44f_1N_1\Phi_1$。可见随 f_1 升高,转速升高,ω_1 越大,为了保持平衡,主磁通 Φ_1 必须相应下降,这样电磁转矩便会越低,T 与 ω_1 的乘积可以近似不变。即

$$P_N = T\omega_1 \approx 常数$$

也就是说,随着转速的提高,电压恒定,磁通就自然下降,当转子电流不变时,其电磁转矩就会减小,而电磁功率却保持恒定不变。对笼型异步电动机在基频以上进行变频控制时的机械特性如图 3-22 所示。其控制条件为 $E_1^2/f_1 \approx C$。综合上述,笼型异步电动机基频以下与基频以上两种调速情况,变频调速的控制特性如图 3-23 所示。

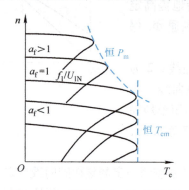

图 3-22 不同调速方式机械特性

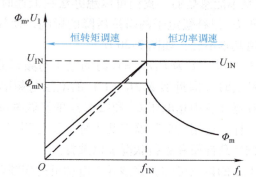

图 3-23 变频调速控制特性

3.4.2 变频器的基本构成

变频器分为交-交和交-直-交两种形式。交-交变频器可将工频交流直接变换成频率、电压均可控制的交流电,又称直接式变频器。而交-直-交变频器则是先把工频交流电通过整流器变成直流电,然后再把直流电变换成频率、电压均可控制的交流电,它又称为间接式变频器。我们主要研究交-直-交变频器(以下简称变频器)。

变频器的基本构成如图 3-24 所示,由主电路(包括整流器、逆变器、中间直流环节)和控制电路组成。

(1) 整流器 电网侧的变流器 I 是整流器,它的作用是把三相(也可以是单相)交流电整流成直流电。

(2) 逆变器 负载侧的变流器 II 为逆变器。最常见的结构形式是利用 6 个半导体主开关器件组成的三相桥式逆变电路。有规律地控制逆变器中主开关器件的通与断,可以得到任意频率的三相交流电输出。

(3) 中间直流环节 逆变器的负载为异步电动机,属于感性负载。无论电动机处于电动状态还是处于发电制动状态,其功率因数总不会为 1。因此在中间直流环节和电动机之间总会有无功功率的交换。这种无功能量要靠中间直流环节的储能元件(电容器或电抗器)来缓冲。所以又常称中间直流环节为中间直流储能环节。

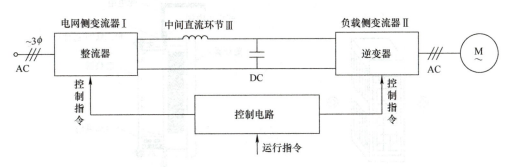

图 3-24 变频器的基本构成

（4）控制电路　控制电路常由运算电路、检测电路，以及控制信号的输入、输出电路和驱动电路等构成。其主要任务是完成对逆变器的开关控制、对整流器的电压控制以及完成各种保护功能等。控制方法可以采用模拟控制或数字控制。高性能的变频器目前已经采用微型计算机进行全数字控制。采用尽可能简单的硬件电路，主要靠软件来完成各种功能。由于软件的灵活性，数字控制方式常可以完成模拟控制方式难以完成的功能。

3.5　变频器安装、调试与维护

1. 变频器安装的环境与条件

（1）变频器的可靠性与温度　变频器的可靠性在很大程度上取决于温度，变频器的错误安装或不合适的固定方式会使变频器产生温升，从而使周围温度升高，这可能导致变频器出现故障或损坏等意外事故。产生事故的原因有如下几个：

1）周围温度升高：配电柜内变频器发热、配电柜内散热效果不好（配电柜尺寸小，通风不足等）、变频器通风路径狭窄、变频器安放位置不对、变频器附近装有热源。

2）变频器温度升高：变频器安放方向不对、变频器风扇出现故障、变频器上方空间过小。

（2）周围温度　变频器的周围温度指的是变频器端面附近的温度。

1）测量温度的位置如图 3-25 所示。

2）允许温度范围在 -10~50℃ 之间（温度过高或过低将产生故障）。

3）配电柜内的温度小于 50℃ 时，对于全封闭的变频器，其周围温度要小于 40℃。

（3）变频器产生的热量　变频器产生的热量取决于变频器的容量及其驱动电动机的负载。把变频器散热器安装在配电柜外面，会使柜内产生的热量大大地减少。

（4）配电柜的散热及通风情况　在配电柜内安装变频器时，要注意通风扇的位置。配电柜中两个以上的变频器安放位置不正确时，会使通风效果变差，从而导致周围温度升高。

图 3-26 所示为外部散热器安装示意图，图 3-27 所示为配电柜中安装两个变频器时的注意要点；图 3-28 所示为通风扇的正确安装位置。

（5）变频器的安装方向　如果变频器安装方向不正确，其热量不能很好地散去，会使变频器温度升高（控制电路印制线路板部分没有冷却风扇）。变频器的安装方向参考图 3-27。

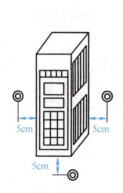
图 3-25 测量温度的位置

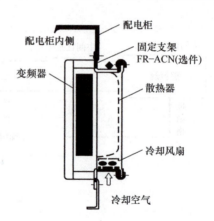
图 3-26 外部散热器安装示意图

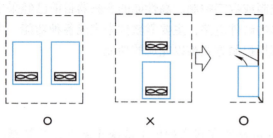
图 3-27 配电柜内安装变频器
○—正确 ×—错误

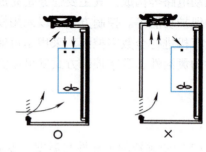
图 3-28 通风扇的位置
○—正确 ×—错误

2. 变频器配线

(1) 控制电路输入端配线的连接

1) 触点或集电极开路输入端（与变频器内部线路隔离）：每个功能端同公共端 SD 相连，如图 3-29 所示。由于其流过的电流为低电流（DC 4~6mA），低电流的开关或继电器（双触点等）的使用可防止触点故障。

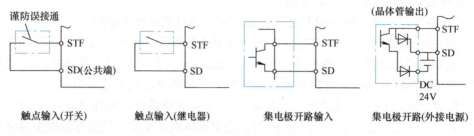
图 3-29 输入信号的连接

2) 模拟信号输入端（与变频器内部线路隔离）：该端电缆必须要充分和 200V（400V）功率电路电缆分离，它们不能捆扎在一起，如图 3-30 所示。连接屏蔽电缆，以防止从外部传来噪声。

3) 正确连接频率设定电位器：频率设定电位器必须要根据其端子号进行正确连接，如

图 3-31 所示，否则变频器将不能正确工作。电阻值也是很重要的选择项目。

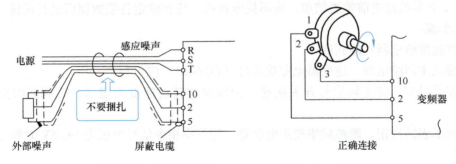

图 3-30 频率设定输入端连接示例　　　　图 3-31 频率设定电位器的连接

（2）主电路配　由于主电路为功率电路，不正确的连线不仅会损坏变频器，而且会给操作者造成危险。严禁将输入和输出接反！

（3）I/O 电缆的配线长度　电缆长度因 I/O 端子的不同而受到限制。控制信号为光电隔离的输入信号，可改善噪声阻抗，但模拟输入没有隔离。因此，频率设定信号应该小心配线，且提供对应测量参数，从而使配线最大限度地缩短，以便它们不受外部噪声的影响。

3. 变频器调试前的检查

（1）根据接线图检查　以运转程序的设计为基础，正确地实施接线后，在通电前进行下列外观、结构检查：

1）逆变器的型号是否有误。
2）安装环境有无问题（如是否存在有害气体、粉尘等）。
3）装置有无脱落、破损的情况。
4）螺钉、螺母是否松动，插接件的插入是否到位。
5）电缆直径、种类是否合适。
6）主电路、控制电路等的电气连接有无松动的情况。
7）接地是否可靠。
8）有无下列接线错误：
① 输出端子（U、V、W）是否误接了电源线。
② 制动单元用端子是否误接了制动单元放电电阻以外的线。
③ 屏蔽线的屏蔽部分是否按使用说明书所述进行了正确的连接。

（2）绝缘电阻表检查　全部外部端子与接地端子间用 500V 绝缘电阻表测量绝缘电阻值应 ≥10MΩ，如图 3-32 所示。

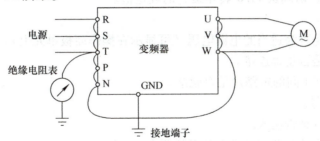

图 3-32 绝缘电阻表检查

4. 单个变频器运行的调试

单个变频器的通电前检查结束，先不接电动机，应在给定各项数据后进行运转。单个变频器调试步骤：

1）将速度给定器左旋到底。

2）接入主回路电源，逆变器电源确认灯（POWER）应点亮。

3）如无异常，将正转信号开关接通。慢慢向右转动速度给定器，转到底时应为最高频率。

4）频率表的校正。调整频率校正电位器，使频率指令信号电压为 DC 5V 时频率表指示最高频率。

当采用以上的操作步骤不能正常工作时，可根据使用说明检查。单个变频器运转无问题后，再连接电动机。

5. 负载运行的检查

1）确认电动机及其他机械装置的状态并确保安全后，接入主回路电源，看有无异常现象。

2）接通正转信号开关。慢慢向右转动速度给定器，在 3Hz 处电动机开始以 3Hz 的频率转动（此时应检查机械的旋转方向，判断是否正确。如果有错则要更改）。再向右转动，频率（转速）就逐渐上升，向右转到底即达最高频率。在加速期间要特别注意电动机、机械有无异常响声、振动等。下一步是将速度给定器向左转动，电动机转速下降，给定信号在 3Hz 以下则输出停止，电动机自由停车。

3）速度给定器右旋到底保持不变，接通正转信号开关，电动机以加减速时间给定标度盘上给定的时间提升转速，并在最高频率保持转速不变。加速过程中如果过载指示灯闪亮，或者过载电流指示灯闪亮，则说明存在相对于负载的大小加减速时间给定过短的情况，此时可把加减速时间重新给定长些。

4）在电动机旋转中关断正转信号开关，则电动机以加减速时间给定标度盘上给定的时间降低转速，最后停止。在减速中如果过载指示灯闪亮，或者再生过电压指示灯亮，则说明相对于负载的大小加减速时间给定过短，可将加减速时间重新给定长些。

5）在电动机运行中即使改变加减速时间的给定，由于以前的给定状态被记住，给定值也不能变更，因此要在电动机停止后改变给定值。

3.6 三菱变频器的故障处理

1. 电动机不起动

1）V/F 控制时，请确认 Pr.0 转矩提升的设定值。

2）检查主电路。

① 检查使用的是否为适当的电源电压（可显示在操作面板单元上）。

② 检查电动机是否正确连接。

③ 检查 P1 与 P/＋间的短路片是否脱落。

3）检查输入信号。

① 检查起动信号是否输入。

② 检查正转和反转起动信号是否已经从两个方向输入。

③ 检查频率设定信号是否为零（频率指令为 0Hz 时输入起动指令，操作面板的 FWD 或 REV 的 LED 将闪烁）。

④ 检查使用端子 4 进行频率设定时，AU 信号是否为 ON。

⑤ 检查输出停止信号（MRS）或复位信号（RES）是否处于 ON。

⑥ 当选择瞬时停电后再起动时（Pr. 57≠9999），检查 CS 信号是否处于 OFF。

4）检查参数的设定。

5）检查负载。

① 检查负载是否过重。

② 检查电动机轴是否被锁定。

③ Pr. 78（反转防止选择）是否已设定。

④ Pr. 79（运行模式选择）的设定是否正确。

⑤ 检查偏置、增益（校正参数 C2～C7）设定是否正确。

⑥ Pr. 13（起动频率）的设定值是否大于运行频率。

⑦ 各种运行频率（3 速运行等）的频率设定是否为零，特别是 Pr. 1（上限频率）的设定值是否为零。

⑧ 点动运行时，Pr. 15（点动频率）的值是否设定为比 Pr. 13（起动频率）还低。

⑨ 对于模拟输入信号（0～5V/0～10V、4～20mA），电压/电流输入切换开关的设定是否正确。

2. 电动机异常发热

1）电动机风扇动作正常吗？检查是否有异物，灰尘是否堵住网格。

2）是否是负载过重？请减轻负载。

3）变频器输出电压（U、V、W）是否平衡？

4）Pr. 0 转矩提升的设定适当吗？

5）是否设定了电动机的种类？请确认 Pr. 71 适用电动机中的设定。

3. 电动机旋转方向相反

1）检查输出端子 U、V、W 相序是否正确。

2）检查起动信号（正转，反转）连接是否正确。

4. 速度与设定值相差很大

1）检查频率设定信号是否正确？测量输入信号水平。

2）检查参数（Pr. 1、Pr. 2、Pr. 19，校正参数 C2～C7）设定是否合适。

3）检查输入信号是否受到外部噪声的干扰（请使用屏蔽电缆）。

4）检查负载是否过重。

5）检查 Pr. 31～Pr. 36（频率跳变）的设定是否恰当。

5. 速度不能增加

1）检查上限频率（Pr. 1）设定是否正确？超过 120Hz 的情况下有必要设定 Pr. 18 高速上限频率。

2）检查负载是否过重？搅拌器等在冬季时负载可能过重。

3）制动电阻器是否错误连接了端子 P+与 P1？

4）V/F 控制时，是否由于转矩提升（Pr. 0、Pr. 46、Pr. 112）的设定值过大，失速功能（转矩限制）没有动作?

6. 运行时的速度波动

1）检查负载是否有变化。

2）检查输入信号。

① 检查频率设定信号是否有变化。

② 检查频率设定信号是否受到感应噪声的影响。请通过 Pr.74（输入滤波器时间常数）设定。

③ 检查连接晶体管输出单元时，漏电流是否引起误动作。

7. 无法正常进行运行模式的切换

1）负荷的点检：确认 STF 或 STR 信号是否处于 OFF 的状态。当 STF 或 STR 信号为 ON 时，无法进行运行模式的切换。

2）参数设定：Pr.79 的设定值的确认。

Pr.79（运行模式选择）的设定值为"0"（初始值）时，在接通输入电源的同时成为外部运行模式，通过按下操作面板的模式切换键可以切换为 PU 运行模式。其他的设定值（1~4，6，7）根据各自操作内容的不同，运行模式也被限定。

8. 参数不能写入

1）请确认是否是运行中（信号 STF、STR 处于 ON）。

2）请确认 Pr.77（参数写入选择）的值。

3）请确认是否在外部操作模式下进行的参数设定。

4）请确认 Pr.161（频率设定/键盘锁定操作选择）的值。

项目4　PLC与触摸屏控制设计技术

 知识准备

4.1　触摸屏的硬件知识

4.1.1　概述

人机界面（Human Machine Interface，HMI）又称人机接口。从广义上说，HMI泛指计算机（包括PLC）与操作人员交换信息的设备。在控制领域，HMI一般特指用于操作人员与控制系统之间进行对话和相互作用的专用设备。

人机界面一般分为文本显示器、操作员面板、触摸屏三大类。

文本显示器是一种廉价的操作员面板，只能显示几行数字、字母、符号和文字。

操作员面板的直观性差、面积大，因而市场应用不广。

触摸屏是一种最新的计算机输入设备，它是目前最简单、方便、自然的一种人机交互方式。触摸屏具有表面积小、使用直观方便、坚固耐用、响应速度快、节省空间、用户接口方式多样化、易于交流等优点。利用这种技术，用户只要用手指轻轻地碰显示屏上的图符或文字就能实现对主机的操作，从而使人机交互更为直截了当。

4.1.2　触摸屏的工作原理

触摸屏是一种透明的绝对定位系统，而鼠标属于相对定位系统。绝对定位系统的特点是每一次定位的坐标与上一次定位的坐标没有关系，它在物理上是一套独立的坐标定位系统，每次触摸的位置转换为屏幕上的坐标。不管在什么情况下，同一点输出的坐标数据是稳定的，坐标值的漂移值应在允许范围内。

触摸屏的基本原理如下：用户用手指或其他物体触摸安装在显示器上的触摸屏时，触摸屏控制器检测被触摸位置的坐标，并通过通信接口（例如RS-232、RS-422/485、USB、以太网）将触摸信息传送到PLC，从而得到输入的信息。

触摸屏系统一般包括两个部分：触摸检测装置和触摸屏控制器。触摸检测装置安装在显示器的显示表面，用于检测用户的触摸位置信息，再将该处的信息传送给触摸屏控制器。触摸屏控制器的主要作用是接收来自触摸点检测装置的触摸信息，并将它转换成触摸点坐标，判断出触摸的意义后送给PLC。它同时能接收PLC发来的命令并加以执行，例如动态地显示开关量和模拟量等。

按照触摸屏的工作原理和传输信息介质，把触摸屏分为4种类型，分别为电阻式、电容感应式、红外线式以及表面声波式。

各种类型的触摸屏工作原理和特点见表4-1。读者在选用触摸屏时可以根据表中不同屏的特点及应用环境进行选取。

表4-1 触摸屏性能比较表

类型	工作原理	优点	缺点
电阻式	利用压力感应检测触摸点的位置信息	能承受恶劣环境因素的干扰，不怕灰尘、水汽和油污	手感和透光性较差
电容感应式	人体作电容器元件的一个电极，通过手指和工作面形成一个耦合电容	具有分辨率高、反应灵敏、触感好、防水、防尘和防晒等特点	色彩失真、图像字符模糊
红外线式	利用红外线发射管和红外线接收管，形成横竖交叉的红外线矩阵	不受电流、电压和静电影响，能适应恶劣的环境条件	分辨率较低，易受外界光线变化的影响
表面声波式	在介质（例如玻璃）表面进行浅层传播的机械能量波	稳定，不受温度和湿度等环境因素影响，寿命长、透光率和清晰度高，没有色彩失真和漂移，有极好的防刮性	不耐脏，使用时会受尘埃和油污的影响，需要定期清洁维护

4.1.3 三菱触摸屏产品介绍

市场上三菱触摸屏主要产品有GOT2000系列、GOT1000系列和GOT simple系列（简称GS系列）。

1. GOT2000系列产品介绍

GOT2000系列产品有GT21、GT25、GT27等几个系列的产品，产品功能完善，规格齐全。配置支持大容量、高速度的SD卡接口，可以作为数据存储设备使用。产品内置以太网接口、RS-232接口、RS-422/485和USB四种通信接口，轻松实现与各种FA自动化产品通信，是GT1000系列升级产品。

例如：GT2715-XTBA，15in[⊖] TFT彩色、65536色、模拟电阻膜方式、DC 24V电源、存储器大于57MB。内置以太网接口、RS-232接口、RS-422/485和USB四种通信接口。

2. GS21系列产品介绍

GS21系列产品是三菱经济型触摸屏，主要有7in（型号为GS2117-WTBD）和10in（型号为GS2110-WTBD）两种规格，产品精简但功能强大，操作简单、可靠性高，可降低用户运行成本。表4-2为GS21系列触摸屏主要性能规格。图4-1所示为GS21系列触摸屏背面接口。图4-2所示为GS21系列产品识别方法。

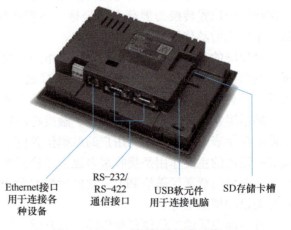

图4-1 GS21系列触摸屏背面接口

⊖ 1in=2.54cm。——编者注

表4-2 GS21系列触摸屏主要性能规格

项目		规格
显示部分	种类	TFT彩色
	分辨率	800×480点
	显示字符数	16点字体时：50字×30行（全角）（横向显示时）
	显示色	65536色
触摸面板	方式	模拟电阻膜方式
	触摸键尺寸	最小2×2[点]（每个触摸键）
	同时按下	不可同时按下（仅可触摸1点）
	寿命	100万次（操作力0.98N以下）
内置接口	RS-422	传送速度：115200/57600/38400/19200/9600/4800bit/s 连接器形状：D-Sub 9针（母）；终端电阻：330Ω固定
	RS-232	传送速度：115200/57600/38400/19200/9600/4800bit/s 连接器形状：D-Sub 9针（公） 用途：连接设备通信，条形码阅读器、连接计算机用（工程数据上载/下载、FA透明功能）
	以太网	数据传送方式：100BASE-TX、10BASE-T 连接器形状：RJ-45 用途：连接设备通信用，连接计算机用（软件包数据上载/下载、FA透明功能）
	USB	依据串行USB（全速12Mbit/s）标准 连接器形状：Mini-B 用途：连接计算机用（软件包数据上载/下载、FA透明功能）
	SD卡	支持存储卡：SDHC存储卡、SD存储卡 用途：软件包数据上载/下载、日志数据保存
输入电源电压		DC 24V(+10%~15%)，波纹电压200mV以下

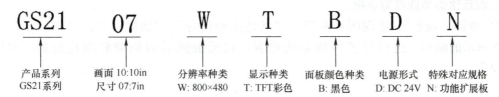

图4-2 GS21系列产品识别

4.2 GT Designer3 画面设计软件的使用

GT Designer3是三菱电机自动化（中国）有限公司开发的基于Windows环境的触摸屏画画设计软件，是用于图形终端显示屏幕制作的Windows系统平台软件，支持三菱全系列图形终端。

该软件功能完善，图形、对象工具丰富，窗口界面直观形象，简单易用，可以方便地改变所连接机器的类型，进行工程和画面创建、图形绘制、对象配置、公共设置、数据读取和写入，还可以设置保护密码等。

4.2.1 编程软件的安装

1. 软件获得

编程软件可以从三菱电机自动化（中国）有限公司官方网站免费下载，下载之前要注册用户，可免费申请安装系列号。网址：https：//www.mitsubishielectric-fa.cn/。本书以 GT Designer3 Ver1.275E 版本为例进行讲解。

2. 软件安装环境要求

硬件要求：建议运行内存 8GB 以上，硬盘可用空间 40GB 以上。

操作系统：Windows XP、Windows 7、Windows 8、Windows 10、Windows Vista 的 32 位或 64 位操作系统。

3. GT Designer3 编程软件的安装

安装前，要结束所有运行的应用程序并关闭杀毒软件。如果在其他应用程序运行的状态下进行安装，有可能导致产品无法正常运行。安装至个人计算机时，要以"管理员"或具有管理员权限的用户身份进行登录。

下载完成后，进行解压缩，然后在软件安装包"Disk1"文件夹下找到"setup"应用程序文件，双击后开始安装，按照提示一步一步完成安装（说明：安装过程时间较长，需耐心等候。另外在安装过程中需要根据提示输入系列号）。

4.2.2 GT Designer3 画面设计软件

下面以 GS2107 GOT、FX5U-64MR PLC、FR-E800 变频器为例，简要地介绍软件安装、工程制作、屏幕构成和部分工具的使用操作、画面的制作以及数据的读取、传送等。

1. 触摸屏工程创建

1）双击桌面 图标，或选择"开始"→程序→ MELSOFT应用程序 ，然后双击 GT Designer3 图标，打开 GT Designer3 软件，选择"新建"，新建一个工程。出现如图 4-3 所示工程新建类型选择对话框。

2）选择"新建"，出现图 4-4 所示"新建工程向导"对话框，单击"下一步"出现图 4-5 所示的画面，进行触摸屏的系统设置，包括触摸屏的类型和颜色设置。本例选"GS2107"。

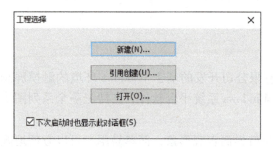

图 4-3 工程新建类型选择对话框

图 4-4 新建工程向导对话框

3）触摸屏的系统设置完成后，单击"下一步"，出现图4-6所示GOT系统设置确认对话框，并进行确认。

4）触摸屏系统确认设置完成后，单击"下一步"，出现图4-7所示的连接机器设置对话框。选择与触摸屏所连接的设备（此处指的是与触摸屏相连接的PLC），对应FX5U系列PLC的型号选"MELSEC iQ-F"，单击"下一步"。依次向导提示完成新建工程的通信程序、画面切换软元件的设置。

图4-5　GOT系统设置向导

图4-6　触摸屏系统设置确认向导

图4-7　连接机器型号设置对话框

5）连接机器设置完成后，单击"下一步"，出现图4-8所示的连接机器I/F设置对话框。选择连接的I/F，此处选"以太网：多CPU连接对应"，单击"下一步"。

6）出现图4-9所示的通信驱动程序设置对话框，单击"详细设置"，出现图4-10所示对话框，设定触摸屏在网络中的站号，本例中设置为"18"。设置完成后单击"确定"即可。

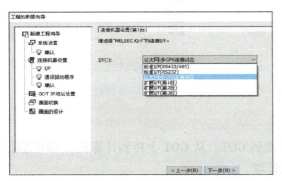

图4-8　连接机器I/F设置对话框

图4-9　通信驱动程序设置对话框

7）图4-11所示连接机器设置的确认对话框。单击"下一步"，结束连接机器设置。如果要增加第二台连接机器，则单击"追加"进行设置。

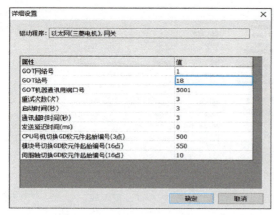

图 4-10　通信驱动程序详细设置对话框

图 4-11　连接机器设置确认对话框

8）接上一步操作中，单击"下一步"出现图 4-12 所示对 GOT 的 IP 地址进行设定画面，在其中设定通信地址。单击"确定"。注意：GOT、计算机和 PLC 等设备须在同一网段，但 IP 地址不能相同。

9）依据向导完成工程设置，到出现图 4-13 所示的画面，前面各项设定汇总在"系统环境设置的确认"界面上。对设定内容进行检查，如有不对的地方，则单击"上一步"到所需要到更正的画面中进行更正。如正确，则单击"结束"而完成配置工作。

图 4-12　GOT 的 IP 地址设定

图 4-13　系统环境设置确认界面

2. 触摸屏工程数据管理

（1）通信连接　工程数据管理包括数据下载到 GOT、从 GOT 上传到计算机和 GOT 数据校验三种情况。在这里我们介绍工程数据下载管理。

第 1 种方式，用 USB 电缆将计算机的 USB 口和触摸屏 USB 口相连接。单击菜单栏中的"通讯"下拉菜单中的"通讯设置"，出现如图 4-14 所示的界面，在计算机侧选取"USB"，单击"通讯测试"，测试成功后，即可进行数据下载和上传等操作。操作界面如图 4-14 所示。

第 2 种方式，通过以太网与触摸屏相连接。单击菜单栏中的"通讯"下拉菜单"通讯设置"出现图 4-15 所示的"通讯设置"界面，计算机侧 I/F 选取以"以太网"，或直接单击工具栏中的 图标，进行触摸屏的 IP 地址设置。单击"通讯测试"，如果 IP 地址设置正确，则显示"连接成功"，如图 4-15 所示。

图 4-14 USB 通信连接操作步骤

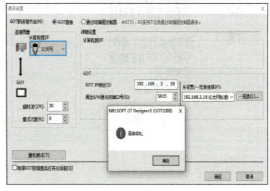
图 4-15 以太网通信连接操作设置

（2）工程数据下载　工程数据下载是指将制作完成的屏幕工程从计算机下载到 GOT 中，具体操作步骤下：

1）通信设置。选择菜单栏中"通讯"→"写入到 GOT"（或用"shift + F11"快捷键，又或按工具栏 图标），出现"通讯设置"的界面，根据外部连接的硬件端口选择计算机侧 I/F，单击"确定"出现同图 4-15 所示的界面。

2）工程数据选择。选择菜单栏中"通讯"→"与 GOT 通讯"，出现如图 4-16 所示的画面，单击图中"写入选项"出现图 4-17 所示的界面并勾选所需的数据，单击"确定"返回到图 4-16 所示的界面中。

3）在图 4-16 中单击"GOT 写入"，出现 4-18 所示的界面，即开始下载工程数据，在下载过程中不要切断电源。

图 4-16 GOT 写入时通信设置

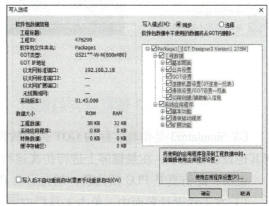
图 4-17 写入选项设置

（3）工程数据上载

1）通信设置。选择菜单栏中"通讯"→"从 GOT 读取"，如图 4-19 所示（或按工具

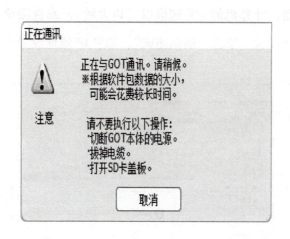

图 4-18　数据写入过程界面

栏（ 图标）出现"通讯设置"的界面，根据外部连接的硬件端口选择计算机侧 I/F，单击"确定"出现如图 4-20 所示的界面。

2）工程数据读取。在界面核对 GOT 的信息是否正确，单击"GOT 读取"按钮，在读取工程数据界面中读取读者下载的触摸屏设计界面，并将上传文件保存到指定的文件保存。

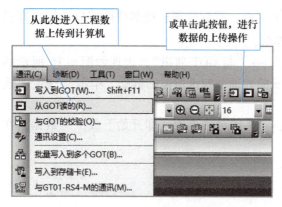
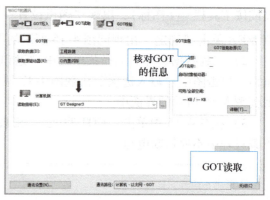

图 4-19　数据读取操作　　　　　　　　图 4-20　数据读取操作

4.3　GT Simulator3 仿真软件的使用

GT Simulator3 是仿真实际的 GOT 运行软件，将制作的触摸屏工程画面在没有连接 PLC 或其他设备情况下，在触摸屏上进行仿真运行。操作步骤如下：

说明：此仿真是 PLC 相关联，须先启动 PLC 编程软件的仿真运行。

1）在工程设计界面中，单击工具栏中　（模拟器设置）图标，出现图 4-21 所示的界面，进行通信设置，并在图 4-22 界面中进行动作设置。

2）在工程设计界面中，单击工具栏中　图标（或按"CTR + F10"快捷键），启动模拟器，打开要仿真的工程，出现如图 4-23 所示的界面。

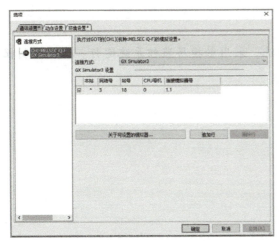

图 4-21 模拟器通信设置

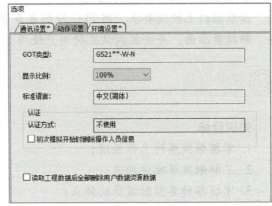

图 4-22 模拟器动作设置

3）开始仿真运行。如图 4-24 所示。在图中单击"启动"按钮，"演示指示"灯就会点亮。单击工具栏中"停止模拟"退出模拟界面。

图 4-23 打开仿真工程

图 4-24 仿真运行界面

任务 9　排水泵电动机监控系统设计与调试

任务要求

某排水系统新增一台水泵，主电路如图 4-25 所示，水泵电动机按如下要求起动控制：
1. KM2 先闭合，KM1 再闭合。
2. 星-三角起动期间，要有灯闪烁指示，闪烁周期为 0.5s，闪烁次数为 6。系统在运行期间有一指示系统正在运行。

3. 系统有热保护和急停功能。

请根据以上控制要求，用 PLC 控制水泵系统，采用触摸屏监控系统运行。设计控制程序、触摸屏画面，并安装调试交付用户使用。

任务目标

知识目标

1. 掌握触摸屏的工作原理；
2. 了解触摸屏硬件构造；
3. 掌握各种类型触摸屏的特点；
4. 掌握触摸屏软元件使用相关知识。

技能目标

1. 熟练使用触摸屏画面设计软件；
2. 会触摸屏通信软件设置及操作；
3. 能根据任务控制要求设计工程画面；
4. 会触摸屏硬件设置操作；
5. 会 PLC、触摸屏控制系统安装调试和故障处理。

任务设备

三菱触摸屏（GS21 系列）、FX 系列 PLC（FX5U-32MR）、计算机（安装有 GT Designer3 软件）、电动机、指示灯、按钮、接触器挂箱、各种规格电源和连接导线等。

设计指引

1. 根据控制要求，I/O 分配（见表 4-3）

表 4-3 I/O 分配表

输入端口	分配功能	输出端口	分配功能
急停按钮	X0	KM1	Y10
起动按钮	X1	KM2	Y11
热继电器	X2	KM3	Y12
		转换信号指示灯	Y13
		运行指示灯	Y14

2. 设计输入/输出控制接线图（见图 4-26）

项目 4　PLC 与触摸屏控制设计技术

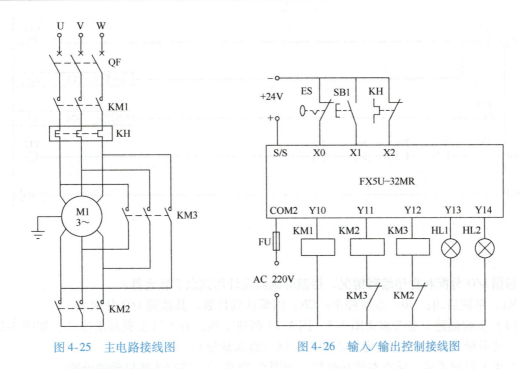

图 4-25　主电路接线图　　　　　图 4-26　输入/输出控制接线图

3. 编制参考程序（见图 4-27）

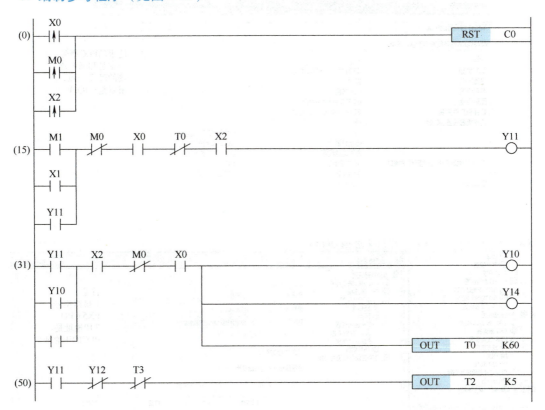

图 4-27　参考程序梯形图

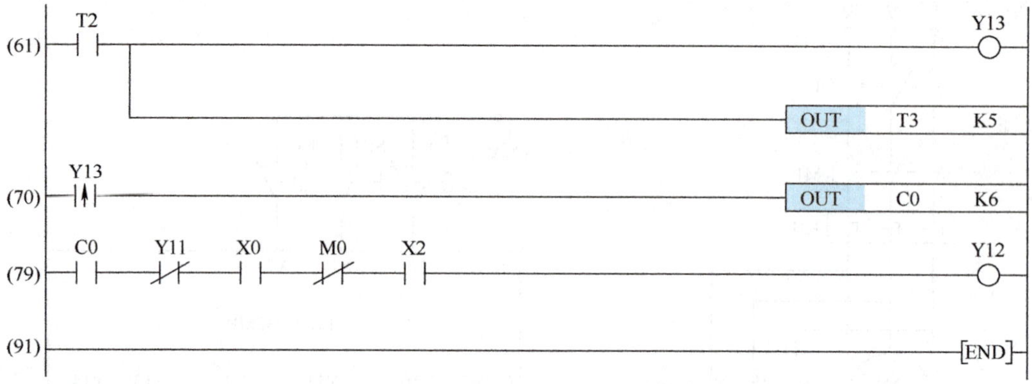

图 4-27 参考程序梯形图（续）

4. 创建触摸屏画面

根据 I/O 分配和程序编写情况，触摸屏画面设计用到以下软元件：

M1：系统启动；M0：系统停止；CN：闪烁次数计数。其他同 I/O 分配表。

（1）工程创建　参考前文图 4-3～图 4-13 创建工程。并进行工程环境确认，如图 4-28 所示。这里触摸屏的 IP 地址为 192.168.3.18（默认地址）。

结束工程设置后，单击左侧导航栏，如图 4-29 所示，进行连接机器的设置。

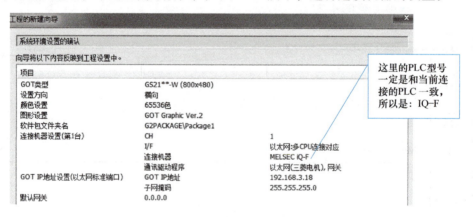

图 4-28　工程环境的确认

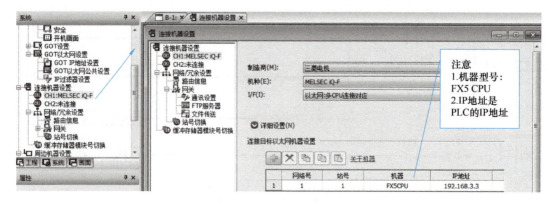

图 4-29　连接机器的设置

(2) 文本的创建　在新建的工程创建一个文本，按如下步骤进行。

1) 单击菜单栏上"图形"的下拉菜单中的"A 文本"或直接单击工具栏上的"A"文本图标，弹出图 4-30 所示的文本设置属性对话框，在文本框内输入"给水泵电机监控系统"，并对文本颜色及文本尺寸等项目进行设置，可单击"确定"确认。所有文本照此方法输入。

2) 移动鼠标，选择文字摆放位置，文体可拉大或缩小。出现图 4-31 所示的画面。

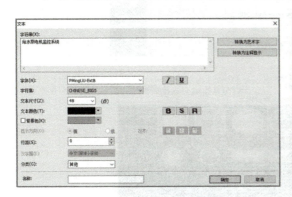
图 4-30　文本的创建步骤图 1

图 4-31　文本的创建步骤图 2

(3) 指示灯制作　项目中有两个指示灯：运行指示灯、转换指示灯。制作方法如下。

1) 选择菜单栏中"对象"→"指示灯"，或单击工具栏上的"🔽"图标，选择位指示灯，在屏幕上拖放，出现指示灯图案，单击屏幕上任一处，就完成一个指示灯图形的绘制。如图 4-32 所示。双击指示灯图形在弹出的"位指示灯"设置对话框中进行指示灯种类和软元件设置。在其中设置指示灯的种类为"位"，软元件设置为"Y13"。

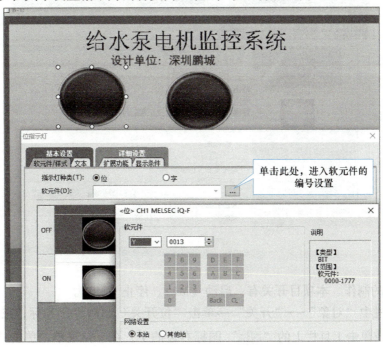
图 4-32　指示灯制作步骤 1

2）设置指示灯的图形属性：包括图形的形状、ON 状态下的颜色、OFF 状态下的颜色。如图 4-33 所示。

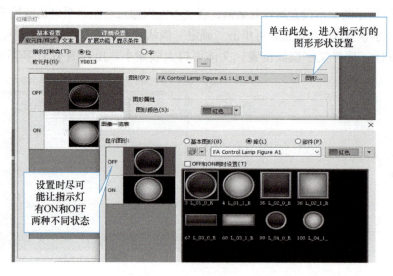

图 4-33　指示灯制作步骤 2

3）单击"位指示灯"对话框中的"文本"进行文本内容编写，标明指示灯的作用、对文本的大小和颜色等进行设置，如图 4-34 所示。

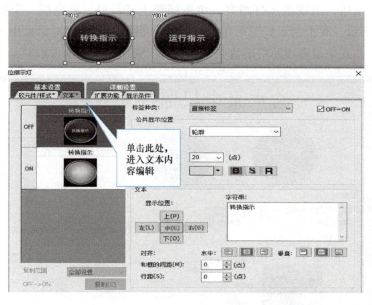

图 4-34　指示灯制作步骤 3

(4) 开关的制作　本项目开关有：启动（M1）、停止（M0）。

选择菜单栏中"对象"→"开关"→单击"位开关"出现十字光标，在屏幕上拉出一个开关形状。或单击工具栏上的"　　"图标右边的▼，在下拉菜单中单击"位开关"，对开关的软元件设置、样式、文本的设置，如图 4-35 ~ 图 4-37 所示。

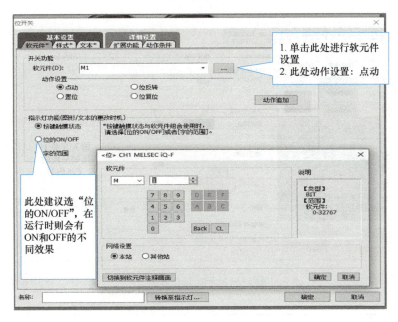

图 4-35 开关制作步骤 1

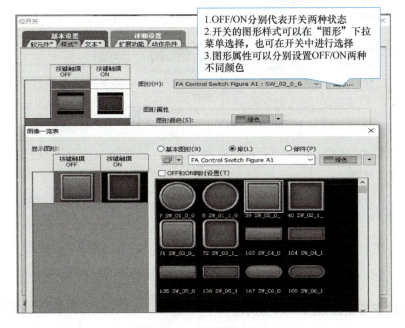

图 4-36 开关制作步骤 2

(5) 数据显示器件制作　选择菜单栏中"对象"→"数值显示"→单击出现十字光标，在屏幕上拉出一个显示"12345"形状。或单击工具栏上的"123"图标右边的▼，在下拉菜单中单击"数值显示"，对数值显示器件进行软元件、样式、运算等进行设置。如图 4-38 所示。

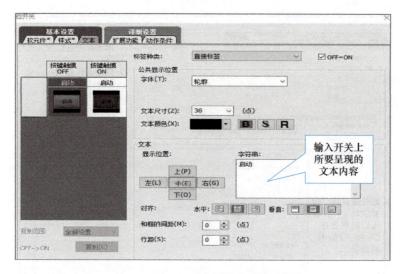

图 4-37　开关制作步骤 3

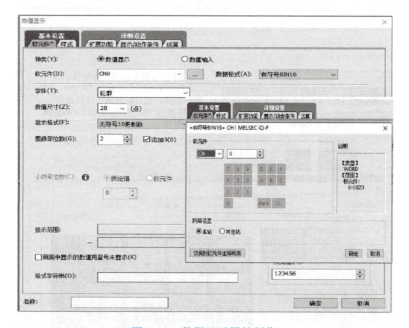

图 4-38　数据显示器件制作

设计完成的参考画面如图 4-39 所示。

5. 通信连接与程序下载

（1）按图 4-40 所示进行系统网络连接

（2）PLC 编程软件中添加外部通信设备（此处目的就是添加触摸屏）

1）在工程导航栏下找到"参数"→"模块参数"→"以太网端口"，如图 4-41 所示。

2）双击"以太网端口"，出现设置项目

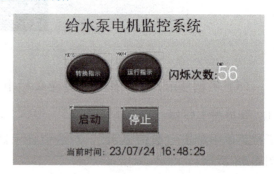

图 4-39　设计完成的参考画面

项目 4　PLC 与触摸屏控制设计技术　　·133·

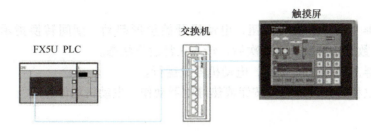

图 4-40　硬件通信连接

一览表，如图 4-42 所示，在其中设定 PLC 的 IP 地址（192.168.3.3）。并单击图中右下侧"详细设置"出现图 4-43 所示界面。

3) 在图 4-43 中，单击右侧模块一览表，将 MELSOFT连接设备 拖拽到左下侧"本站"旁边，最后单击图中上部"反映设置并关闭"按钮，操作如图 4-43 所示。

图 4-41　添加外部通信设备 1

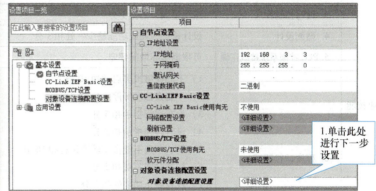

图 4-42　添加外部通信设备 2

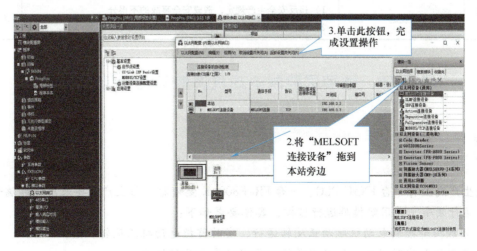

图 4-43　添加外部通信设备 3

6. 系统调试

1）在触摸屏上按"启动"按钮，电动机开始星形起动，期间转换指示和运行指示点亮，同时计数次数开始计次，达6次后，转入正常运行状态。

2）按触摸屏上"停止"按钮，电动机停止运行。

3）在运行过程中按外部急停按钮或热继电器动作，电动机均停止运行。

任务评价

任务完成后，按表4-4进行评价。

表4-4 排水泵电动机监控系统设计与调试任务评价表

评价项目	评价内容	评价标准	配分	得分
专业技能	1. 输入、输出端口分配	分配错误一处扣1分	5	
	2. 画出控制接线图	图形或文字符号错误一处扣1分	5	
	3. 编写控制程序	编写错误一处扣1分	10	
	4. 画面设计	设计错误一处或功能缺少一处扣3分	15	
	5. PLC控制系统接线正确	可依据实际情况评定	10	
	6. 程序运行调试	1）不能在触摸屏启动扣10分 2）不能在触摸屏停止扣10分 3）没有运行指示扣5分 4）没有转换指示扣5分 5）星、三角不能自动转换运行扣10分 6）转换时间不对扣5分 7）没有停止功能的扣5分 8）没有热保护功能的扣5分 9）急停后不能重起动的扣5分 本项不计负分，扣完为止	45	
安全文明生产	安全生产规定	1）违反安全生产规定，造成安全事故的不得分 2）岗位8S不达标的不得分	10	

任务10 触摸屏控制电动机调速系统设计与调试

任务要求

某生产线上有一台FX5U PLC、一台FR-E800-E变频器，因生产需要采用外部端子控制变频器运行频率，并用触摸屏进行监控，具体要求如下：

1. 用触摸屏控制电动机起动正反转运行，实时监控电动机正反转状态；
2. 在触摸屏实时设定运行频率并能按指定频率正反转运行；
3. 在触摸屏上能手动调整运行频率，每次调整0.5Hz，上限50Hz，调整范围为30~50Hz。

项目 4　PLC 与触摸屏控制设计技术　　·135·

根据以上要求，设计 PLC 程序、触摸屏画面、设定变频器参数，并安装调试运行。

任务目标

知识目标
1. 掌握触摸屏的工作原理；
2. 掌握 PLC 控制变频器调速控制方案；
3. 了解内置模拟量模块的用法；
4. 掌握内置模拟量模块特殊寄存器的用法。

技能目标
1. 能根据任务要求正确设置变频通信参数；
2. 会触摸屏通信软件设置及操作；
3. 能根据任务要求设计工程画面；
4. 会触摸屏硬件设置操作；
5. 会 PLC、触摸屏与变频器综合控制系统安装调试和故障处理。

任务设备

三菱触摸屏（GS21 系列）、FX 系列 PLC（FX5U-32MR）、计算机（安装有 GX Works3、GT Designer3 软件）、FR 系列变频器、电动机、指示灯、按钮、各种规格电源和连接导线等。

设计指引

1. 根据控制要求进行 I/O 分配

Y10：变频器 DI0 信号；Y11：变频器 DI1 信号。

2. 设计输入/输出控制接线图（见图 4-44）

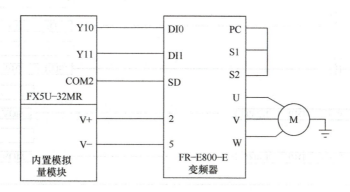

图 4-44　输入/输出控制接线图

3. 设置 GX Works3 软件

1）设置 PLC 与触摸屏的通信连接，参考图 4-40～图 4-43 步骤。

2）模块参数设置。

在 GX Works3 软件左侧"导航"目录树下，依次打开"参数"→"FX5CPU"→"模块参数"→"模拟输出"→出现"设置项目一览"界面，如图 4-45 所示。分别将"D/A 转换允许/禁止设置"和"D/A 输出允许/禁止设置"设置为"允许"，设置完成后即可关闭界面。

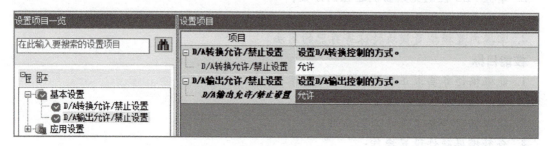

图 4-45　模拟输出设置

4. 编制参考程序（见图 4-46）

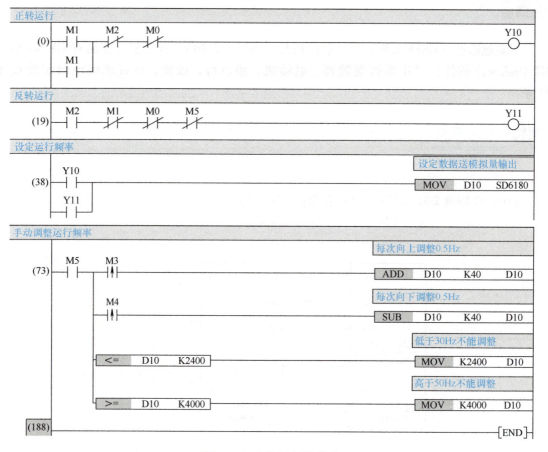

图 4-46　参考程序梯形图

5. 创建触摸屏画面

（1）进行触摸屏系统设置　参考图4-3~图4-13创建工程。

（2）分配触摸屏画面制作软件说明　见表4-5。

表4-5　触摸屏画面制作软件说明表

软元件名	功能	制作工具	设计过程说明
M0	停止	位开关	动作设置选"点动"
M1	正转启动	位开关	动作设置选"点动"
M2	反转启动	位开关	动作设置选"点动"
M3	手动上升调整频率	位开关	动作设置选"点动"
M4	手动下降调整频率	位开关	动作设置选"点动"
M5	手动设定	位开关	动作设置选"位反转"
D10	运行频率设定	数值输入/显示	种类选"数值输入"
SD6180	运行频率监示	数值输入/显示	种类选"数值显示"
Y10	正转运行指示	位指示灯	
Y11	反转运行指示	位指示灯	

（3）制作画面

1）"运行频率设定"设定的制作，单击工具栏 123 下拉的"数值输入"，在"数值输入"对话框的"软元件"选项卡中，将"种类"设置为"数值输入"，"软元件"设置为"D10"，"数据格式"设置为符号"BIN16"，"显示格式"设置为"实数"，"整数部位数"设置为"2"，"小数部位数"设置为"1"，如图4-47所示。

2）在"运算"选项卡中，"运算种类"选择"数据运算"，"数据运算"选项组中的"写入（I）"选择"运算式"，如图4-48所示。然后，单击"写入（I）"选项最后的"运算式"按钮，打开"式的输入"对话框，将运算式分别设置为"$W/40"，单击"确定"完成设置。

根据模拟输出模块寄存器数字量0~4000对应输出电压0~10V，变频器模拟量端子输入0~10V对应换为频率0~50Hz，除去中间变量0~10V，实际数字量0~4000对应0~50Hz，因此换算的系数为40（每0.5Hz的数字量为40）。至此频率设定值输入框设置完毕。

3）"运行频率显示"设定的制作，单击工具栏 123 下拉的（数值显示），在"数值输显"对话框的"软元件"选项卡中，将"种类"设置为"数值输入"，"软元件"设置为"SD6180"，"数据格式"设置为"有符号BIN16"，"显示格式"设置为"实数"，"整数部位数"设置为"2"，"小数部位数"设置为"1"，如图4-49所示。

在"运算"选项卡中，"运算种类"选择"数据运算"，"数据运算"选项组中的"监视（R）"选择"运算式"，如图4-50所示。然后，单击"监视（R）"选项最后的"运算式"按钮，打开"式的输入"对话框，将运算式分别设置为"$$*40"，单击"确定"完成设置。

图 4-47　运行频率写入设定 1

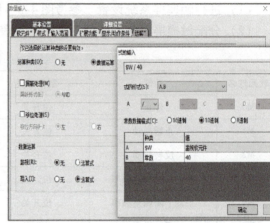

图 4-48　运行频率写入设定 2

图 4-49　运行频率显示设定 1

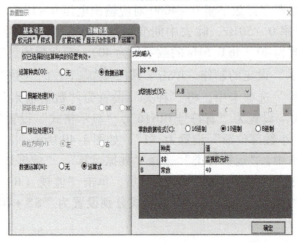

图 4-50　运行频率显示设定 2

设计制作的参考画面如图 4-51 所示。

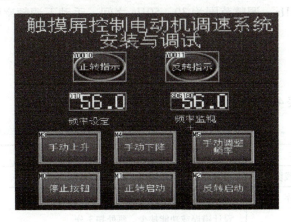

图 4-51　参考画面

6. 设置变频器参数

根据任务要求。设置参数，见表 4-6。

表 4-6　变频器参数表

序号	变频器参数	出厂值	设定值	功能说明
1	Pr. 1	120Hz	50Hz	上限频率
2	Pr. 2	0Hz	0	下限频率
3	Pr. 3	50Hz	50Hz	基准频率
4	Pr. 7	5s	1s	加速时间
5	Pr. 8	5s	1s	减速时间
6	Pr. 9	1.36A	0.2A	电子过热保护
7	Pr. 71	0	3	适用电动机
8	Pr. 73	1	0	模拟量输入选择
9	Pr. 80	9999	0.1	电动机容量
10	Pr. 81	9999	4p	电动机极数
11	Pr. 83	400V	380V	电动机额定电压
12	Pr. 84	9999	50Hz	电动机额定频率
13	Pr. 96	0	11	自动调谐设定/状态
14	Pr. 178	60	60	STF/DI0 端子功能选择
15	Pr. 179	61	61	STR/DI1 端子功能选择
16	Pr. 79	0	3	组合运行模式

注：设置参数前先将变频器参数复位为工厂的默认设定值。参数设置操作完成之后，变频器断电 5s 重新起动。

7. 系统调试

1）在触摸屏上按"正转启动"按钮，在频率设定处输入运行频率，同时频率监视处显示实时运行频率。反转运行同样操作。

2）按触摸屏上"停止"按钮，电动机停止运行。

3）在运行过程中，如果手动调整运行频率，按一下手动频率调整按钮，然后按手动上升，每按一次上升 0.5Hz，调整范围为 30~50Hz 之间。手动下调频率同样操作。

任务评价

任务完成后，按表 4-7 进行评价。

表 4-7 触摸屏控制电动机调速系统设计与调试任务评价表

评价项目	评价内容	评价标准	配分	得分
专业技能	1. 画出控制接线图	图形或文字符号错误，每处扣 1 分	10	
	2. 编写控制程序	编写错误，每处扣 1 分	10	
	3. 画面设计	设计错误或功能缺少，每处扣 3 分	15	
	4. 控制系统接线	可依据实际情况评定	10	
	5. 程序运行调试	1）触摸屏不能启动扣 10 分 2）触摸屏不能停止扣 10 分 3）没有运行指示扣 5 分 4）不能设定运行频率扣 10 分 5）不能正确显示运行频率扣 10 分 6）不能手动调整运行频率扣 10 分 总扣分不超过 45 分，扣完为止	45	
安全文明生产	安全生产规定	1）违反安全生产规定，造成安全事故的不得分 2）岗位 8S 不达标的不得分	10	

任务 11　触摸屏与变频器以太网通信数据监控系统设计与调试

任务要求

某系统通过触摸屏监控变频器，制作图 4-52 所示的运行操作监控画面，通过画面完成下列操作控制。

1. 在计算机上制作参考画面，并能传送到触摸屏上进行运行控制；
2. 列出触摸屏与变频器的通信参数，并在变频器上进行设定；
3. 能在画面上显示实时时间；
4. 能在画面上显示变频器输出频率、输出电流、输出电压的值等内容；
5. 能通过"特殊监视器选择"键进行设定数据，使得"特殊监视"处显示输出功率值；
6. 变频器运行时，能在画面上的"上限频率、下限频率、加速时间、减速时间、电子保护、运行频率"处修改设定其参数值；
7. 要求"初始画面"和"设定监控操作画面"能互相切换；

项目 4　PLC 与触摸屏控制设计技术

8. 通过画面控制电动机的正转、反转、停止操作。

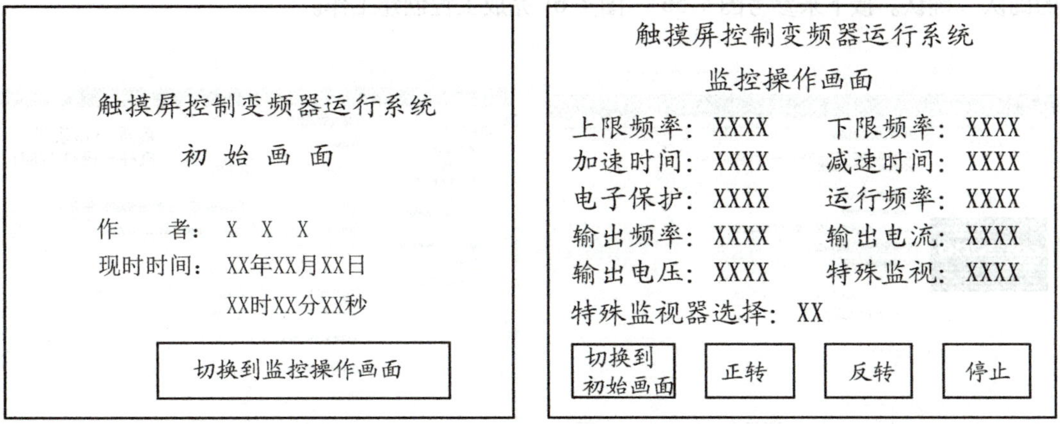

```
┌─────────────────────────┐   ┌─────────────────────────────────────┐
│                         │   │      触摸屏控制变频器运行系统        │
│   触摸屏控制变频器运行系统 │   │           监控操作画面              │
│       初 始 画 面        │   │ 上限频率：XXXX   下限频率：XXXX     │
│                         │   │ 加速时间：XXXX   减速时间：XXXX     │
│   作　者：X X X         │   │ 电子保护：XXXX   运行频率：XXXX     │
│   现时时间：XX年XX月XX日 │   │ 输出频率：XXXX   输出电流：XXXX     │
│           XX时XX分XX秒   │   │ 输出电压：XXXX   特殊监视：XXXX     │
│                         │   │ 特殊监视器选择：XX                  │
│   ┌─────────────────┐   │   │ ┌────┐ ┌────┐ ┌────┐ ┌────┐       │
│   │ 切换到监控操作画面│   │   │ │切换到│ │正转 │ │反转 │ │停止 │     │
│   └─────────────────┘   │   │ │初始画面│ │    │ │    │ │    │     │
│                         │   │ └────┘ └────┘ └────┘ └────┘       │
└─────────────────────────┘   └─────────────────────────────────────┘
```

图 4-52　控制要求画面

 任务目标

知识目标

1. 掌握触摸屏的工作原理；
2. 掌握触摸屏设计软件的数据属性；
3. 理解变频器与触摸屏通信参数的意义；
4. 掌握触摸屏软元件内部使用相关知识。

技能目标

1. 能根据任务要求正确设置变频通信参数；
2. 会触摸屏与变频器通信软件组态设置；
3. 能根据任务控制要求设计工程画面；
4. 能根据任务要求监控调试系统实时数据；
5. 会变频器与触摸屏控制系统安装调试和故障处理。

 任务设备

三菱触摸屏（GS21 系列）、FR-E800-E 变频器、计算机（安装有 GT Designer3 软件）、电动机、指示灯、按钮、各种规格电源和连接导线等。

 设计指引

1. 画面制作

1）工程建立：打开"GT Designer 3"软件，单击"新建"，出现如图 4-53 所示的画面，在"工程的新建向导"对话框中选取 GOT 系列为：GS 系列，机种为 GS21**-W（800*480）（或根

据实际连接的屏进行选择），如图 4-54 所示，单击"下一步"，出现图 4-55，进行"GOT 系统设置的确认"确认。接下来参考图 4-56～图 4-61 完成工程创建工作。

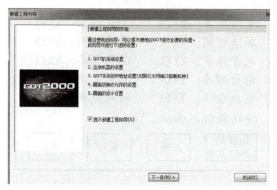

图 4-53　新建工程

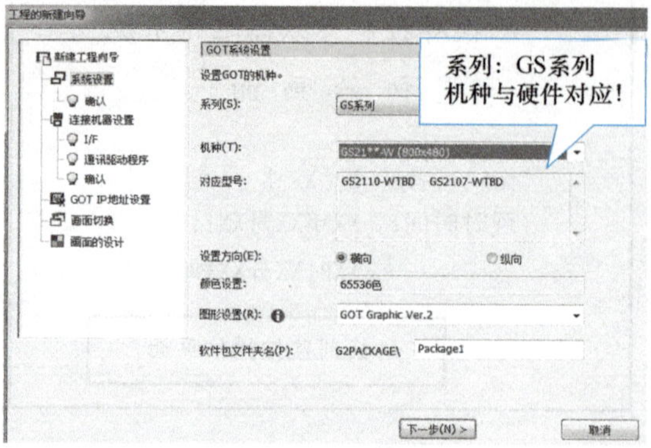

图 4-54　GOT 系统设置

图 4-55　GOT 系统设置确认

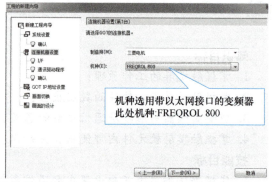

图 4-56　连接机器（变频器）设置确认（一）

图 4-57　连接机器 I/F 设置

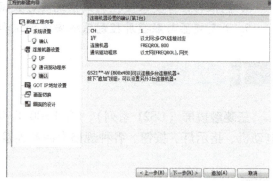

图 4-58　连接机器（变频器）设置确认（二）

2）制作工程画面过程中软元件参数见表 4-8（变频器的站号为 0）。

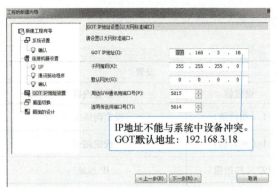

图 4-59　GOT 的 IP 地址设置

图 4-60　系统环境设置确认

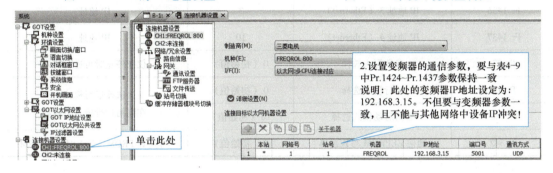

图 4-61　变频器通信参数设定

表 4-8　触摸屏软件参数表

名称	软元件	设定工具	下限~上限	小数位	数据长度	备注
上限频率	Pr. 1	数值输入	0~5000	2	5	
下限频率	Pr. 2	数值输入	0~5000	2	5	
加速时间	Pr. 7	数值输入	0~3600	1	5	
减速时间	Pr. 8	数值输入	0~3600	1	5	
过电流保护	Pr. 9	数值输入	0~2000	2	5	
操作模式	Pr. 79	数值输入	0~8	0	1	
运行频率	SP109	数值输入	0~5000	2	5	
输出频率	SP111	数值显示	—	2	5	
输出电流	SP112	数值显示	—	2	5	
输出电压	SP113	数值显示	—	1	5	
特殊监示	SP114	数值显示	—	2	5	此处监示功率设置
特殊监示选择	SP115	数值输入	0~14	0	2	监示功率时设置14
参数全部清除	SP124	数值输入				
变频器复位	SP125	数值输入				
正转	WS1	触摸键	—	—	—	
反转	WS2	触摸键	—	—	—	
停止	WS7	触摸键	—	—	—	

3）参考前文触摸屏的设计，按控制要求做出参考画面，如图 4-51 所示。

2. 当触摸屏与 FR-E800-E 变频器通信时，必须设定表 4-9 所示的参数

变频器的参数设定完毕后，请关闭变频器的电源，再打开电源，否则将无法通信。

表 4-9 变频器参数设定表

参数编号	通信参数	设置	
		设置值	设置内容
Pr. 1424	Ethernet 通信网络编号	1（初始值）	设定网络编号
Pr. 1425	Ethernet 通信站号	1（初始值）	设定站号
Pr. 1434	IP 地址 1（Ethernet）	192（初始值）	IP 地址
Pr. 1435	IP 地址 2（Ethernet）	168（初始值）	IP 地址
Pr. 1436	IP 地址 3（Ethernet）	3	IP 地址
Pr. 1437	IP 地址 4（Ethernet）	10	IP 地址
Pr. 77	参数写入选择	0（初始值）	仅在停止时可进行写入
Pr. 79	运行模式选择	0（初始值）	选择运行模式
Pr. 340	通信启动模式选择	10（初始值）	在网络运行模式下启动
Pr. 342	通信 EEPROM 写入选择	0（初始值）	写入 E^2PROM，为 1 时写入 RAM

3. 调试

1）按图 4-62 进行通信连接。下载画面，设置变频器参数。

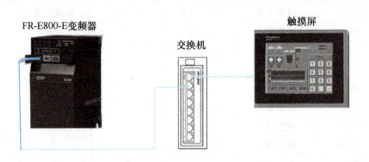

图 4-62 通信连接示意图

2）按画面上的"正转"按钮，电动机就开始正转，再单击"运行频率"所对应处，写入 4500 后，变频器就以 45Hz 频率运行，同时画面上各参数均有对应的参数。

3）在运行中修改上限频率、下限频率、加速时间、减速时间、运行频率、过电流保护等参数。且电动机在运行时输出电流、输出电压、输出频率、特殊监视器都有正常显示的值。

4）在"特殊监视器选择"处设定"14"，此时"特殊监视器"处显示的才是输出功率。有关 SP115 特殊监视器的选择设定见表 4-10。

5）按"停止"键，电动机停止。

表 4-10 SP115 特殊监视器的选择设定

监视名称	设定数据	最小单位	监视名称	设定数据	最小单位
输出频率	H01	0.01Hz	再生制动	H09	0.1%
输出电流	H02	0.01A	电子过电流保护负荷率	H0A	0.1%
输出电压	H03	0.1V	输出电流峰值	H0B	0.01A
设定频率	H05	0.01Hz	整流输出电压峰值	H0C	0.1V
运行速度	H06	1r/min	输入功率	H0D	0.01kW
电动机转矩	H07	0.1%	输出电力	H0E	0.01kW

4. 调试中存在的问题及解决方法（见表 4-11）

表 4-11 调试中存在的问题及解决方法

序号	故障现象	可能原因	解决方法
1	触摸屏上不显示参数	和变频器通信不正常	检查通信连接
			检查变频器通信参数是否正确
		变频器设置完参数后没有停电	重新停电
2	画面显示无效	制作画面时软元件不正确	修改软元件
		画面超出屏幕范围	调整范围
		动作选项设置有错误	修正错误
3	画面不能修改参数	数值写入键误用成数值显示键	重新用数值写入键
		变频器参数不正确	检查 Pr.79 是否为 1 及相关参数
		触摸屏有坏点现象	将画面上工程对象移位
4	不能控制电动机	变频器参数不正确	检查 Pr.79 是否为 1
		动作选项设置有错误	修正错误

任务评价

任务完成后，按表 4-12 进行评价。

表 4-12 触摸屏与变频器以太网通信数据监控系统设计与调试任务评价表

评价项目	评价内容	评价标准	配分	得分
专业技能	1. 按任务要求编制触摸屏画面	1）错误一处扣 1 分 2）缺少一个画面扣 10 分	15	
	2. 通过计算机正确输入画面数据	不能正确输入画面数据不得分	5	
	3. 正确列出触摸屏与变频器通信参数，并通过变频器进行设定	错误一处扣 3 分（总扣分不超过 15 分）	15	

（续）

评价项目	评价内容	评价标准	配分	得分
专业技能	4. 触摸屏运行结果	1）正转运行不成功扣 10 分 2）反转运行不成功扣 10 分 3）参数应能修改而不能修改的每一个扣 2 分 4）不能修改的参数而能修改的每一个扣 2 分 5）画面不能互相切换的扣 10 分 6）不能显示当前时间的扣 5 分 总扣分不超过 40 分	40	
	5. 触摸屏显示结果	画面显示错误一处扣 2 分（总扣分不超过 15 分）	15	
安全文明生产	安全生产规定	1）违反安全生产规定，造成安全事故的不得分 2）岗位 8S 不达标的不得分	10	

项目 5 FX5U 系列 PLC 步进控制设计技术

知识准备

5.1 步进控制设计技术特性

步进控制设计实际是将复杂的顺控过程分解为小的"状态"分别编程,再组合成整体程序的编程思想。可使编程工作程式化、规范化。是 PLC 程序编制的一种重要方法。其编程方法是采用顺序功能图(Sequential Function Chart,SFC),SFC 是 IEC 61131-3 规定的 PLC 5 种编程语言之一,又称为状态转移图或功能表图。

SFC 是描述控制系统的控制过程、功能和特性的一种图形,也是设计顺序控制程序的工具。SFC 与梯形图、ST 的编程语言相比,具有以下三个优点:

1)程序可读性强,在程序中可以很直观地看到设备的动作顺序。
2)诊断方便,设备故障时能够通过当前激活步和上下跳转条件,故障位置容易确认。
3)步与步之间不需要复杂的互锁电路,更容易设计和维护系统。

特别说明:顺序功能图对于 FX5 系列目前仅支持 FX5U/FX5UC CPU 模块。

5.2 顺序功能图设计知识

5.2.1 SFC 的规格

SFC 的规格见表 5-1。

表 5-1 SFC 的规格

项目	规格	项目	规格
步进继电器(S)	4096 点	分支数	最多 32 分支
SFC 块软元件(BL)	32 点	同时激活步数	所有块和 1 块最多 128 步
SFC 程序执行个数	1 个	初始步数	最多 1 个/块
SFC 步数	32 块	动作输出数	最多 4 个/步
块数	所有块最多 4096 步,1 块最多 512 步	顺控程序动作输出	无限制
步 No:	每块 0~511 步	顺控程序转移条件	仅 1 个电路块

5.2.2 顺序功能图的构成

顺序控制功能图主要由步、有向连线、转移、转移条件和动作(或命令)组成,如图 5-1 所示。

1. 步

顺序控制设计法将系统的一个工作周期划分成若干顺序相连的阶段,这些阶段称为步,并且用编程元件(S)代表各步。

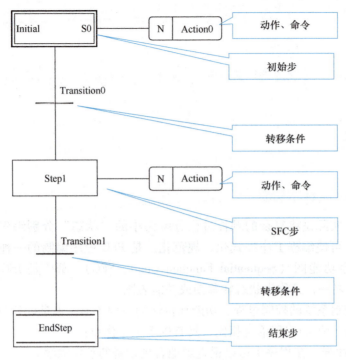

图 5-1 顺序控制功能图

2. 初始步

系统的初始状态相对应的"步"称为初始步，初始状态一般是系统等待起动命令的相对静止的状态。初始步用双线方框表示，每一个顺序功能图至少应有一个初始步。初始步可以自动启动或通过其他程序启动。

3. 转移/转移条件

在两步之间的垂直短线为转移，其线上的横线为编程元件触点，它表示从上一步转到下一步的条件，横线表示转移条件。当转移条件满足时，PLC 才可以执行下一步。

4. 动作或命令（ZOOM）

代表当前步激活时执行的程序动作，一个 SFC 步中可以执行多个动作（ZOOM），这些程序部件可以混合使用 ST、LD 以及 FBD 等多种不同的编程语言。同一个动作可以在不同的 SFC 步中重复使用。

5.2.3 顺序功能图的常用形式

顺序控制功能图的转移形态主要包括：串行转移、选择转移、并行转移以及跳转转移。

1. 串行转移

如果转移条件成立，则激活将从先行的步转移至后续的步。串行转移是 SFC 程序中最常用的转移方式。串行转移结构与图 5-1 相似。

2. 选择转移

分支时：从 1 个步分支为多个转移条件，仅转移条件最先成立的列的步进行激活转移。

合并时：如果转移条件在转移条件最先成立的列合并前成立，则激活将转移至下一个步。根据 SFC 自上而下，自左而右的运行规则，当程序列 1、2 的转移条件同时满足时，执行左侧的程序列 1。

选择分支/合并使用加粗的单横线表示。选择转移如图 5-2 所示。

执行选择分支后，也可不进行合并，如图 5-3 所示的 SFC 程序，选择分支可跳转返回。

3. 并行转移

分支时：从 1 个步进行了分支的多个步全部同时进行激活转移。

合并时：如果合并之前的步全部被激活，则在共通的转移条件成立时，激活将转移至下一个步。

并行分支/合并使用加粗的双横线表示。并行转移如图 5-4 所示。

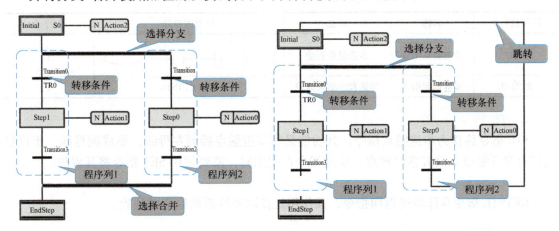

图 5-2　选择转移图（合并）　　　　　图 5-3　选择转移图（不合并）

4. 跳转转移

转移条件成立时，激活转移至同一块内指定的步。跳转目标用"≫"表示。

选择跳转步时，软件中将会以连接线的方式连接跳转步与跳转目标。

同一 SFC 程序块中，可以有多个跳转步指向同一个跳转目标。

当跳转至流程上方的 SFC 步时，SFC 程序可以实现类似于梯形图的重复循环执行。如图 5-5 所示 SFC 程序中，程序最后可选择跳转至初始步。

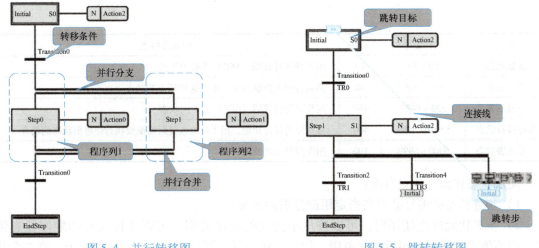

图 5-4　并行转移图　　　　　　　　图 5-5　跳转转移图

5.3 FX5U 系列步进顺控指令

5.3.1 步进顺控指令

步进控制指令是专门用于步进控制的指令。所谓步进控制是指控制过程按"上一个动作完成后，紧接着做下一个动作"的顺序动作的控制。

步进控制指令共有两条，即步进指令（STL）和步进返回指令（RETSTL）。它们专门用于步进控制程序的编写。FX5U 系列 PLC 两条专用的步进指令见表 5-2。

表 5-2 步进顺控指令功能及梯形图符号

指令助记符	名称	功能	梯形图符号	程序步
STL	步进触点指令	步进触点驱动	─┤S├─○	1
RETSTL	步进返回指令	步进程序结束返回	──RETSTL	1

1. STL 指令

STL 指令称作为步进触点指令，其功能是将步进触点接到左母线，形成副母线。步进触点只有常开触点，没有常闭触点。步进指令在使用时，需要使用 SET 指令将其置位。

2. RETSTL 指令

RETSTL 指令称作步进返回指令，其作用是使副母线返回原来的位置。

3. 使用步进指令注意事项

1）STL、RETSTL 指令与状态继电器 S0~S899 结合使用，才能形成步进控制，状态继电器 S0~S899 只有在使用 SET 指令才具有步进控制功能，提供步进触点。

2）使用 STL、RETSTL 指令时，不必在每条 STL 指令以后都加一条 RETSTL 指令，但最后必须有 RETSTL 指令，可以在一系列的 STL 指令最后加一条 RETSTL 指令。

5.3.2 步进指令软元件

1. 步进指令编程元件

步进指令配合状态继电器进行编程，只能使用 S0~S899，FX 系列 PLC 状态元件的分类及编号见表 5-3。

表 5-3 FX 系列 PLC 的状态元件

类别	元件编号	点数	用途及特点
初始状态	S0~S9	10	用于状态转移图（SFC）的初始状态
返回原点	S10~S19	10	多运行模式控制当中，用作返回原点的状态
一般状态	S20~S499	480	用作状态转移图（SFC）的中间状态
掉电保持状态	S500~S899	400	具有停电保持功能，用于停电恢复后需继续执行停电前状态的场合
信号报警状态	S900~S999	100	用作报警元件使用

使用状态软元件注意事项：

1）步进状态的编号必须在指定用途范围内选择。

2）步进软元件在使用时，可以按从小到大的顺序使用，可以不按编号的顺序任意使用，但不能重复使用或超过用途范围。如自动状态下，可以第一个状态使用 S20，第二个状态使用 S22（就是说不一定使用 S21），便不能使用 S0 ~ S9（因这类状态是用作初始状态）。

3）各状态元件的触点，在 PLC 内部可自由使用，次数不限。

4）在不用步进顺控指令时，状态元件可作为辅助继电器在程序中使用。其功能相当前文所讲的辅助继电器 M 一样使用。

2. 特殊辅助继电器

在步进顺控编程时，为了能更有效地编写步进梯形图，经常会使用表 5-4 中的特殊辅助继电器。

表 5-4 步进常用的特殊辅助继电器（FX 兼容区）

元件号	名称	操作/功能
SM8034	禁止所有输出	虽然 PLC 的程序在运行，但是 PLC 的输出端子全部为 OFF
SM8040	禁止状态转移	SM8040 接通时，所有的状态之间禁止转移。但是，所有状态之间虽然不能转移，状态程序中已经动作的输出线圈不会自动断开
SM8041	状态转移开始	STL 用：自动方式时从初始状态开始转移
SM8042	起动脉冲	STL 用：起动输入时的脉冲输入
SM8043	回原点完成	STL 用：原点返回方式结束后接通
SM8044	原点条件	STL 用：检测到机械回到原点时动作
SM8045	禁止输出复位	STL 用：不在模式切换时进行全部输出的复位
SM8046	STL 状态置 ON	即使只有一个状态为 ON 时，SM8046 就会自动置 ON
SM8047	STL 状态监控	SM8047 为 ON 时，步进继电器中正在动作的步进继电器编号按照从小到大的顺序存储到 SD8040 ~ SD8047 中
SM8048	报警器动作	SM8049 接通后，S900 ~ S999 中任一 ON 时 M8048 接通
SM8049	报警器最小编号有效	SM8049 驱动后，SD8049 的操作有效

5.4 步进顺控编程技巧

使用步进梯形图指令的程序以机械的动作为基础，按各工序分配步进继电器 S，作为连接在状态触点（STL 触点）中的回路，进行输入条件和输出控制的顺控编程。

5.4.1 状态转移图

状态转移图是用来描述被控对象每一步动作的状态，以及下一步动作状态出现时的条件的。即它是用"状态"描述的工艺流程图。被控对象各个动作工序（状态），可分配到 S20 ~ S899 状态寄存器中。在状态转移图中，计时器、计数器、辅助继电器等元件可任意使用。状态转移图的画法如图 5-6 所示。

从图 5-6 可以看出，状态转移图中的每一状态要完成以下三个功能：

1）状态转移条件的指定，如图中 X1、X2。

2）驱动线圈（负载），如图中 Y0、Y1、Y2、T0。

3）指定转移目标（置位下一状态），如图中 S20、S21 等被置位。

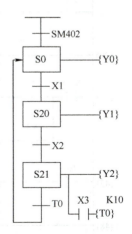

图 5-6 状态转移图

当状态从上一状态转移到下一状态时,上一状态自动复位。若用 SET 指令置位 M、Y,则状态转移后,该元件不能复位,直到执行 RST 指令后才复位。

状态转移图是状态编程的工具,图 5-6 中包含了程序所需用的全部状态及状态间的关联。针对具体状态来说,状态转移图给出该状态的任务及状态转移的条件及方向。但是状态转移图形式不能直接输入编程软件,由状态转移图可转化为 SFC 功能块图或步进梯形图、指令表三种形式,这三种表达方式可以通过编程软件进行互相转换。

5.4.2 步进梯形图

将图 5-6 所示的状态转移图转换成图 5-7 所示步进梯形图。步进梯形图中步进触点的画法与普通触点的画法不同,步进触点用步进指令 STL 编程,如图 5-7 中 S0、S20 等触点。步进触点只有常开触点,且与主母线相连。

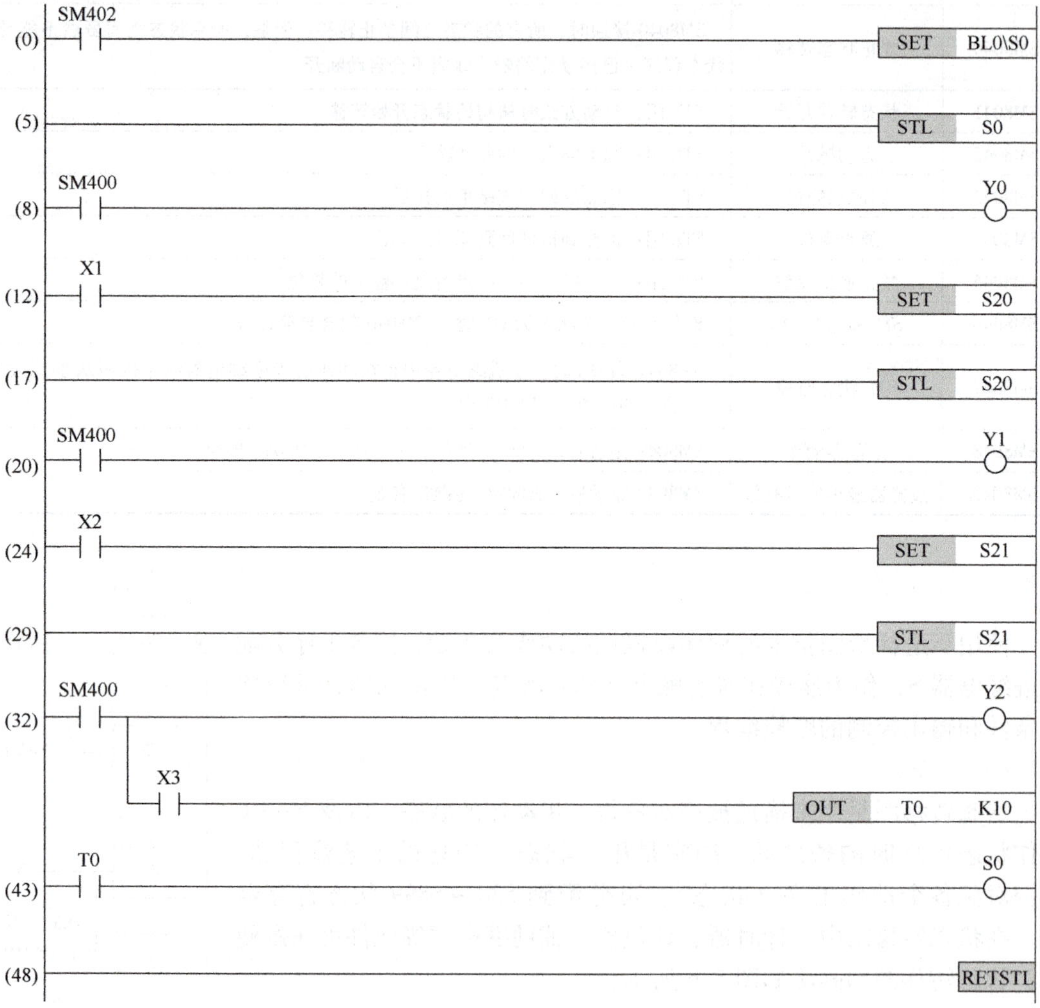

```
(0)  ──SM402──────────────────────────[SET  BL0\S0]

(5)  ─────────────────────────────────[STL  S0]

(8)  ──SM400──────────────────────────( Y0 )

(12) ──X1─────────────────────────────[SET  S20]

(17) ─────────────────────────────────[STL  S20]

(20) ──SM400──────────────────────────( Y1 )

(24) ──X2─────────────────────────────[SET  S21]

(29) ─────────────────────────────────[STL  S21]

(32) ──SM400──┬───────────────────────( Y2 )
              │
              └──X3──────────────────[OUT  T0   K10]

(43) ──T0─────────────────────────────( S0 )

(48) ─────────────────────────────────[RETSTL]
```

图 5-7 步进梯形图

与步进触点相连的触点要用 LD/LDI 指令编程,就好像是母线移到了步进触点的后面成了副母线。用 SET 指令表示状态的转移,用 RETSTL 指令表示步进控制结束,即副母线又返回到主母线上。

5.4.3 STL 指令编程要点

使用状态 STL 指令编写梯形图时，要注意以下事项：

1) 关于顺序。状态三要素的表达要按先任务再转移的方式编程，顺序不得颠倒。

2) 关于母线。STL 步进触点指令有建立子（新）母线的功能，其后进行的输出及状态转移操作都在子母线上进行。这些操作可以有较复杂的条件。

3) 栈操作指令。MPS/MRD/MPP 在状态内不能直接与步进接点指令后的新母线连接，应接在 LD 或 LDI 指令之后，如图 5-8 所示。

4) 步进触点之后的电路块中，不能使用主控 MC/MCR 指令。虽然在 STL 母线后可使用 CJ 指令，但动作复杂，厂家建议不使用。

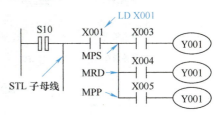

图 5-8 栈操作指令在状态内的使用

5) 中断程序和子程序中不可以使用 STL 指令。并非禁止在状态中使用跳转指令，而是由于使用了会产生复杂的操作，厂家建议最好不要使用。

6) 关于元器件的使用。允许同一元件的线圈在不同的 STL 触点后多次使用。但要注意，同一定时器不要用在相邻的状态中。在同一程序段中，同一状态继电器也只能使用一次。如图 5-9 所示。

7) 步进控制系统中，在状态转移过程中会出现一个扫描周期内两个状态同时接通工作的可能，因此在两个状态中不允许同时动作的线圈之间应有必要的互锁。如图 5-10 所示。

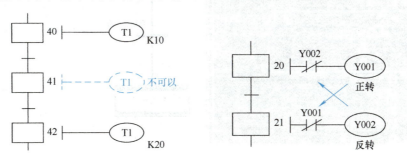

图 5-9 定时器重复使用   图 5-10 输出互锁

8) 在为程序安排状态继电器元件时，要注意状态的分类功用，初始状态要从 S0 ~ S9 中选择，S10 ~ S19 是为需设置动作原位的控制安排的，在不需设置原位的控制中不要使用。在一个较长的程序中可能有状态程序段及非状态编程程序段。

9) 图 5-6 中 S0 称为程序的初始状态，在程序运行开始时需要预先通过其他手段来驱动。程序进入状态编程区间可以使用 SM402 作为进入初始状态的信号（也可用 SM400 驱动）。在状态编程段转入非状态程序段时必须使用 RET 指令。

5.5 SFC 功能图块的编程

5.5.1 SFC 功能图块的创建

1. 新建工程

打开 GX Works3 软件，单击菜单栏中的"工程"，在下拉菜单中单击"新建"出现如

图 5-11 所示的"新建"界面,在图中选取相应的 PLC 系列、机型和程序语言,单击"确定"按钮,如图 5-12 所示,图中块 0(Block)显示了 SFC 块的基本结构,在此界面即可进行 SFC 程序编写。

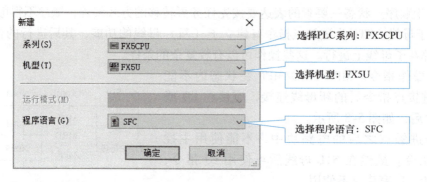

图 5-11　新建工程步骤 1

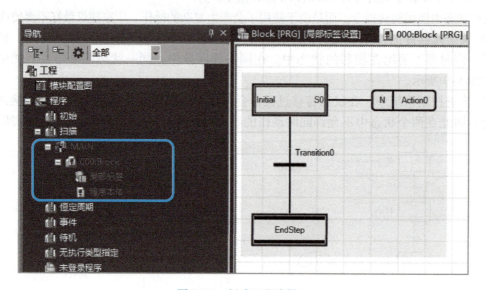

图 5-12　新建工程步骤 2

2. 创建 SFC 块

新建工程后,软件会自动生成块号为 0 的 SFC 程序块。如果有多个 SFC 程序块,则要新建数据块,步骤如下:

在程序"MAIN"处单击右键,选择"新建数据",如图 5-13 所示,弹出 5-14 所示"新建数据"窗口中,进行数据类型、语言和块号设置。新建 SFC 块时,注意块号不能与已有 SFC 程序块重复,FX5U 最多可创建 32 个 SFC 块。

3. SFC 编辑

单击图 5-15 中 Transition0 处,可以通过 SFC 快捷键快速"插入步""插入转移条件""插入选择分支""插入并行分支""删除 SFC 步"等操作。图 5-16 所示为插入步后的图形。

项目 5　FX5U 系列 PLC 步进控制设计技术　　　·155·

图 5-13　创建 SFC 块步骤 1

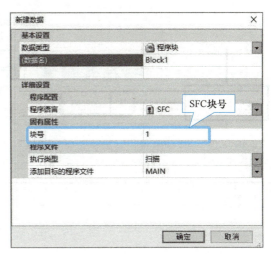

图 5-14　创建 SFC 块步骤 2

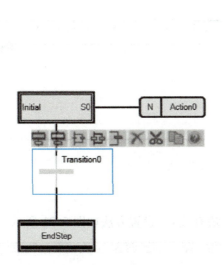

图 5-15　SFC 编辑 1

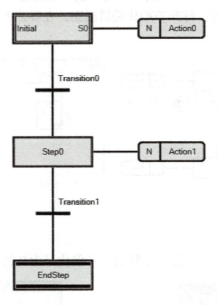

图 5-16　SFC 编辑 2

4. 创建 SFC 步的动作输出

GX Works3 软件中，SFC 程序步激活后，将会执行动作输出块（Action）中编写的程序。对于一个 SFC 步，可以创建最多 4 个动作输出块。

新建动作输出块时，可以指定编程语言为 ST、LD 或 FBD（使用 LD 时，不可使用内嵌 ST）。

注意：动作输出中，主控、跳转、跳转返回等指令不能使用。

选中图中 N Action1 位置，如图 5-17 所示，双击出现图 5-18 所示的新建数据界面，在程序语言对应处选取所需的程序语言，此处选"梯形图"，单击"确定"即可，在出现的梯形图编辑的界面输入相应的程序，如图 5-19 所示。

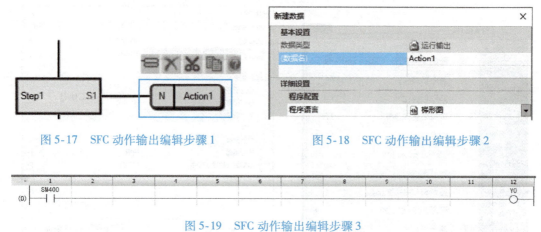

图 5-17　SFC 动作输出编辑步骤 1

图 5-18　SFC 动作输出编辑步骤 2

图 5-19　SFC 动作输出编辑步骤 3

5. 设置转移条件

GX Works3 软件中，转移指令仍然是"TRAN"（同以前各版本软件一样）。双击转移条件的名称，打开 ZOOM 编辑画面，在界面上输入转移条件，如图 5-20 所示。

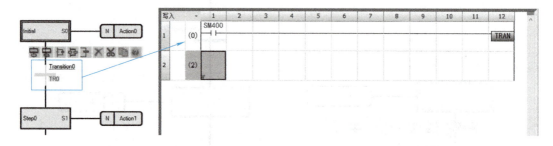

图 5-20　转移条件编辑步骤

6. 启动 SFC 程序

方法一：通过参数启动（仅块号为 0 的 SFC 块有效），设置方法如图 5-21 所示。

图 5-21　启动 SFC 程序方法一

方法二：通过 SFC 控制指令启动，设置方法如图 5-22 所示。

1) 从 SFC 程序的动作输出或其他顺控程序启动，可以通过 SFC 控制指令启动指定块。

2）从指定块的初始步开始执行的情况下，使用 SET BL 指令（块启动）。
3）从指定块的指定步开始执行的情况下，使用 SET B\S/OUT BL\S 指令（步启动）。
4）在同一 SFC 块内部的动作输出中指定步时，直接通过 SET S /OUT S 指令启动。

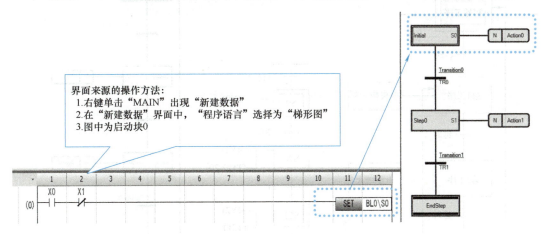

图 5-22　启动 SFC 程序方法二

5.5.2　SFC 功能图块的编程方法

以【例 5-1】来说明 SFC 的编程方法。

【例 5-1】　某花园中心广场有一喷泉控制系统，要求如下：

1）单周期运行，按下起动按钮（X0）后，按照 Y0（待机显示）→Y1（中央指示灯）→Y2（中央喷水）→Y3（环状线指示灯）→Y4（环状线喷水）→Y0（待机显示）的顺序动作，然后返回到待机状态。

2）当 X1 为 ON 时连续运行，重复 Y1 ~ Y7 动作。

3）当 X2 为 ON 时按步进方式运行，每按起动按钮一次，各输出依次动作一次。

根据以上要求，用 SFC 编程，程序设计方法步骤如下：

1. 分析控制要求中的动作情况

2. 创建工序图

1）将控制要求中的动作分成各个工序，按照从上至下的动作顺序用矩形框表示。

2）用纵线连接各个工序，写明各工序推进的条件，执行重复动作的情况下，在一连串的动作结束时，用箭头表示返回到哪个工序。

3）在表示工序的矩形的右边写入各个工序中的执行动作。

创建本例的工序图，如图 5-23 所示。

3. 软元件的分配

1）给各矩形框分配状态元件 S；

2）给转移条件分配软元件；

3）列出各工序动作的软元件；

4）执行重复动作和跳转时使用→，并指明要跳转的状态编号。

分配软元件后的状态图如图 5-24 所示。

4. 创建 SFC

打开编程软件参考图 5-23 进行 SFC 程序编写，如图 5-25 所示。

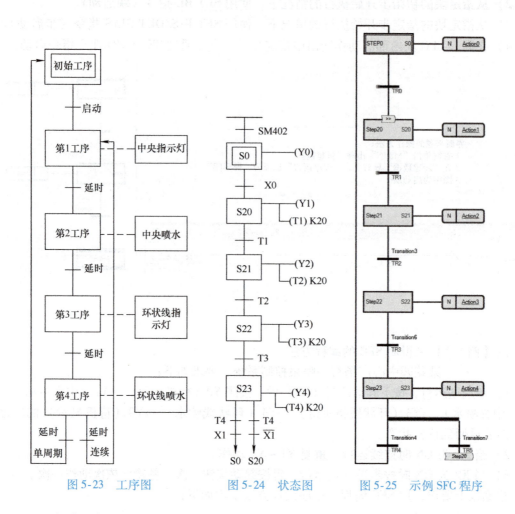

图 5-23　工序图　　　图 5-24　状态图　　　图 5-25　示例 SFC 程序

5. SFC 程序运行

要使 SFC 程序运行，还需要编写初始状态置 ON 的程序。本例初始化程序如图 5-26 所示。

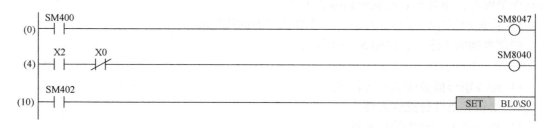

图 5-26　例中初始化程序

任务 12 简易机械手控制系统设计与调试（2）

任务要求

某机械手工作情况示意如图 5-27 所示，机械手工作是将 A 点工件搬运到 B 点，有搬运工件计数统计。

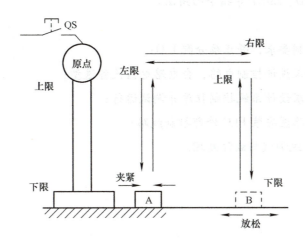

图 5-27 机械手工作情况示意图

1. 在原点位置机械夹钳处于夹紧位，机械手处于左上角位；机械夹钳为有电放松，无电夹紧。
2. 手动运行时：气缸动作将机械手复归至原点位置；此时原点灯点亮。
3. 自动运行时：单周期运行时，在原点时按起动按钮，按工作循环图连续工作一个周期；连续运行时，则不断重复搬运工件工作。
4. 一个周期工艺过程如下：原点→下降→夹紧（T）→上升→右移→下降→放松（T）→上升→左移到原点。
5. 系统要求有停止、暂停、急停功能，并且急停时工件不脱落。各功能如下：

停止：按停止按钮，完成当前工作任务后自动停止。

暂停：按暂停按钮时，当前暂停，暂时停止，再按暂停按钮，继续运行。

急停：按急停按钮时，所有运行设备停止，但机械手扣夹工件不能脱落。按复位按钮后。

根据以上要求，采用 PLC 控制，选取合适的设备，设计控制电路、分配 I/O、编写控制程序，安装系统调试运行。编写项目报告。

任务目标

知识目标

1. 掌握步进指令的使用和编程方法；
2. 掌握步进顺控常用结构特点；
3. 理解步进顺控编程思路；
4. 掌握 CJ、FEND、ZRST 等指令的用法。

技能目标

1. 会分析任务控制要求，并正确分配 I/O；
2. 能根据系统要求设计控制电路，会电路电器设备选型；
3. 能根据控制要求设计系统控制程序并调试运行；
4. 会根据控制线路图安装 PLC 外部控制线路；
5. 会 PLC 控制系统调试与故障处理。

任务设备

FX 系列 PLC（FX5U-64MR）、计算机（安装有 GX Works3 软件）、电动机、机电一体化实训台、指示灯挂箱、连接线、通信线等。

设计指引

1. 根据控制要求进行 I/O 口分配（见表 5-5）

表 5-5 机械手控制 I/O 口分配

输	入			输	出
X0	手动/自动转换	X10	手动松手	Y0	松手/夹紧
X1	上行限位	X11	手动上行	Y1	上行
X2	下行限位	X12	手动下行	Y2	下行
X3	左行限位	X13	手动左行	Y3	左行
X4	右行限位	X14	手动右行	Y4	右行
X5	起动	X15	暂停	Y5	原点
X6	停止	X16	急停		

2. 根据 I/O 分配表，设计机械手控制接线图（见图 5-28）

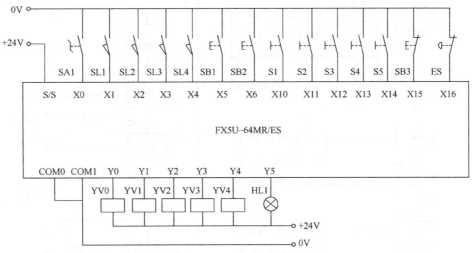

图 5-28 机械手控制接线图

3. 根据控制要求编制控制程序

为了方便表述，将程序用两部分表示如下：

主程序部分：包含手动部分和启动 SFC 块程序。注：控制要求中的黄绿红指示灯程序在本程序中没有体现，请读者自行编辑放到主程序即可。主程序如图 5-29 所示。

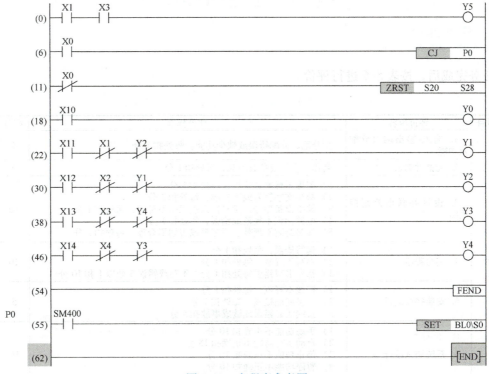

图 5-29 主程序参考图

SFC 程序部分：这一部分为自动程序，参考步进顺控程序如图 5-30 所示，读者只需将对应状态、转移条件和输出三部分内容输入到计算机中即可。

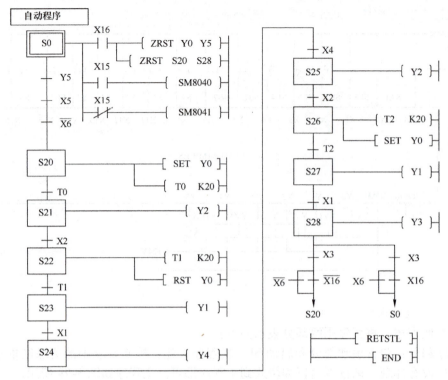

图 5-30　参考步进顺控程序图

任务完成后，按表 5-6 进行评价。

表 5-6　简易机械手控制系统设计与调试（2）任务评价表

评价项目	评价内容	评价标准	配分	得分
专业技能	1. 输入/输出端口分配及功能	少分配、分配错误或缺少功能，每处扣 1 分	5	
	2. 元器件选取	名称、型号或参数不对，每处扣 1 分	5	
	3. 设计并画出控制接线图	1）图形不标准或错误，每处扣 1 分 2）缺少文字符号或不标准，每处扣 2 分 3）缺少设备型号、型号错误或规格不符的，每处扣 1 分 4）电源标识不规范或错误，每处扣 1 分 5）线路绘制不规范、不工整或规划不合理，每项扣 1 分	10	
	4. 编写程序	1）编写错误，每处扣 1 分 2）书写不规范，每处扣 1 分 3）指令书写错误每处扣 1 分，不写或错误 5 处以上扣 10 分	10	
	5. 安装接线运行	1）接线不规范，每处扣 1 分 2）少接或漏接线，每处扣 1 分 3）接线明显错误或造成事故扣 5 分	5	
	6. 系统调试运行	1）手动功能不正确扣 10 分 2）自动运行功能不正确扣 15 分 3）停止功能不正确扣 10 分 4）暂停功能不正确扣 10 分 5）急停功能不正确扣 5 分	50	
	7. 指示功能	原点指示不正确或不能指示扣 5 分	5	
安全文明生产	安全生产规定	1）违反安全生产规定，造成安全事故的不得分 2）岗位 8S 不达标的不得分	10	

任务 13　自动交通灯控制系统设计与调试

任务要求

某十字路口为提高通行效率，按如下要求进行交通灯控制：

根据北京时间分两个时段进行自动控制，分白天和夜晚两个时段，各时段交通灯运行时间如图 5-31 所示。根据交通灯时段变换流程的要求，实现交通灯控制系统的自动运行：

1) 系统有手动指挥交通的指示功能，手动时所有黄灯闪烁，周期 Ts，占空比 0.5。

2) 系统自动运行时有启动和停止功能，停止时所有指示灯均熄灭；一个运行周期结束后可实现下一个周期的自动运行。

3) 显示自动运行时各方向红灯倒计时运行时间。

根据以上要求，设计主电路、控制电路，分配 I/O、编写 PLC 控制程序，安装线路并调试运行。

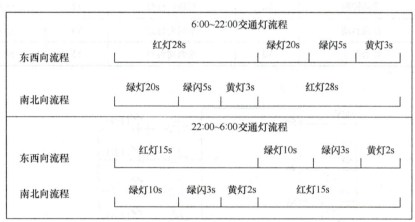

图 5-31　交通灯自动控制运行时间图

任务目标

知识目标
1. 掌握 PLC 步进顺控指令的使用方法；
2. 掌握 PLC 实时时钟处理指令的用法；
3. 掌握 PLC 传送类指令的使用方法；
4. 掌握 PLC 混合编程控制的基本思路；
5. 掌握 PLC 步进顺控编程的原则。

技能目标
1. 会分析任务控制要求，并正确分配 I/O；
2. 能根据系统要求设计控制电路，会电路电器设备选型；

3. 能设计较复杂的混合流程程序并调试运行；
4. 会根据控制线路图安装 PLC 外部控制线路；
5. 会 PLC 控制系统调试与故障处理。

 **任务设备**

FX 系列 PLC（FX5U-64MR）、触摸屏（GS21 系列）、计算机（安装有 GX Works3 软件）、机电一体化实训台、指示灯挂箱、连接线、通信线等。

 **设计指引**

1. 根据控制要求进行 I/O 口分配（见表 5-7）

表 5-7 交通灯 I/O 分配表

输	入		输	出	
X0	手动控制	Y0	东西向红灯	Y3	南北向红灯
X1	自动启动	Y1	东西向绿灯	Y4	南北向绿灯
X2	自动停止	Y2	东西向黄灯	Y5	南北向黄灯

2. 设计自动交通灯控制接线图（见图 5-32）

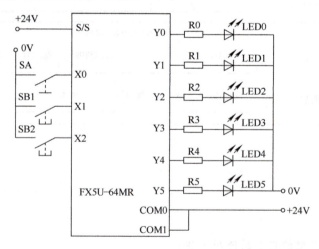

图 5-32 交通灯输入、输出接线图

3. 程序设计

采用分步设计，具体步骤如下：

1）根据控制要求编制一个时段的控制程序，如图 5-33 所示。

2）在单一时段程序的基础上，设计完整的控制程序，参考程序如图 5-34、图 5-35 所示。

项目 5　FX5U 系列 PLC 步进控制设计技术

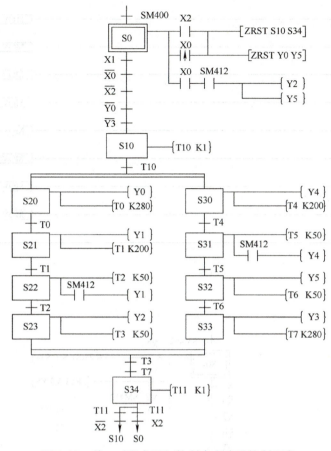

图 5-33　单一时段交通灯控制参考步进控制程序

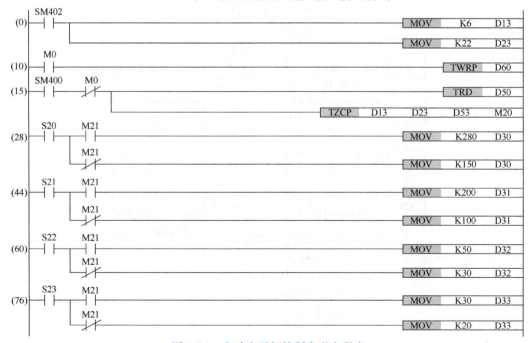

图 5-34　自动交通灯控制参考主程序

图 5-34 自动交通灯控制参考主程序（续）

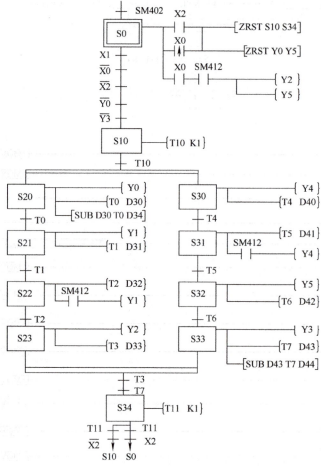

图 5-35 自动交通灯参考控制顺控程序

4. 设计触摸屏画面

画面所用软元件见表 5-8，请读者自行设计画面。

表 5-8　画面设计所用软元件

控制		显示		读取数据		写入数据	
X0	手动	Y0	东西向红灯	读当前时间年	D50	写入年数据	D60
X1	启动	Y1	东西向绿灯	读当前时间月	D51	写入月数据	D61
X2	停止	Y2	东西向黄灯	读当前时间日	D52	写入日数据	D62
M0	时钟修改	Y3	南北向红灯	读当前时间时	D53	写入时钟数据	D63
		Y4	南北向绿灯	读当前时间分	D54	写入分钟数据	D64
		Y5	南北向黄灯	读当前时间秒	D55	写入秒钟数据	D65
				东西倒计时数据	D34		
				南北倒计时数据	D44		

任务评价

任务完成后，按表 5-9 进行评价。

表 5-9　自动交通灯控制系统设计与调试任务评价表

评价项目	评价内容	评价标准	配分	得分
专业技能	1. 输入、输出端口分配	少分配、分配错误或缺少功能，每处扣 1 分	5	
	2. 画出控制接线图	1）图形不标准或错误，每处扣 1 分 2）缺少文字符号或不标准，每处扣 2 分 3）缺少设备型号、型号错误或规格不符，每处扣 1 分 4）电源标识不规范或错误，每处扣 1 分	10	
	3. 编写程序	1）编写错误，每处扣 1 分 2）书写不规范，每处扣 1 分	10	
	4. PLC 控制系统接线正确	1）接线不规范，每处扣 1 分 2）少接或漏接线，每处扣 1 分 3）接线明显错误或造成事故扣 5 分	10	
	5. 系统调试运行	1）手动黄灯工作不正常扣 5 分 2）第一时段运行不正确扣 10 分 3）第二时段运行不正确扣 10 分 4）不会时钟调整扣 5 分，无停止功能扣 5 分 5）停止重启功能不正常扣 5 分 6）硬件各指示灯不正常一处扣 5 分 7）故障处理部分，不正确处扣 2 分	40	
	6. 触摸屏显示功能	1）触摸屏上不能正确修改当前时间扣 5 分 2）运行指示不正确扣 3 分 3）时间段显示不正确扣 2 分 4）倒计时显示不正确扣 5 分	15	
安全文明生产	安全生产规定	1）违反安全生产规定，造成安全事故的不得分 2）岗位 8S 不达标的不得分	10	

知识拓展

5.6　程序结构指令编程技巧

程序结构指令作用是使程序按条件执行、优先处理，从而可以缩短系统循环时间（运算周期）和执行使用双线圈的程序，方便用户更加有效地设计程序。

5.6.1　条件跳转指令（CJ）/主程序结束指令（FEND）

1. 指令概述

1）条件跳转指令（CJ）用于跳过顺序程序中的某一部分，这样可以减少扫描时间，并使"双线圈操作"成为可能。跳转时，被跳过的那部分的指令不执行。指令的执行形式有连续执行和脉冲执行两种形式。

2）FEND 指令为主程序结束。执行到 FEND 指令时机器进行输出处理、输入处理、警戒时钟刷新，完成以后返回到第 0 步。

CJ 和 FEND 指令使用编程结构及动作执行情况如图 5-36 所示。

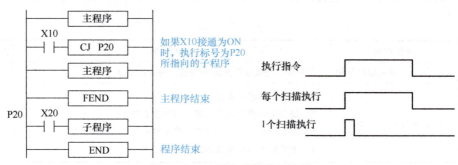

图 5-36　CJ 指令动作执行情况

2. 指令使用要点

1）CJ 和 FEND 指令成对使用。标号 Pn 的子程序应放在主程序结束指令 FEND 的后面。

2）图 5-36 中 P20 指的是跳转的指针编号，编号范围为 $n=1\sim4095$，但是 P63 为 END 步指针，不能使用。因此不能对标记 P63 进行编程时，如图 5-37 所示。

3）标记输入位置与指令表编程的关系。编写梯形图程序时，将光标移动到梯形图的母线左侧，在回路块起始处输入标记 P20 即可，如图 5-38 所示。

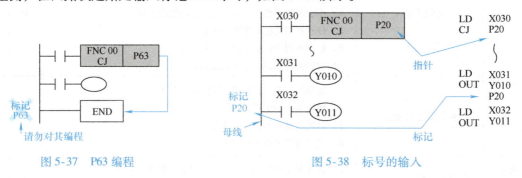

图 5-37　P63 编程　　　　　图 5-38　标号的输入

4）标记 P 的重复使用。多个跳转程序可以向同一个标号 Pn 的子程序跳转，但不可以有两个相同标号 Pn 的子程序跳转，如图 5-39 所示。

CJ 指令不能和 CALL 指令（子程序调用）共用相同和标号，如图 5-40 所示。

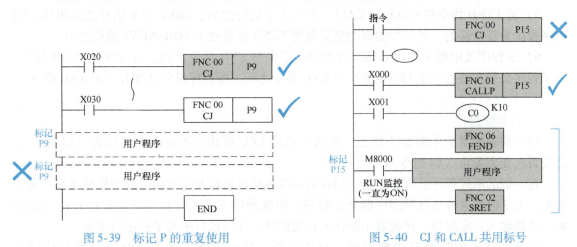

图 5-39　标记 P 的重复使用　　　　图 5-40　CJ 和 CALL 共用标号

5.6.2　调用子程序（CALL）/子程序返回（SRET）

1. 指令概述

在顺控程序中，对要共同处理的子程序进行调用的指令。可以减少程序的步数，更加方便有效地设计程序。

当输入指令为 ON 时，执行 CALL 指令，向标号为 Pn 的子程序跳转（调用标号为 Pn 的子程序），使用 SRET 返回到主程序。

编写子程序时，必须使用子程序返回指令（SRET），二者配套使用。

子程序应写在 FEND 之后，即 CALL、CALL（P）指令对应的标号应写在 FEND 指令之后。CALL、CALL（P）指令调用的子程序必须以 SRET 指令作为结束。程序结构如图 5-41 所示。

2. 指令使用要点

1）指针标号 Pn 可以使用的范围为 P0~P4095，其中 P63 为 END 步指针，不能使用。

2）调用子程序可以使用多重 CALL 指令进行嵌套，其嵌套子程序可达 5 级，（CALL 指令可用 4 次）。程序结构如图 5-42 所示。

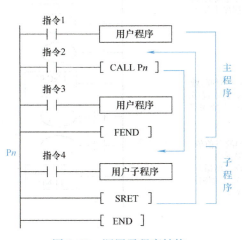 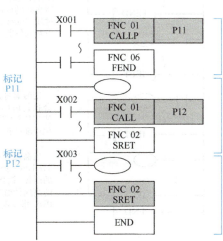

图 5-41　调用子程序结构　　　　图 5-42　嵌套子程序结构

3) 在调用子程序和中断子程序中，可采用 OUT ST 型为定时器。

4) CALL 指令调用子程序时，对应的两个或两个以上子程序之间用 SRET 隔开。

5) 若 FEND 指令在 CALL 或 CALL (P) 指令执行之后、SRET 指令执行之前出现，则程序被认为是错误的。另一个类似的错误是使 FEND 指令处于 FOR-NEXT 循环之中。

6) 子程序及中断子程序必须写在 FEND 指令与 END 指令之间。若有多个 FEND 指令，则子程序必须在最后一个 FEND 指令与 END 指令之间。即程序最后必须有一个 END 指令。

5.6.3 程序执行控制指令

1. 指令概述

CPU 模块通常为中断禁止状态。该指令可使 CPU 模块变为中断允许状态（EI 指令），之后再次变为禁止（DI 指令）。

在一般的顺控程序处理中，由于扫描周期造成的延迟以及时间的偏差给机械动作带来的影响，为了改善这种情况采用中断处理程序。中断程序不受顺控程序（主程序）的扫描影响，采用输入、定时器、计数器中断作为触发信号，立即执行中断子程序的功能。

中断程序控制指令有中断返回、允许中断、禁止中断三条。中断控制程序结构如图 5-43 所示。

1) 中断返回 IRET：从中断子程序返回到主程序。在处理主程序过程中，如果产生输入、定时器、计数器中断，则跳转到中断指针（I）所指向程序，然后使用 IRET 返回到主程中。

2) 允许中断 EI：PLC 通常为禁止中断状态，使用 EI 指令，可以使 PLC 变为允许中断状态。如图 5-44 所示。

3) 禁止中断 DI：在 PLC 允许中断时，使用 DI 指令又可以变为禁止状态。

2. 指令使用要点

1) 中断子程序必须写在 FEND 之后，中断子程序必须以 IRET 指令用结束。

2) 发生多个中断时的处理原则：

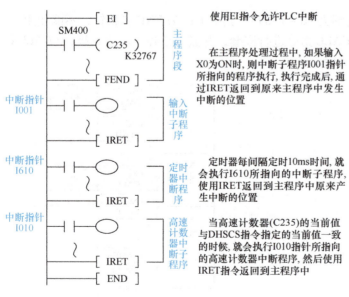
图 5-43 中断程序结构图

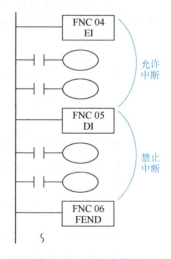
图 5-44 DI 指令使用

当程序中依次发生多个中断时，先发生的中断优先执行；

完全同时产生中断时，指针编号小的优先执行；

在执行中断子程序的过程中，其他的中断被禁止。

3）双重中断（中断中的中断）中功能的实现。一般情况下，中断子程序中禁止中断，但如果在中断子程序中编写 EI、DI 时可以接收到双重中断。

4）中断功能中的定时器处理。中断中的定时器一般要求使用 OUT ST 型定时器，使用普通的定时器不能执行计时。

5）禁止输入中断重复使用。输入 X0～X7 用于高速计数器、输入中断、脉冲捕捉以及 SPD、DSZR、ZRN、DVIT 指令和通用输入，在使用这些功能时不能重复使用。

6）中断程序中置 ON 软元件处理。中断中已经被置 ON 的软元件，在子程序结束时后仍然被保持。对于定时器、计数器执行 RST 指令后，定时器、计数器的复位状态同样被保持，因此这些软元件在子程序内或是子程序外执行复位和 OFF 运算时，要将该指令断开。

【例 5-2】 用两个开关 X1、X0 控制一个信号灯 Y0，当 X1、X0 = 00 时灯灭，X1、X0 = 01 时灯以 1s 脉冲闪，X1、X0 = 10 时灯以 2s 脉冲闪，X1、X0 = 11 时灯常亮。编制程序如图 5-45 所示。

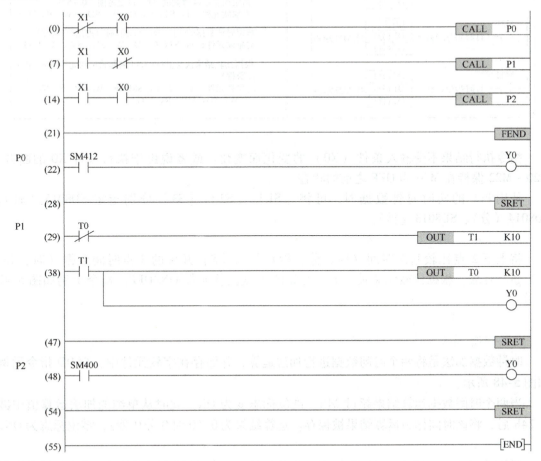

图 5-45 【例 5-2】参考程序

5.7 实时时钟处理指令编程技巧

这一类指令主要是对时钟数据进行运算、比较，还可以执行 PLC 内置实时时钟的时间校准和时间数据格式转换。

5.7.1 时钟比较指令

1. 时钟数据比较（TCMP）

时钟数据比较指令是将基准时间和时间数据进行大小比较，根据比较的结果控制位元件的 ON/OFF。

指令表现形式如图 5-46 所示，当 M30 为 ON 时，源数据 [S1]、[S2]、[S3] 指定的时间（本例中为 11 时 40 分 20 秒）与 [S] 起始的 3 点时间数据（时、分、秒）相比较，比较结果决定 [D] 起始的 3 点位软元件（本例中的 M20、M21、M22）的 ON/OFF 状态。

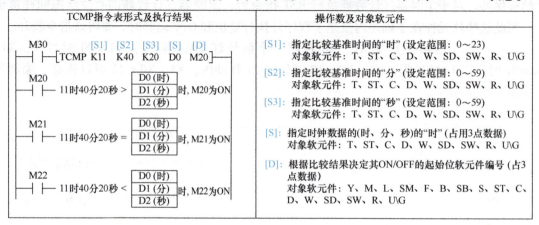

图 5-46 TCMP 指令示例

指令执行结果不受输入条件（X0）的变化而变化。或者说由于执行条件 X0 的断开，M20～M22 保持在 M30 为 OFF 之前的状态。

使用 PLC 的实时时钟数据时，可将 [S1]、[S2]、[S3] 分别指定 SD8015（时）、SD8014（分）、SD8013（秒）。

2. 时钟数据区间比较（TZCP）

将上下 2 点比较基准时间（时、分、秒）与以 [S] 开头的 3 点时间数据（时、分、秒）进行比较，根据比较结果使 [D] 开始的 3 点位软元件 ON/OFF。指令示例如图 5-47 所示。

5.7.2 时钟数据运算指令

1. 时钟数据加法运算（TADD）

时钟数据加法是将两个时间数据进行加法运算，并保存在字软元件中。TADD 指令示例如图 5-48 所示。

当两个时间数据运算结果超过 24h，进位标志变为 ON，此时从单纯的加法运算值中减去 24h 后，将该时间作为运算结果被保存。运算结果为 0（0 时 0 分 0 秒），零位标志为 ON。

2. 时钟数据减法运算（TSUB）

时钟数据减法是将两个时间数据进行减法运算，并保存在字软元件中。TSUB 指令示例如图 5-49 所示。

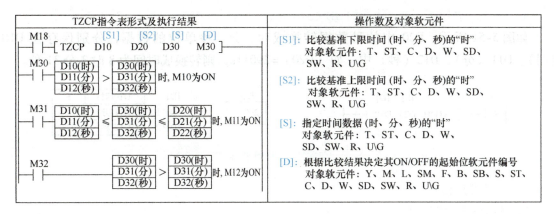

图 5-47　TZCP 指令示例

图 5-48　TADD 指令示例

图 5-49　TSUB 指令示例

当两个时间数据运算结果超过 0h，借位标志变为 ON，此时从单纯的减法运算值中加 24h 后，将该时间作为运算结果被保存。运算结果为 0（0 时 0 分 0 秒），零位标志为 ON。

3. 时、分、秒数据的秒转换（HTOS）

如图 5-50 所示，将 D10（时）、D11（分）、D12（秒）的数据换成秒后，结果保存在 D20 中，如指定 2 时 35 分 31 秒，则（D20）= 20131s。

图 5-50　HTOS 指令

4. 秒数据转换时、分、秒（STOH）

如图 5-51 所示，D20 中的秒数据转换成时、分、秒单位的数据，分别保存在 D10（时）、D11（分）、D12（秒）中，如（D20）= 29011s，则转换成时间为 8 时 3 分 31 秒。

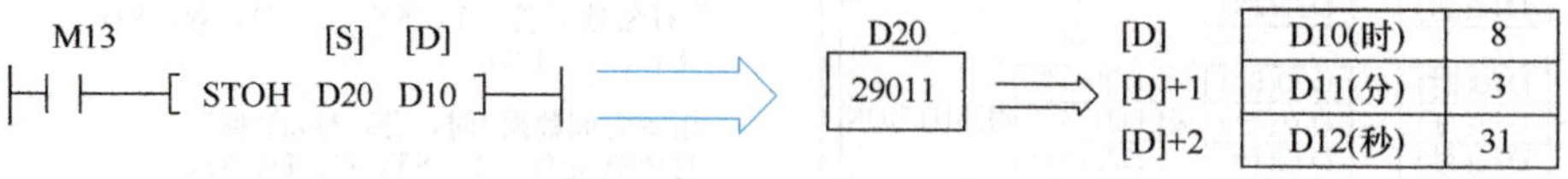

```
   M13        [S]  [D]              D20            [D]    D10(时)   8
───┤├────[ STOH  D20  D10 ]───     29011    ⟹    [D]+1   D11(分)   3
                                                  [D]+2   D12(秒)   31
```

图 5-51 STOH 指令

5.7.3 时钟专用指令

1. 时钟数据读取（TRD）

时钟数据读取是读取 CPU 模块内置实时时钟的时钟数据的指令，如图 5-52 所示。

```
   M14       [D]        将PLC内实时时钟数据读到
───┤├────[ TRD  D10 ]   D10开始的7个元件中(D10~D16)
```

图 5-52 读实时时钟 TRD 指令

图 5-52 中当指令执行时，按照表 5-10 格式将 PLC 内保存实时时钟数据的特殊寄存器（SD8013 ~ SD8019）中的内容读到 D10 ~ D16 中，表中的顺序是固定不变的。其中 SD210［SD8018（年）］为公历年的后两位，如果读取的数据为 11，则为 1911 年，如果要改为 2011 年，则必须要向 SD210［SD8018（年）］中写入 2000，写入方法参见 TWR 指令。

表 5-10 实时时钟特殊寄存器

元件	F3 兼容区	项目	时钟数据		元件	项目
SD210	SD8018	年（公历）	1980 ~ 2079（公历后四位）	→	D10	年（公历）
SD211	SD8017	月	1 ~ 12	→	D11	月
SD212	SD8016	日	1 ~ 31	→	D12	日
SD213	SD8015	时	0 ~ 23	→	D13	时
SD214	SD8014	分	0 ~ 59	→	D14	分
SD215	SD8013	秒	0 ~ 59	→	D15	秒
SD216	SD8019	星期	0（日）~ 6（六）	→	D16	星期

2. 时钟数据写入（TWR）

将设定的时钟数据写入 PLC 的实时时钟。如图 5-53 所示，为了写入时钟数据，必须预先用 FNC12（MOV）指令向［S］指定的起始的 7 个字元件写入数据，见表 5-11，且表中的 PLC 内的特殊寄存器的顺序是不能改变的。

```
   M19         [S]        将D20开始的7点时钟数据写入
───┤├────[ TWRP  D20 ]    PLC内特殊时钟寄存器中
```

图 5-53 写实时时钟指令

表 5-11 写实时时钟寄存器表

元件		项目	时钟数据		元件	项目
设定时间用的数据	D20	年（公历）	1980～2079（公历后四位）	→	SD210 [SD8018]	年（公历）
	D21	月	1～12	→	SD211 [SD8017]	月
	D22	日	1～31	→	SD212 [SD8016]	日
	D23	时	0～23	→	SD213 [SD8015]	时
	D24	分	0～59	→	SD214 [SD8014]	分
	D25	秒	0～59	→	SD215 [SD8013]	秒
	D26	星期	0（日）～6（六）	→	SD216 [SD8019]	星期

执行 TWR 指令后，立即变更实时时钟的时钟数据，变为新时间。因此，请提前数分钟向源数据传送时钟数据，当到达正确时间时，立即执行指令。另外，利用本指令校准时间时，无须控制特殊辅助继电器 SM8015（时钟停止和时间校准）。

3. 计时表（HOUR）

本指令是以 1h 为单位，对输入触点持续 ON 的时间进行累加检测，示例如图 5-54 所示。在 [D1] 指定元件中累计执行条件为 ON 的小时数，当 ON 时数超过 [S] 指定的小时数值时，令 [D2] 指定的元件 ON，以产生报警。

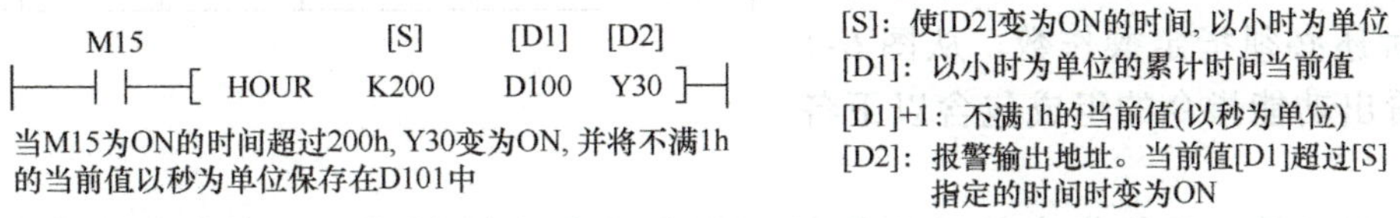

```
   M15              [S]    [D1]   [D2]
───┤ ├──────[ HOUR  K200   D100   Y30 ]
```
当M15为ON的时间超过200h，Y30变为ON，并将不满1h的当前值以秒为单位保存在D101中

[S]：使[D2]变为ON的时间，以小时为单位
[D1]：以小时为单位的累计时间当前值
[D1]+1：不满1h的当前值(以秒为单位)
[D2]：报警输出地址。当前值[D1]超过[S]指定的时间时变为ON

图 5-54 HOUR 示例

指令在使用时，[D1] 建议使用停电保持型数据寄存器，这样由于 PLC 断电后，也可使用当前值的数据。

报警输出 [D2] 为 ON 后，仍然能够继续计时。当前值达到 16 位或 32 位时停止计时，如需继续计时，则要 [D1] 和 [D1]+1 的值。

项目6 PLC控制系统综合应用设计

知识准备(Ⅰ)

6.1 FX5U 系列应用指令基础知识

FX5U PLC 的 CPU 模块基本指令包括数据传送指令、比较运算指令、算术运算指令、逻辑运算指令、位处理指令、数据转换指令和数字开关七类。本项目就常用应用指令加以讲述。

1. 基本指令的表现形式

每条功能指令都有助记符。如图 6-1 所示，字右移指令的助记符为 "WSFR"。不同的指令表现形式不一样，有些功能指令只有助记符，有许多功能指令在指定功能号的同时还必须指定操作数。从图 6-1 中可以看出功能指令的组成包含以下各部分。

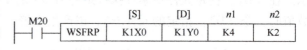

图 6-1 字右移指令表现形式

（1）助记符 功能指令的助记符是该指令的英文缩写词，如字右移指令的英文为 "Word shift right"，简写为 WSFR。

（2）操作数 不同的功能指令操作数不一样，有的指令有一个或多个操作数，有的指令没有操作数。操作数有源操作数、目标操作数和其他操作数。

[S]：(SOURCE) 源操作数。当使用变址功能时，表达为 [S]。源不止一个时，可用 [S1]、[S2] 表示。

[D]：(DESTINATION) 目标操作数。指定计算结果存放的地址，当使用变址功能时，表达为 [D]。目标不止一个时，用 [D1]、[D2] 表示。

m、n：其他操作数。软元件数、传送数、字符数等的容量指定允许范围为 0 ~ 65535、0 ~ 4294967295，常用来表示数制（十进制、十六进制等）或作为源和目标的补充注释。需注释的项目多时，也可采用 m_1、m_2、n_1、n_2 等形式。

（3）数据长度 功能指令可处理 16 位和 32 位数据，如图 6-2、图 6-3 所示。功能指令中附有符号（D）表示处理 32 位数据。处理 32 位数据时，用元件号相邻的两元件组成元件对。元件对的首元件用奇数、偶数均可。但为避免错误，元件对的首元件建议统一用偶数编号，如图 6-3 中的 D20、D22。

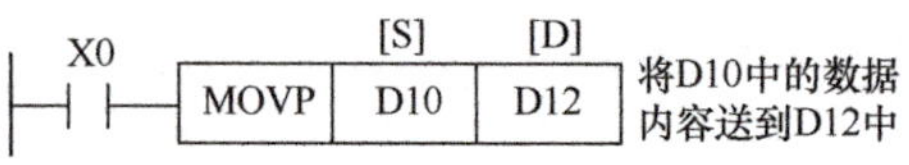

图 6-2 16 位数据长度

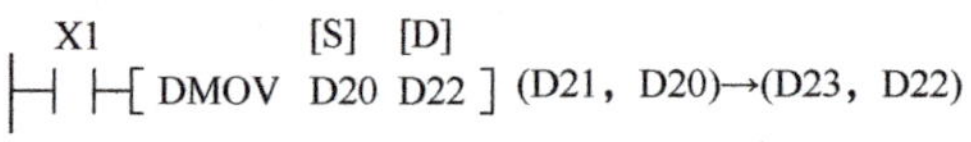

图 6-3 32 位数据长度

(4) 执行方式　指令执行方式有连续执行和脉冲执行两种方式。

连续执行指的是在每个扫描周期都被重复执行，图 6-3 中，当 X1 为 ON 状态时，指令重复执行；X1 = ON，执行该指令；X1 = OFF，不执行该指令。

助记符后附有（P）符号表示脉冲执行。图 6-2 中所示功能指令仅在 X0 由 OFF 变为 ON 时执行。当不需要每个扫描周期都执行时，用脉冲执行方式可缩短程序处理周期。

某些特殊指令会要求用脉冲执行，如 INC、DEC 等。

2. 功能指令处理的数据

(1) 位元件和字元件　只处理 ON/OFF 状态的元件，例如 X、Y、M 和 S 等称为位元件；其他处理数字数据的元件，例如 T、C、D、V、Z 等称为字元件。

但是位元件组合起来也可处理数字数据。位元件组合由 "Kn + 首元件号" 来表示。

(2) 位元件的组合　位元件每 4 位为一组组成合成单元。KnM0 中的 n 是组数。16 位数据操作时为 K1 ~ K4。32 位数据操作时为 K1 ~ K8。

例如，K1X0 表示由 X0 ~ X3 组成的数据单元。K2M0 即表示由 M0 ~ M7 组成 2 个 4 位组。

3. 指令中软元件常数的指定方法

在使用 PLC 编程时，就要用到指令的操作数的指定方法。主要包括如下几个方面的内容：十进制数、十六进制数和实数的常数指定，位软元件的指定，数据寄存器的位置指定，特殊功能模块常数 K、H、E（十/十六进制数/实数）的指定。

(1) 常数 K（十进制数）　K 是表示十进制整数的符号，主要用于指定时器和计数器的设定值，或应用指令操作数中的数值（如：K2345）。

使用字数据（16 位）时设定范围为：K - 32768 ~ K32767。

使用两个字数据（32 位）时设定范围为：K - 2147483648 ~ K2147483647。

(2) 常数 H（十六进制数）　H 是表示十六进制数的符号，主要用于应用指令操作数的数值（H1235）。

使用字数据（16 位）时设定范围为：H0 ~ HFFFF。

使用两个字数据（32 位）时设定范围为：H0 ~ HFFFFFFFF。

(3) 常数 E　E 是表示实数（浮点数据）的符号，主要用于应用指令操作数的数值。

普通表示：10.2345 就用 E10.2345 表示。

指数表示：设定的数值 = 数值 $\times 10^n$，如 1234 = E1.234 + 3，其中 + 3 表示 10 的 3 次方。

(4) 字符串　字符串是顺控程序中直接指定字符串的软元件，例如 "ABCD1234" 指定，字符串最多可以指定 32 个字符。

(5) 字软元件的位指定　指定字软元件的位，可以将其作为位数据使用。在指定字软元件的编号和位编号时用十六进制数设定，在软元件编号时，位编号不能执行变址修正，如图 6-4 所示。

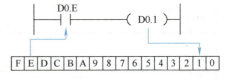

图 6-4　字软元件的位指定

4. 数据传送

PLC 在进行数据传送时遵循按位对应一对一传送的规律。当 16 位的数据传送到 K2M0（8bit 数据）时，只传送低 8 位数据，高 8bit 数据不传送，如图 6-5 所示。当 8 位数据向 16 位数据传送时，高 8 位自动为 "0"，如图 6-6 所示。

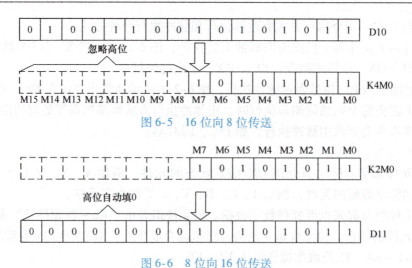

图 6-5　16 位向 8 位传送

图 6-6　8 位向 16 位传送

6.2　数据传送类指令使用技巧

1. 传送指令（MOV/MOVB）

1）MOV 指令的作用是将源元件的内容传送（复制）到目标软元件，源数据不发生变化。指令用法如图 6-7 所示，图中源 D10、K4X0、D20 中数据在执行过程不会改变。

MOVB 指令的功用是将（s）中指定的位数据存储到（d）中，如图 6-8 所示。

2）指令执行形式有连续和脉冲两种形式，脉冲执行时在指令后加 P，即 MOVP。

3）指令可执行 16 位的数据。指令也可执行 32 位数据，执行 32 位数据时在指令助记符前加 D，写成 DMOV，如图 6-7 中的示例程序。

图 6-7　MOV 指令执行示例

4）指令的源操作数可有的软元件包括：X、Y、M、L、SM、F、B、SB、S、T、ST、C、D、W、SD、SW、R、U□\G□、Z、LC、LZ 和常数 K、H（注：MOVB 指令不能使用

Z 操作数）。

5）指令的目标操作数可有的软元件包括：Y、M、L、SM、F、B、SB、S、T、ST、C、D、W、SD、SW、R、U□\G□、Z、LC、LZ（注：MOVB 指令不能使用 Z 操作数）。

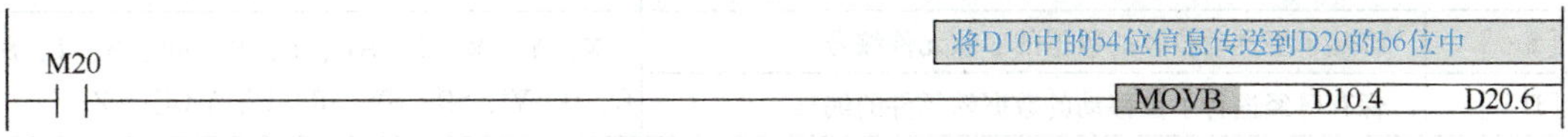

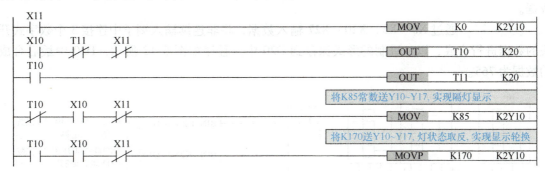

图 6-8　MOVB 指令示例

【例 6-1】　彩灯的交替点亮控制。

有一组灯 L1~L8 接于 Y10~Y17，要求隔灯显示，每 2s 变换一次，反复进行。设置启动开关接于 X10，停止开关接于 X11 上。梯形图如图 6-9 所示。

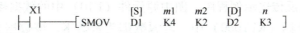

图 6-9　彩灯交替点亮控制梯形图及说明

2. 移位传送（SMOV）

（1）指令的功能　以 4 位为单位进行数据的分配、合成。指令表现形式如图 6-10 所示。传送源 [S] 和传送目标 [D] 的内容转换成 4 位数的 BCD 码（0000~9999），$m1$ 位起的低 $m2$ 位部分被传送（合成）到传送目标 [D] 的 n 位起始处的连续 n 位，然后转换成 BIN 码，保存在传送目标 [D] 中。指令执行过程如图 6-11 所示。

```
    X1              [S]  m1  m2  [D]  n
────┤ ├───[ SMOV   D1   K4  K2  D2   K3 ]
```

图 6-10　移位传送指令表现形式

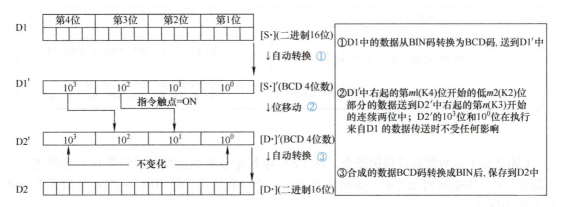

图 6-11　移位传送指令执行过程

(2) 指令中操作数的使用说明（见表 6-1）。

表 6-1 操作数使用说明

操作数	内容	对象软元件
[S·]	存储了要移动位数的数据的字软元件编号	X、Y、M、L、SM、F、B、SB、S、T、ST、C、D、W、SD、SW、R、U□\G□、Z
[D·]	保存已经进行了位移动的数据软元件的编号	
m1	源中要移动的起始位的位置	K、H
m2	源中要移动的位数量	
n	移动目标的起始位的位置	

(3) 指令执行形式 可以采用连续执行和脉冲执行两种方式，指令只能执行 16 位数据。

【例 6-2】 通过 X0～X3、X20～X27 输入数据，将非连续输入端子中连接 3 个数字式开关的数据进行合成，以二进制的形式保存到 D20 中。程序如图 6-12 所示，D20 中最后合成的数据为 765。

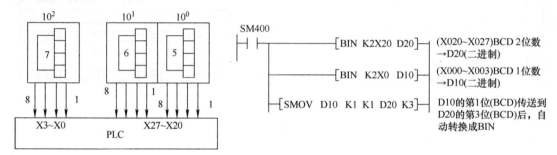

图 6-12 示例程序梯形图

3. 取反传送（CML/CMLB）

(1) 指令功能 CML 指令是以位为单位反转数据后进行传送（复制）的指令。

图 6-13 所示为取反传送示例程序，图中源元件（D10）中的数据逐位取反（1→0, 0→1）并被传送到指定目标（K1Y000）中。若源数据为常数 K，该数据会自动转换为二进制数。图 6-13 程序转换过程如图 6-14 所示。

指令	指令操作数
X000—[CML D10 K1Y000] (D10)→(K1Y000) 源数据D10各位取反并传送到目标K1Y0中	[S]: X、Y、M、L、SM、F、B、SB、S、T、ST、C、D、W、SD、SW、R、U\G、LC [D]: X、Y、M、L、SM、F、B、SB、S、T、ST、C、D、W、SD、SW、R、U\G、LC

图 6-13 取反传送示例程序及操作数说明

CMLB 是 1 位数据取反传送指令，对 [S] 中指定数据的位数据进行取反，并将其结果传送到 [D] 中指定软元件中。如图 6-15 所示，当 M0 接通，将 D10 中的 b0 位数据取反送到 D20 中的 b0 位。

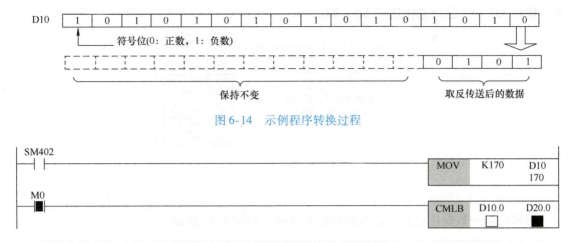

图 6-14 示例程序转换过程

图 6-15 1 位数据取反传送应用示例

(2) 指令执行形式　可以采用连续执行和脉冲执行两种方式，指令能执行 16 位数据和 32 位数据两种格式。

4. 成批传送（BMOV）

(1) 指令功能　对指定点数的多个数据进行成批传送（复制）。或称多点对多点复制。

如图 6-16 所示，当 X0 为 ON 时，将从源操作数（D5）开始的 n 个（n = K3）数据组成的数据块传送到指定的目标（D8）中。如果元件号超出允许元件号的范围，数据仅传送到允许范围内。

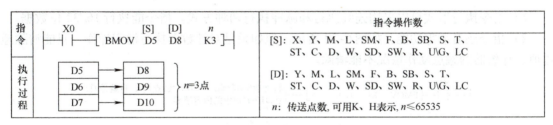

图 6-16 BMOV 指令示例程序

(2) 指令执行形式　可以采用连续执行和脉冲执行两种方式。指令只能执行 16 位数据。

(3) 指令使用要点

1) 如果源元件与目标元件的类型相同，当传送编号范围有重叠时同样能进行传送，如图 6-17 所示。传送顺序是自动决定的，以防止源数据被这条指令传送的其他数据冲掉。

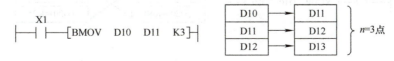

图 6-17 编号范围重叠传送示例

2) 在带有位数指定软元件的情况下，要求源和目标的指定位数必须相同。如图 6-18 所示，图中 K1X0 和 K1Y0 称作 1 点，K2X0 和 K2Y0 同样称作 1 点，只不过此时按 n = 2 来传送，即将 X0～X7 的信息传送至 Y0～Y7。

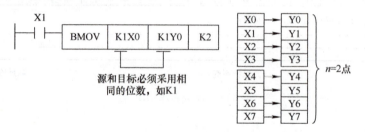

图 6-18 带有位数指定软元件的传送示例

5. 多点传送（FMOV）

将源中同一数据传送到指定点数的软元件中，如图 6-19 所示。

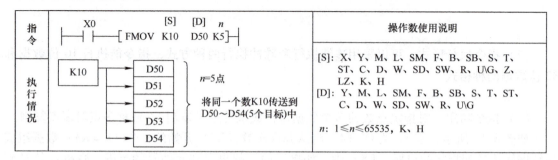

图 6-19 多点传送示例

1）指令执行形式可以采用连续执行和脉冲执行两种方式。指令能执行 16/32 位数据。

2）指令还有清零功能，如图 6-20 所示。但如果是对计数器执行清零操作，只能清除经过值，计数器的触点动作情况不能清除。

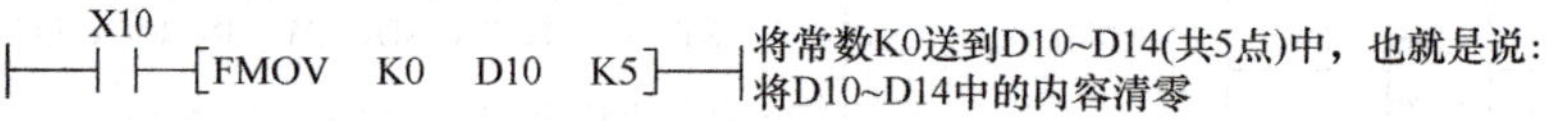

图 6-20 清零功能示例

3）如果执行过程中有软元件超范围，则只能在传送范围内传送。

6. 数据交换（XCH）

在两个软元件之间进行交换数据。

交换功能如图 6-21 所示，如果是在连续执行方式下，数据在每个扫描周期交换 1 次。

图 6-21 交换功能示例

7. BIN 变换指令（BCD）

BCD 指令是将源中 BIN（二进制数）转换成 BCD（十进制数）后传送的指令。二进制换成 BCD 码的指令如图 6-22 所示，当 X0 接通时，D20 中的数据（二进制数）送到 K4Y0

（十进制数）中，显示 BCD 码的接线如图 6-23 所示。假定（D20）= 8576，当 X0 接通时，Y17~Y0 的状态是 1000 0101 0111 0110，BCD 显示为 "8576"。

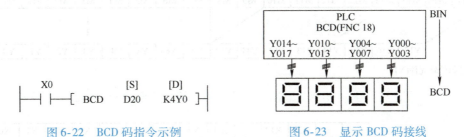

图 6-22　BCD 码指令示例　　　　　图 6-23　显示 BCD 码接线

8. BCD 变换指令（BIN）

BIN 指令是将源中的十进制数（BCD）转换成二进制数的指令。如图 6-24 所示，当指令执行时，且 X1、X2、X4、X5 接通时，Y2、Y5 被点亮。

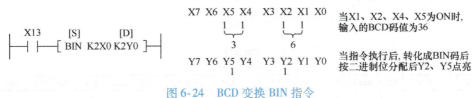

图 6-24　BCD 变换 BIN 指令

BIN 指令用于将 BCD 数字开关串的设定值输入 PLC 中。常数 K 不能作为本指令的操作元件，因为在任何处理之前会被转换成二进制。

9. 八进制传送指令（PRUN）

PRUN 指令是将被指定了位数的源和目标的软元件编号作为八进制数处理，并传送数据。指令表现形式如图 6-25 所示，传送执行情况分别如图 6-26~图 6-29 所示。指令中操作数说明如下：

[S]：X、Y、M、L、SM、F、ST、C、D、W、SD、SW、R。

[D]：Y、M、L、SM、F、ST、C、D、W、SD、SW、R。

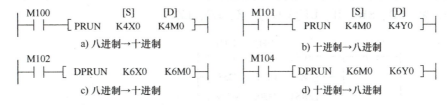

图 6-25　PRUN 八进制传送指令表现形式

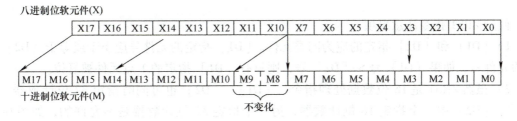

图 6-26　八进制传送十进制执行情况（PRUN）

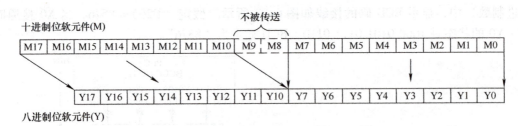

图 6-27　十进制传送八进制执行情况（PRUN）

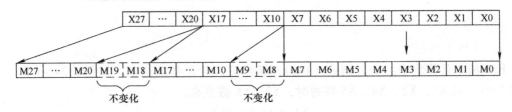

图 6-28　八进制传送十进制执行情况（DPRUN）

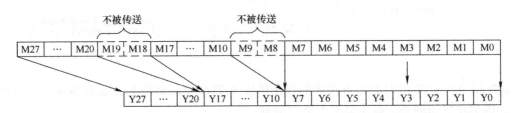

图 6-29　十进制传送八进制执行情况（DPRUN）

6.3　数据处理指令编程技巧

1. 数据批量复位（ZRST）

数据批量复位指令会在两个指定的软元件之间成批执行复位，两个软元件必须为同类型元件，如图 6-30 所示。指令可以复位的软元件有：X、Y、M、L、SM、F、B、SB、S、T、ST、C、D、W、SD、SW、R、U□\G□、Z、LC、LZ。

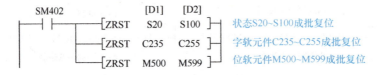

图 6-30　区间复位指令应用示例

使用 ZRST 指令注意事项：

1）[D1] 和 [D2] 指定的应为同类元件。[D1] 指定的元件号应小于或等于 [D2] 指定的元件号。如果 [D1] 号 > [D2] 号，则只有 [D1] 指定的 1 点元件被复位。

2）虽然 ZRST 是 16 位数据处理指令，[D1]、[D2] 也可同时指定 32 位计数器。但 [D1]、[D2] 中一个指定 16 位计数器、另一个指定 32 位计数器是不允许的，如图 6-31 所示。

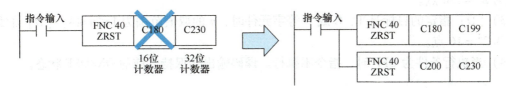

图 6-31 使用注意事项

2. 8→256 位解码指令（DECO）

该指令对 [S] 中指定的软元件的低 n 位进行解码，将结果存储到从 [D] 中指定的软元件开始的 2 的 n 次方位中。或者说是将数字数据中数值转换成 1 点的 ON 指令，根据 ON 位的位置可以将位编号读成数值。解码指令示例如图 6-32 所示，指令执行情况如图 6-33 所示。图 6-33 中，因为源 D10 中的 b1、b2、b3 位为 1，结果得到的数据为 14（8+4+2），所以译码结果为 M14 位为 1（第 14 位为 1）。指令中操作数说明见表 6-2。

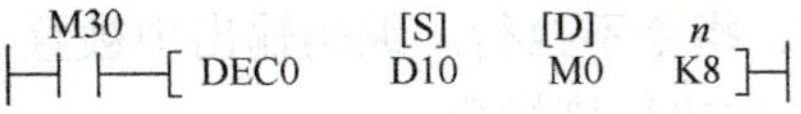

```
 M30       [S]  [D]   n
──┤├──[ DEC0  D10  M0   K8 ]─
```

图 6-32 解码指令示例

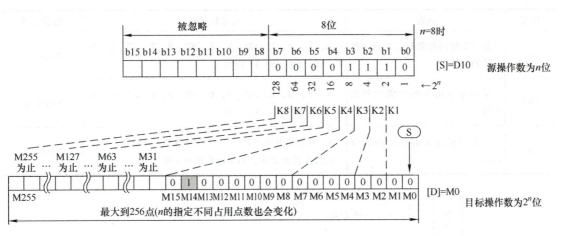

图 6-33 示例指令执行情况

表 6-2 解码指令中操作数说明

操作数	内容	对象软元件	数据类型
[S]	解码数据或存储解码数据字软元件的编号	X、Y、M、L、SM、F、B、SB、S、T、ST、C、D、W、SD、SW、R、U□\G□、Z、K、H	BIN16 位
[D]	保存译码结果的位/字软元件的编号	X、Y、M、L、SM、F、B、SB、S、T、ST、C、D、W、SD、SW、R、U□\G□、Z	BIN16 位
n	有效位长	K、H（取值范围 1~8），$n=0$ 时指令不处理	BIN16 位

指令使用要点如下：

1) 如果源中的位全部为"0"，则目标中位 0=1。

2) [D] 指定的目标是 Y、M、S 等位元件时，n 的取值范围为 $1\leqslant n\leqslant 8$，[D] 的最大

取值为 $2^8 = 256$ 点。

3）[D] 指定的目标是 T、C 或 D 等字元件时，n 的取值范围为 $1 \leq n \leq 4$。[D] 的最大取值为 $2^4 = 16$ 点。

4）当执行条件为 OFF 时，指令不执行。译码输出会保持之前的 ON/OFF 状态。

3. 256→8 位编码（ENCO）

对从 [S] 开始的 2 的 n 次方位的数据进行编码，并将之存储到 [D] 中。编码指令应用示例如图 6-34 所示。指令中操作数说明见表 6-3。

指令使用技巧：

1）[S] 指定的源是字元件时，应使 $n \leq 4$，且其数据源为 2^n 位（最大 16 位数据）。

2）[S] 指定的源是位元件时，应使 $1 \leq n \leq 8$，且其数据源为 2^n 位（最大 256 位数据）。

3）若指定源中为"1"的位不止一处，则只有最高位的"1"有效。若指定源中所有位均为 0，则出错。

4）如果源中最低位为 1，则目标全部为 0。

5）当执行条件为 OFF 时，指令不执行。编码输出中被置 1 的元件，即使在执行条件变为 OFF 后仍保持其状态到下一次执行该指令。

表 6-3 编码指令中操作数说明

种类	内容	对象软元件	数据类型
[S]	保存要编码的数据或数据字软元件的编号	X、Y、M、L、SM、F、B、SB、S、T、ST、C、D、W、SD、SW、R、U□\G□	BIN16 位
[D]	保存编码结果的字软元件的编号	X、Y、M、L、SM、F、B、SB、S、T、ST、C、D、W、SD、SW、R、U□\G□	BIN16 位
n	保存译码结果的软元件的位点数	K、H 取值范围为 1~8。$n = 0$ 时指令不处理 源操作数为 2^n 位，目标操作数为 n 位	BIN16 位

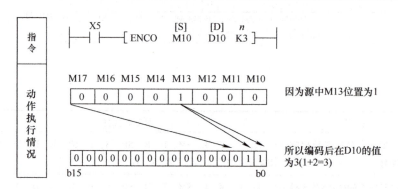

图 6-34 编码指令应用示例

4. 七段译码（SEGD）

SEGD 指令是将数据译码后点亮七段数码管（1 位数）的指令。

图 6-35 所示为七段译码示例，示例实际上为一个 8 层电梯楼层显示程序（实际上也是常用程序）。图中的 [S] 指定元件的低 4 位所确定的十六进制数（0~F）经译码驱动七段

显示器。译码信号存于［D］指定元件中。［D］的高 8 位不变。

译码表见表 6-4，表中数码管为共阴极，注意使用时要区别数码管是共阴极还是共阳极。

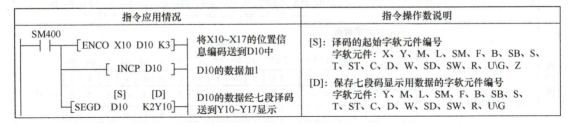

图 6-35　七段译码指令 SEGD

表 6-4　七段译码表

源 [S]		七段组合码	目标输出 [D]								显示数据
十六进制	二进制		B7	B6	B5	B4	B3	B2	B1	B0	
0	0000		0	0	1	1	1	1	1	1	0
1	0001		0	0	0	0	0	1	1	0	1
2	0010		0	1	0	1	1	0	1	1	2
3	0011		0	1	0	0	1	1	1	1	3
4	0100		0	1	1	0	0	1	1	0	4
5	0101		0	1	1	0	1	1	0	1	5
6	0110		0	1	1	1	1	1	0	1	6
7	0111		0	0	1	0	0	1	1	1	7
8	1000		0	1	1	1	1	1	1	1	8
9	1001		0	1	1	0	1	1	1	1	9
A	1010		0	1	1	1	0	1	1	1	A
B	1011		0	1	1	1	1	1	0	0	b
C	1100		0	0	1	1	1	0	0	1	[
D	1101		0	1	0	1	1	1	1	0	d
E	1110		0	1	1	1	1	0	0	1	E
F	1111		0	1	1	1	0	0	0	1	F

注：B0 代表位元件的首位（本例中为 Y10）和字元件的最低位。

5. 数据位检查（SUM）

SUM 指令计算指定源软元件的数据中有多少位为"1"（ON），并将结果送到目标中。指令应用示例如图 6-36 所示，图中 D10 = K21847 按二进制位分配后，其中"1"的总数为 9，存入 D20 中（D20 中的 b0 和 b3 位为 1，所以 D20 = 8 + 1 = 9）。

若［S］中没有为"1"的 bit，则零标志 SM8020 置 1。指令条件 OFF 时不执行指令，但已动作的 ON 位数的输出会保持之前的 ON/OFF 的状态。

【例 6-3】　用 4 个开关分别在 4 个不同的地点控制一盏灯，参考程序如图 6-37 所示。

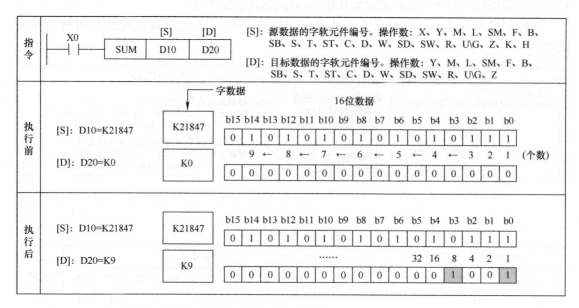

图 6-36　SUM 指令应用示列

6. 数据的位判定（BON）

BON 指令是检查软元件指定位的位置为 ON 还是 OFF 的指令，它将结果输出到［D］中指定的软元件中。

BON 指令应用示例如图 6-38 所示，若 D20 中的第 15 位为 ON，则 M20 变为 ON。即使 X0 变为 OFF，M20 亦保持不变。

图 6-37　4 个开关分别在 4 个不同的地点控制一盏灯

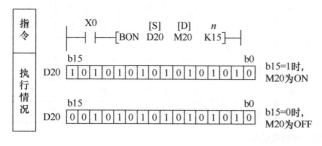

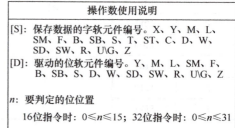

图 6-38　BON 指令应用示例

7. 数据平均值（MEAN）

MEAN 指令是求数据平均值的指令。n 个源数据的平均值送到指定目标。平均值是指 n 个源数据的代数和被 n 除所得的商，余数略去。若元件超出范围，n 的值会自动缩小以取允许范围内元件的平均值。平均值指令使用说明如图 6-39 所示。

若指定的 n 值超出 1~64 的范围，则出错。

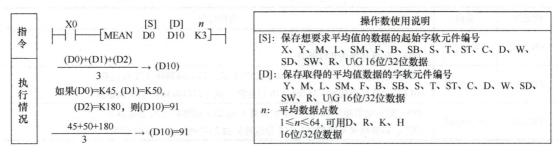

图 6-39 平均值指令

6.4 四则运算指令编程技巧

1. 四则运算指令表现形式与功能简介

四则运算指令可完成四则运算，可通过运算实现数据的传送、变化及其他控制功能。四则运算指令表现形式及功能见表 6-5。

表 6-5 四则运算指令表现形式及功能简介表

助记符				表现形式			功能简介
ADD	ADD_U	+	+_U		S1	S2	D	BIN 加法，(S1) + (S2) → (D)
SUB	SUB_U	−	−_U					BIN 减法，(S1) − (S2) → (D)
MUL	MUL_U	*	*_U					BIN 乘法，(S1) × (S2) → (D)
DIV	DIV_U	/	/_U					BIN 除法，(S1) ÷ (S2) → (D)

注：表中"_U"表示无符号整数。

2. 指令使用共性知识

1）指令中操作数的软元件包括：

① 成为 [S1]、[S2] 的对象软元件有：X、Y、M、L、SM、F、B、SB、S、T、ST、C、D、W、SD、SW、R、U□\G□、Z、LC、LZ、K、H。

注意：MUL 和 DIV 指令的 [S] 不能用 LC、LZ。

② 成为 [D] 的对象软元件有：Y、M、L、SM、F、B、SB、S、T、ST、C、D、W、SD、SW、R、U□\G□、Z、LC、LZ。

2）指令执行形式有连续和脉冲两种，如 ADDP、+P、*P、−P_U、DADDP、DADDP_U、D+P、D+P_U、D−P、*P_U、D/P 等。

3）指令可执行 16 位和 32 位的数据，执行 32 位的操作在指令前加 D，如 DADD、DADD_U、D+、D+_U、D−、D*_U、D/等。

4）指令在运算时以代数方式进行运算，如 16 + (−8) = 8；6 − 4 = 4；5 × (−8) = −40；16 ÷ (−4) = −4。

5）四则运算指令在执行时要考虑的标志位的动作和数值的关系见表 6-6；动作关系如图 6-40 所示。

表 6-6 标志位的动作和数值的关系

软元件	名称	动作情况
SM8020	零标志	ON：运算结果为 0 时 OFF：运算结果为 0 以外时
SM8021	借位标志	ON：运算结果小于 -32768（16 位运算）或 -2147483648（32 位运算） OFF：运算结果超过 -32768（16 位运算）或 -2147483648（32 位运算）
SM8022	进位标志	ON：运算结果超过 32767（16 位运算）或 2147483647（32 位运算） OFF：运算结果不到 32767（16 位运算）或 2147483647（32 位运算）

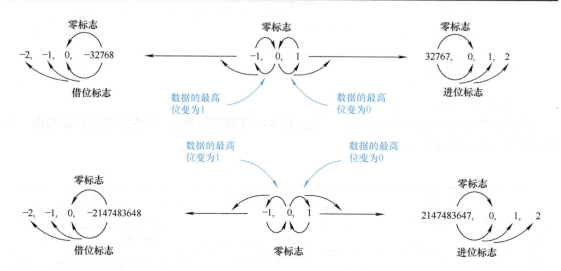

图 6-40 标志位的动作和数值的动作关系

3. 指令编程应用

（1）BIN 加法（ADD） 图 6-41 所示为 BIN 加法指令表现形式，指定的源元件中的二进制数相加，结果送到指定的目标元件。每个数据的最高位作为符号位（0 为正，1 为负）。

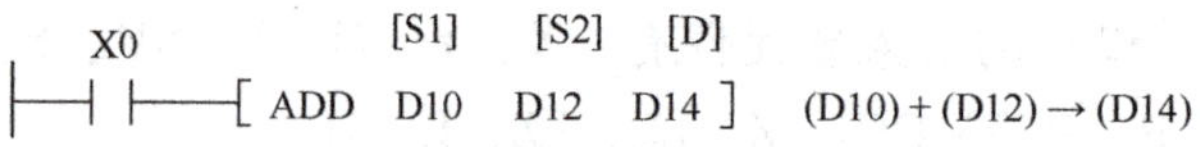

```
       X0         [S1]   [S2]   [D]
      ─┤├──────[ ADD   D10   D12   D14 ]      (D10)+(D12)→(D14)
```

图 6-41 BIN 加法指令表现形式

在 32 位运算中，用到字元件时，被指定的字元件是低 16 位元件，而其下一个元件即为高 16 位元件。为了避免重复使用某些元件，建议指定操作元件时用偶数元件号。

加法指令直接用运算符用法如图 6-42 所示，X11 和 X12 接通时指令作用是等效的，X13 和 X14 接通时指令作用是等效的。其他减法、乘法和除法指令用法相似。

源和目标可以用相同的元件号，若源和目标元件号相同而且采用连续执行的 ADD/DADD 指令时，加法的结果在每个扫描周期都会改变。如果是用脉冲执行的形式，则只在脉冲接通时执行，如图 6-43 所示。

另外，加法经常用到的加 1 指令（INC）如图 6-44 所示，表示指定 [D] 的数据内容加 1，图中 D10 的内容在每一个脉冲时加 1。图 6-43 与图 6-44 所示程序在加 1 时效果是一样的。

X11
ADD D10 D12 D20
X12
+ D10 D12 D20
X13
ADDP D0 D2 D4
X14
D+P D0 D2 D4

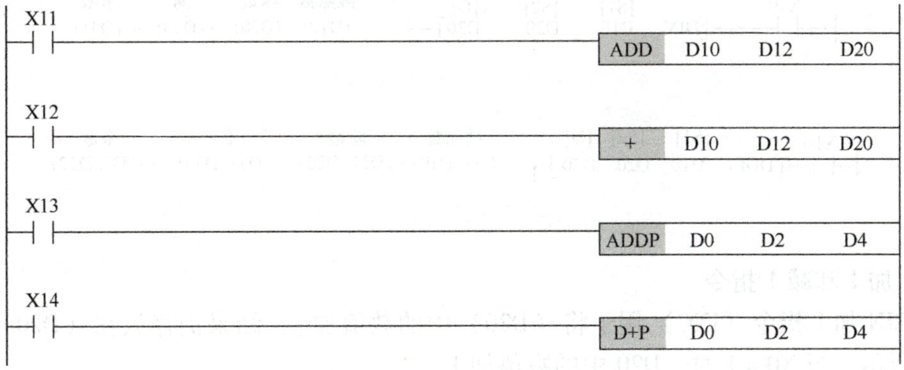

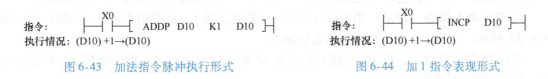

图 6-42　加法指令直接用运算符用法

指令：
X0
ADDP D10 K1 D10
执行情况：(D10) +1→(D10)

图 6-43　加法指令脉冲执行形式

指令：
X0
INCP D10
执行情况：(D10) +1→(D10)

图 6-44　加 1 指令表现形式

（2）BIN 减法（SUB）　图 6-45 表示 32 位的减法指令操作，用［S1］指定的元件中的数减去［S2］指定的元件中的数，并将结果送到［D］指定的目标中。

X0
[S1] [S2] [D]
DSUB D10 D12 D14
(D11, D10) − (D13, D12) → (D15, D14)

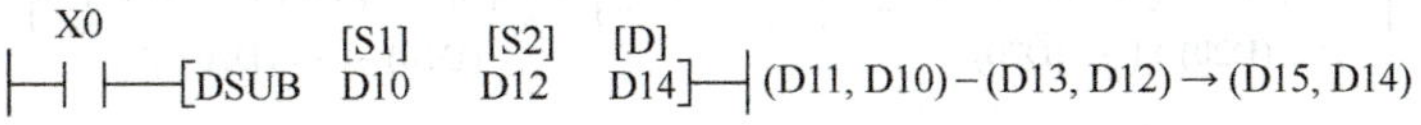

图 6-45　32 位的减法指令操作

另外，减法还有减 1 指令（DEC），如图 6-46 所示，表示指定［D］的数据内容减 1，图中 D10 的内容在每一个脉冲时减 1。

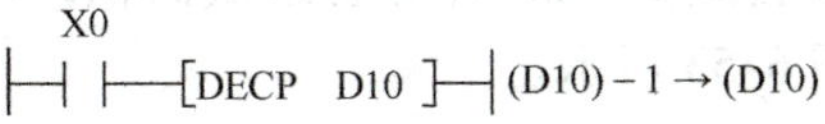

X0
DECP D10
(D10) − 1 → (D10)

图 6-46　减 1 指令操作

（3）BIN 乘法（MUL）　图 6-47 和图 6-48 分别表示 16 位和 32 位乘法指令操作，用［S1］指定的元件中的数乘以［S2］指定的元件中的数，并将结果送到［D］指定的目标中。

X0
[S1] [S2] [D]
MUL D10 D20 D30
(D10) × (D20) → (D31, D30)

图 6-47　16 位乘法指令

X0
[S1] [S2] [D]
DMUL D10 D20 D30
(D11, D10) × (D21, D20) → (D33, D32, D31, D30)

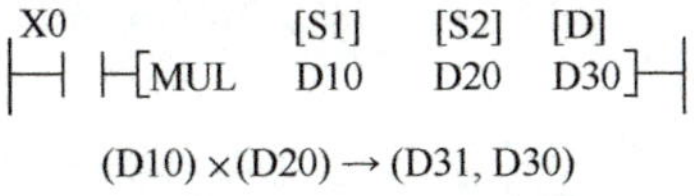

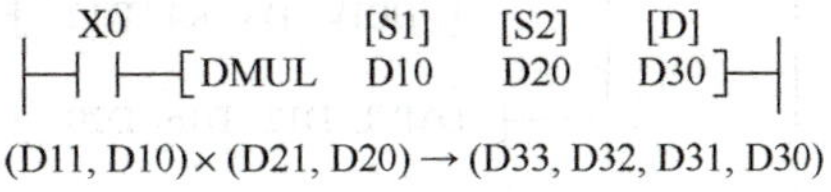

图 6-48　32 位乘法指令

（4）BIN 除法（DIV）　图 6-49 和图 6-50 分别表示 16 位和 32 位除法指令操作，用［S1］指定的元件中的数除以［S2］指定的元件中的数，并将结果送到［D］指定的目标中。

当除数为负数时，商为负；当被除数为负数时，有余数时则余数为负。

```
    X10                [S1]  [S2]  [D]      被除数    除数     商      余数
────┤ ├────────[DIV    D10   D20   D30]─    (D10) ÷ (D20) → (D30) … (D31)
```

图 6-49　16 位除法指令操作

```
    X10                 [S1]  [S2]  [D]        被除数           除数            商            余数
────┤ ├────────[DDIV    D10   D20   D30]─    (D11, D10) ÷ (D21, D20) → (D31, D30) … (D33, D32)
```

图 6-50　32 位除法指令操作

(5) 加 1 和减 1 指令

1) BIN 加 1 指令（INC）用于将（D20）中的数值加 1，结果仍存放在（D20）中，如图 6-51 所示，当 X0 = 1 时，D20 中的数值加 1。

同 ADD 指令相比，INC 指令不会使标志位 SM8022 置位，进行 16 位运算时，+32767 再加 1 就变为 -32768；进行 32 位运算时，+2147483467 再加 1 就变为 -2147483468。

2) BIN 减 1 指令（DEC）用于将（D20）中的数值减 1，结果仍存放在（D20）中，如图 6-52 所示，当 X0 = 1 时，D20 中的数值减 1。

进行 16 位运算时，-32768 再减 1 就变为 32767，这一点和减法指令也是不一样的。其标志位 SM8021 不动作。

进行 32 位运算时，-2147483648 再减 1 就变为 2147483647，标志位 SM8021 也不动作。

```
     X0                                  X0
────┤ ├────[ INCP   D20 ]          ────┤ ├────[ DECP   D20 ]
         (D20) +1 → (D20)                   (D20) -1 → (D20)
```

图 6-51　INC 指令　　　　　　图 6-52　DEC 指令

【例 6-4】　某管道直径数据存在 D4 中，单位为 mm，管道中液体的流速单位为 m/s，试计算管道中液体流量，流量单位为 mm³/s。请编制程序。

分析：根据圆的面积计算公式 $S = \pi r^2$ 计算管道截面积，再将面积乘以流速即为流量。编写参考的梯形图程序，如图 6-53 所示。

图 6-53　参考的梯形图程序

【例 6-5】　使用乘除运算实现灯移位点亮控制。

有一组灯共 16 盏，要求：当 X0 为 ON 时，灯正序每隔 1s 单个移位，并循环；当 X0 为 OFF 时，灯反序每隔 1s 单个移位，至 Y0 为 ON，停止。梯形图如图 6-54 所示。

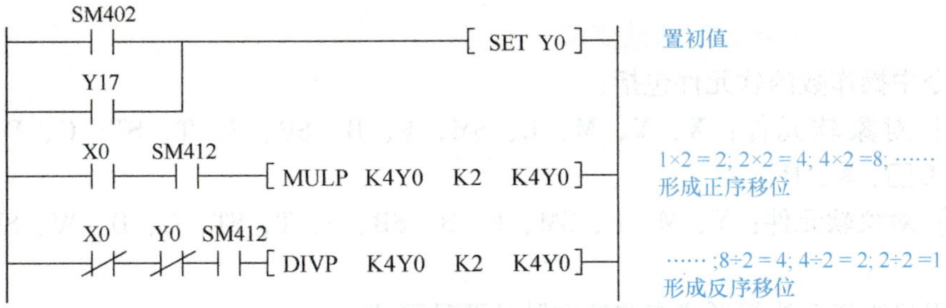

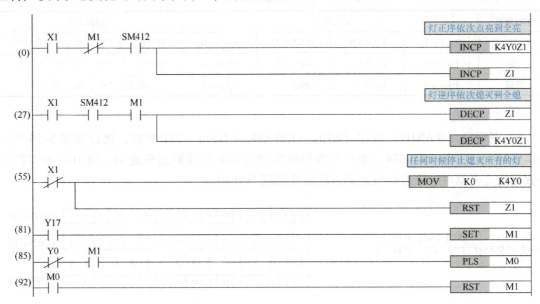

图 6-54 乘除运算实现灯移位点亮控制程序

【例 6-6】 彩灯正序亮至全亮、反序熄灭至全熄灭再循环控制。

彩灯 15 盏，用加 1、减 1 指令及变址寄存器实现正序亮至全亮、反序熄灭至全熄灭再循环控制，彩灯状态变化的时间单位为 1s，梯形图如图 6-55 所示，图中 X1 为彩灯的控制开关。

图 6-55 彩灯控制梯形图

6.5 逻辑运算指令编程技巧

1. 概述

逻辑运算指令实现数据的与、或、异或操作，指令表现形式及功能简介见表 6-7。

表 6-7 逻辑运算指令表现形式及功能

助记符 （16 位）	助记符 （32 位）	表现形式	功能
WAND	DAND	─┤├─┤├─[WAND S1 S2 D]─	逻辑与；(S1)∧(S2)→(D)
WOR	DOR	─┤├─┤├─[WOR S1 S2 D]─	逻辑或；(S1)∨(S2)→(D)
WXOR	DXOR	─┤├─┤├─[WXOR S1 S2 D]─	逻辑字异或；(S1)⊕(S2)→(D)

2. 指令在使用时，有以下共性要求

1）指令中操作数的软元件包括：

①［S］对象软元件：X、Y、M、L、SM、F、B、SB、S、T、ST、C、D、W、SD、SW、U□\G□、K、H。

②［D］对象软元件：Y、M、L、SM、F、B、SB、S、T、ST、C、D、W、SD、SW、U□\G□。

2）逻辑运算指令执行形式有连续和脉冲两种形式。

3）逻辑运算指令可执行 16 位和 32 位的数据运算，执行 32 位的操作时去掉指令助记符前的 W 加 D。

4）逻辑运算指令按位执行逻辑运算。逻辑运算规则见表 6-8。

表 6-8 逻辑运算规则

逻辑运算	运算结果				运算口诀
与	1∧1=1	1∧0=0	0∧1=0	0∧0=0	有"0"为"0"，全"1"为"1"
或	1∨1=1	1∨0=1	0∨1=1	0∨0=0	有"1"为"1"，全"0"为"0"
异或	1⊕1=0	1⊕0=1	0⊕1=1	0⊕0=0	相同为"0"，相异为"1"

3. 指令使用

1）逻辑与（WAND），假定（D10）= K27590，（D20）= 23159 时，执行如图 6-56 所示的程序时，（D30）= K19014。指令在执行时按照表 6-8 的逻辑运算规则，将 D10 和 D20 中的数据按二进制对应位进行与运算并将结果送到 D30 中。

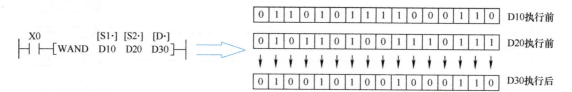

图 6-56 逻辑与 WAND 的表现形式

2）逻辑或（WOR），如图 6-57 所示。

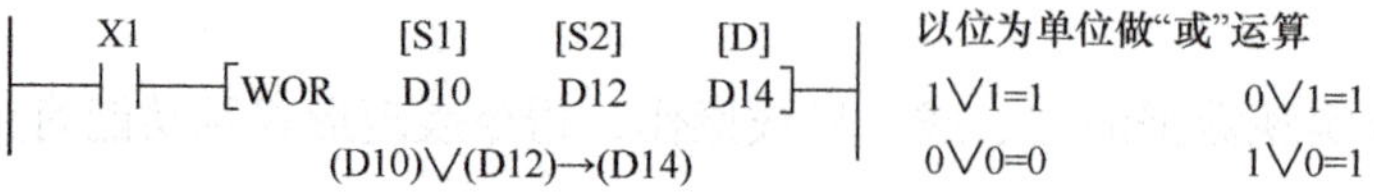

```
        X1      [S1]   [S2]   [D]      以位为单位做"或"运算
        ├┤─────[WOR    D10    D12    D14]─┤    1∨1=1      0∨1=1
                   (D10)∨(D12)→(D14)         0∨0=0      1∨0=1
```

图 6-57 逻辑或 WOR 的表现形式

3）逻辑异或（WXOR），如图 6-58 所示。

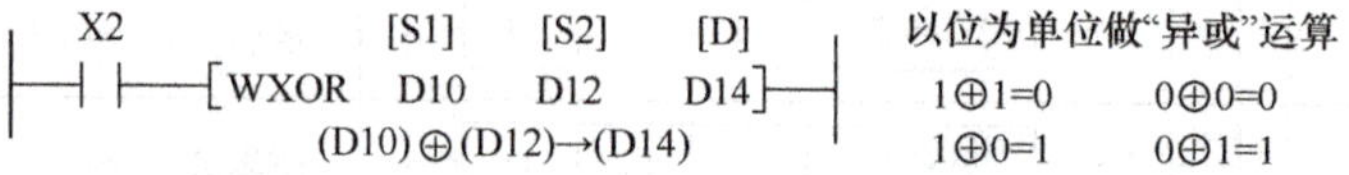

```
        X2      [S1]   [S2]   [D]      以位为单位做"异或"运算
        ├┤─────[WXOR   D10    D12    D14]─┤    1⊕1=0      0⊕0=0
                   (D10)⊕(D12)→(D14)         1⊕0=1      0⊕1=1
```

图 6-58 逻辑异或 WXOR 的表现形式

【例 6-7】 有一部 8 层电梯，设有 8 个呼叫按钮，每一层有一个位置传感器，当电梯的呼叫信号与电梯位置相等时，代表电梯到达该层，此时电梯停止运行。试编制程序。

假定 1~8 层的呼叫按钮用 X0~X7 表示，1~8 层位置传感器接至 X10~X17，电梯上、下行信号用 Y10、Y11 表示，编制的程序如图 6-59 所示。

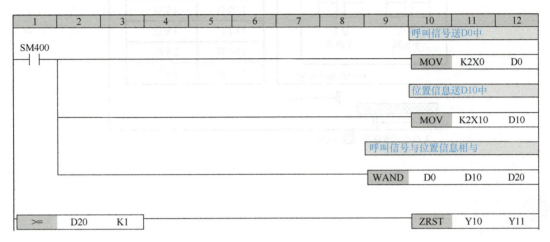

图 6-59 示例参考程序

任务 14　停车场车位控制系统设计与调试

 **任务要求**

某物业停车场共有 16 个车位，车场车位布置如图 6-60 所示。系统采用 PLC 控制车辆进出管理系统，控制要求如下：

1. 在入口和出口处装设检测传感器，用来检测车辆进入和出去的数量。
2. 车场里尚有车位时，入口栏杆才可以将栏杆开启。让车辆进入停放，并有一指示灯表示尚有车位。
3. 车位已满时，则有一指示灯显示车位已满，且入口栏杆不能开启让车辆进入。
4. 可从七段数码管上显示目前停车场共有几部车。并且可从七段数码管上显示目前停车场共剩余车位数。
5. 栏杆电动机由 FR-E800 变频器拖动，栏杆开启和关闭先以 20Hz 速度运行 3s，再以 30Hz 的速度运行，开启到位时有正转停止传感器检测，关闭到位时有反转停止传感器检测。
6. 系统设有总起动和解除按钮。

注：本系统不考虑车辆的同时进出。

根据以上要求，采用 PLC 控制，选取合适的设备，设计控制电路、分配 I/O、编写控制程序，安装系统调试运行，编写项目报告。

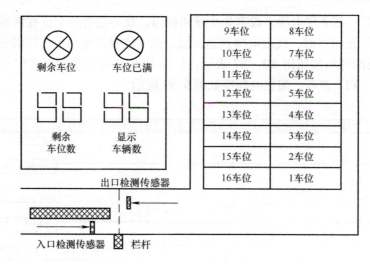

图 6-60　停车场车位控制示意图

知识目标

1. 掌握数据传送指令的用法与编程技巧；
2. 掌握数据处理指令的用法与编程技巧；
3. 掌握逻辑运算指令的用法与编程技巧；
4. 掌握四则运算指令的用法与编程技巧；
5. 掌握 PLC、变频器与触摸屏综合应用技术设计方法与思路。

技能目标

1. 会分析任务控制要求，并正确分配 I/O；
2. 能根据系统要求设计控制电路，会电路电器设备选型；
3. 会根据控制线路图安装 PLC、变频器外部控制线路；
4. 能根据任务要求设计触摸屏工程控制画面；
5. 会 PLC、变频器与触摸屏综合控制系统调试与故障处理。

FX 系列 PLC（FX5U-64MR）、FR-D700 或 FR-E800 变频器、GS21 系列触摸屏、计算机（安装有 GX Works3 软件）、电动机、机电一体化实训台、指示灯挂箱、接触器挂箱、连接线、通信线等。

1. 根据控制要求分配 PLC 外部输入/输出点（见表 6-9）

表 6-9　PLC 外部输入/输出点（I/O）分配表

PLC 输入端口及功用		PLC 输出端口及功用			
X0	入口检测	Y0	尚有车位指示灯	Y10	车辆数十位显示
X1	出口检测	Y1	车位已满指示灯	Y11	剩余车位数十位显示
X4	正转到位检测传感器	Y4	栏杆开门（STF 信号）	Y20~27	车辆数个位显示
X5	反转到位检测传感器	Y5	栏杆关门（STR 信号）	Y30~37	剩余车位数个位显示
X10	系统启动	Y6	变频器 RH 信号		
X11	系统解除	Y7	变频器 RM 信号		

2. 设定变频器参数（见表 6-10）

表 6-10　任务变频器参数（D700 变频器）

序号	变频器参数	出厂值	设定值	功能说明
1	Pr. 1	120Hz	50Hz	上限频率
2	Pr. 2	0Hz	0	下限频率
3	Pr. 3	50Hz	50Hz	基准频率
4	Pr. 7	5s	1	加速时间
5	Pr. 8	5s	1	减速时间
6	Pr. 9			电子过热保护（根据电动机容量设定）
7	Pr. 79	0	3	运行模式选择
8	Pr. 4		20	一速
9	Pr. 5		30	二速

3. 设计 PLC 外部接线（见图 6-61）

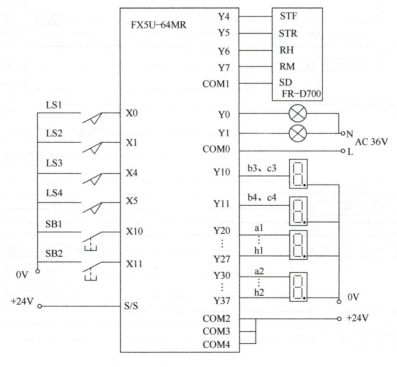

图 6-61　停车场车位控制接线图

4. 参考程序（见图6-62）

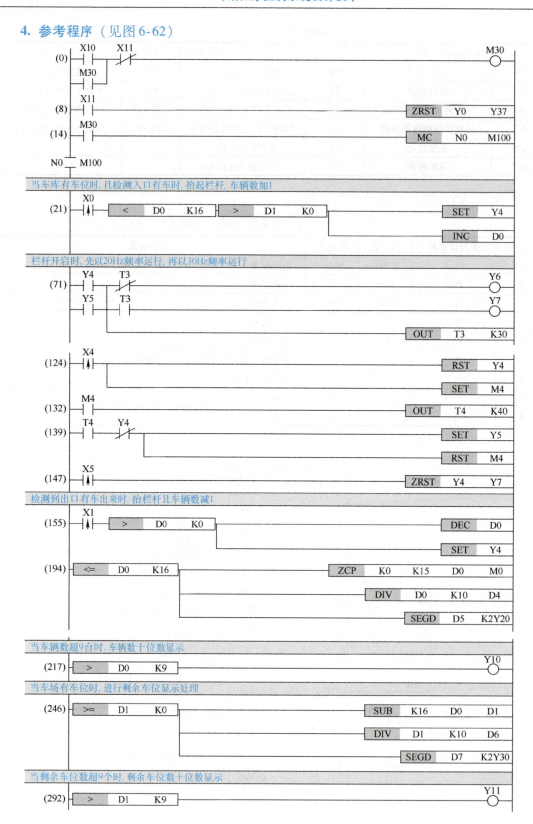

图6-62　停车场车位控制系统参考程序

项目 6　PLC 控制系统综合应用设计　·199·

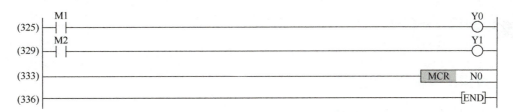

图 6-62　停车场车位控制系统参考程序（续）

任务完成后，按表 6-11 进行评价。

表 6-11　停车场车位控制系统设计与调试任务评价表

评价项目	评价内容	评价标准	配分	得分
专业技能	1. I/O 分配	少分配、分配错误或缺少功能，每处扣 1 分	5	
	2. 元器件选取	名称、型号或参数不对，每处扣 1 分	5	
	3. 设计并画出控制接线图	1）图形不标准或错误，每处扣 1 分 2）缺少文字符号或不标准，每处扣 2 分 3）缺少设备型号、型号错误或规格不符，每处扣 1 分 4）电源标识不规范或错误，每处扣 1 分 5）线路绘制不规范、不工整或规划不合理，每项扣 1 分	10	
	4. 编写图程序	1）编写错误，每处扣 1 分 2）书写不规范，每处扣 1 分 3）指令书写错误，每处扣 1 分，不写或错误 5 处以上扣 10 分	10	
	5. 安装接线运行	1）接线不规范，每处扣 1 分 2）少接或漏接线，每处扣 1 分 3）接线明显错误或造成事故扣 5 分	5	
	6. 系统调试运行	1）没有车位时能进车的扣 5 分 2）停车场没有车辆能出车的扣 5 分 3）有车位不能进车的扣 10 分 4）停车场有车辆不能出车的扣 10 分 5）栏杆不能抬起的扣 10 分 6）栏杆抬起或关闭没有多段速的，每项扣 5 分	45	
	7. 系统各项运行指示功能	1）无剩余车位数显示的扣 2.5 分 2）无车辆数显示的扣 2.5 分 3）无剩余车位显示的扣 2.5 分 4）无剩余车位已满显示的扣 2.5 分	10	
安全文明生产	安全生产规定	1）违反安全生产规定，造成安全事故的不得分 2）岗位 8S 不达标的不得分	10	

知识准备(Ⅱ)

6.6 数据比较指令编程技巧

1. 数据比较输出指令（CMP）

(1) 指令功用　比较两个值的大小，将其结果（大、一致、小）输出给位软元件中（共3点）。指令执行数据的长度可以是16位，也可是32位。指令执行有连续和脉冲两种形式。

(2) 表现形式　如图6-63所示的程序中的第一行为CMP指令的表现形式，其作用是将源［S1］和［S2］中的数据进行比较，结果送到目标［D］中。指令中源数据按代数式进行比较（如-10<2），且所有源中的数据均按二进制数值处理。

图6-63中M10、M11、M12根据比较的结果动作，且M10、M11、M12动作是唯一的。当M10、M11、M12当中任一个接通时，指令执行输入条件X0断开时，比较结果会保持。

当不需要比较结果时可用RST或ZRST指令进行复位，如图6-64所示。

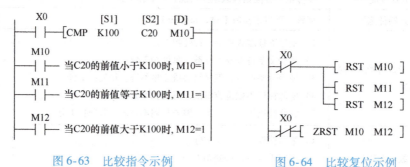

图6-63　比较指令示例　　　　图6-64　比较复位示例

(3) 有关指令中操作数使用说明

1) 源［S1］和［S2］是作为比较值的数据或软元件的编号，可用的操作数为：X、Y、M、L、SM、F、B、SB、S、T、ST、C、D、W、SD、SW、R、U□\G□、Z、K、H。

2) 目标［D］是输出比较结果的起始位软元件编号，可用操作数：Y、M、S。

【例6-8】　PLC控制密码锁。

一密码锁有12个按钮，分别接入X0~X13，其中X0~X3代表第一个十六进制数；X4~X7代表第二个十六进制数；X10~X13代表第三个十六进制数。每次同时按4个键，分别代表3个十六进制数，共按4次，如与密码锁设定值都相符合，3s后，密码锁可以开启。且10s后，重新锁定。假定密码为H2A4、H01E、H151、H18A。编写的参考程序如图6-65所示。

2. 数据带宽比较指令（ZCP）

(1) 指令功用　针对两个值的（区间），将与比较源的值比较得出的结果（上、区域内、下）输出到位软元件（3点）中。指令执行数据的长度可以是16位，也可是32位。指令执行有连续和脉冲两种形式。

(2) 指令表现形式　ZCP数据带宽比较指令两种表现形式，如图6-66、图6-67所示，

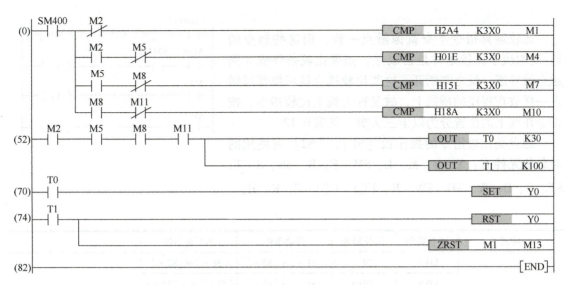

图 6-65 密码锁的梯形图及说明

图中 M20、M21、M22 的状态取决于比较结果，且比较结果不受输入指令（X0）的 ON/OFF 影响，只要指令执行一次后，其比较结果就保存下来。

源 [S1] 的数据不得大于 [S2] 的值。例如：若 [S1] = K100，[S2] = K90，则执行 ZCP 指令时看作 [S2] = K100。源数据的比较是代数比较（如 -10 < 2）。

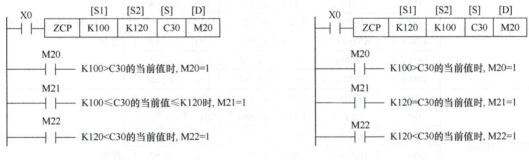

图 6-66　ZCP 指令表形式 1　　　　　　图 6-67　ZCP 指令表形式 2

(3) 有关指令中操作数的使用

1) 源 [S1] 是下侧比较值的数据或软元件的编号，可用的操作数为：X、Y、M、L、SM、F、B、SB、S、T、ST、C、D、W、SD、SW、R、U□\G□、Z、K、H。

2) 源 [S2] 是上侧比较值的数据或软元件的编号，可用的操作数为：KnM、KnS、KnX、KnY、T、C、D、V、Z、K、H。

3) 目标 [D] 是输出比较结果的起始位软元件编号（占用 3 点），可用的操作数是 Y、M、S。不要与控制中其他软元件重复。

4) 指令中源 [S1] 的数据如果大于 [S2] 的值，则执行结果如图 6-67 所示。

【例 6-9】 某测温系统，温度传感器的实时温度值存于 D10 中，当温度低于 25℃时，低温指示 Y0 灯闪烁，闪烁频率每秒一次，在 25~35℃时，Y1 正常指示。高于 35℃时，起动冷却风机 Y2，试编制程序。编写程序如图 6-68 所示。

3. 比较运算指令

比较运算指令本身就像触点一样，而这些触点的通/断取决于比较条件是否成立。如果比较条件成立则触点就导通，反之则断开。这些比较指令就可像普通触点一样放在程序的横线上，故又称为线上比较指令。按指令在线上的位置分为以下三大类，见表6-12。

触点类比较指令的操作数 [S1]、[S2] 可使用的对象软元件有：X、Y、M、L、SM、F、B、SB、S、T、ST、C、D、W、SD、SW、R、U□\G□、Z、K、H。

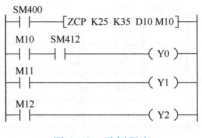

图6-68 示例程序

表6-12 触点式比较指令表

类别	16位指令	32位指令	导通条件	不导通条件	
LD□类比较触点	LD =	LDD =	[S1·] = [S2·]	[S1·] ≠ [S2·]	比较触点接到起始总线上的指令
	LD >	LDD >	[S1·] > [S2·]	[S1·] <= [S2·]	
	LD <	LDD <	[S1·] < [S2·]	[S1·] >= [S2·]	
	LD <>	LDD <>	[S1·] ≠ [S2·]	[S1·] = [S2·]	
	LD <=	LDD <=	[S1·] <= [S2·]	[S1·] > [S2·]	
	LD >=	LDD >=	[S1·] >= [S2·]	[S1·] < [S2·]	
AND□比较触点	AND =	ANDD =	[S1·] = [S2·]	[S1·] ≠ [S2·]	比较触点作串联连接的指令
	AND >	ANDD >	[S1·] > [S2·]	[S1·] <= [S2·]	
	AND <	ANDD <	[S1·] < [S2·]	[S1·] >= [S2·]	
	AND <>	ANDD <>	[S1·] ≠ [S2·]	[S1·] = [S2·]	
	AND <=	ANDD <=	[S1·] <= [S2·]	[S1·] > [S2·]	
	AND >=	ANDD >=	[S1·] >= [S2·]	[S1·] < [S2·]	
OR□比较触点	OR =	ORD =	[S1·] = [S2·]	[S1·] ≠ [S2·]	比较触点作并联连接的指令
	OR >	ORD >	[S1·] > [S2·]	[S1·] <= [S2·]	
	OR <	ORD <	[S1·] < [S2·]	[S1·] >= [S2·]	
	OR <>	ORD <>	[S1·] ≠ [S2·]	[S1·] = [S2·]	
	OR <=	ORD <=	[S1·] <= [S2·]	[S1·] > [S2·]	
	OR >=	ORD >=	[S1·] >= [S2·]	[S1·] < [S2·]	

触点式比较指令应用示例分别如图6-69～图6-71所示。

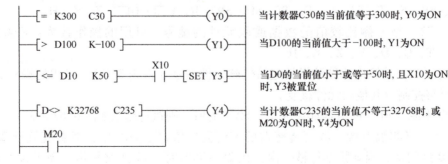

图6-69 LD比较触点指令示例

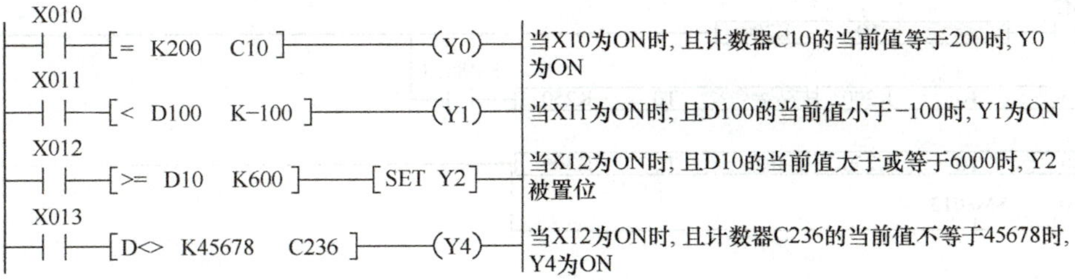

项目6 PLC控制系统综合应用设计

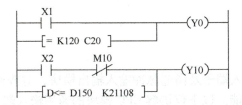

图 6-70 AND 比较触点指令示例

图 6-71 OR 比较触点指令示例

【例 6-10】 十字路口交通灯控制。

某十字路口交通灯控制按图 6-72 自动运行。设有启动和停止按钮,并有手动控制功能,手动时东西和南北方向黄灯以 1s 周期闪烁。编写控制程序如图 6-73 所示。

示例 I/O 分配如下:X1 自动启动,X0 手动控制,X2 自动停止。

东西向:Y0-红灯,Y1-绿灯,Y2-黄灯;南北向:Y3-红灯,Y4-绿灯,Y5-黄灯。

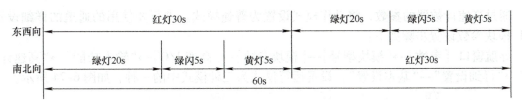

图 6-72 交通灯自动控制运行时间图

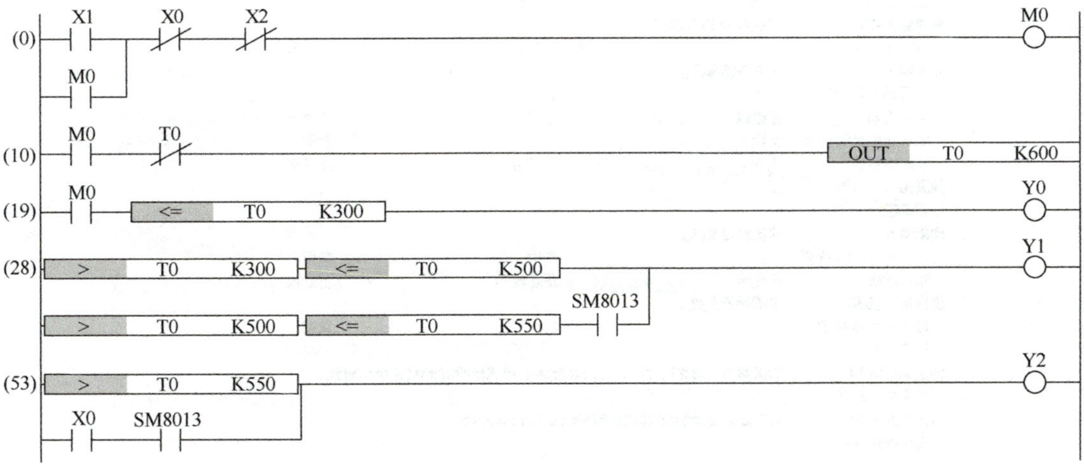

图 6-73 参考程序

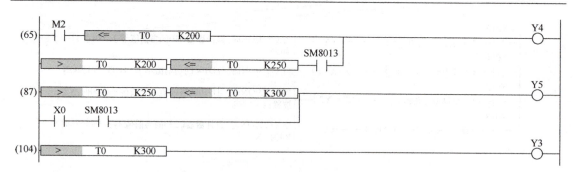

图 6-73　参考程序（续）

6.7　高速计数器使用技巧

6.7.1　FX5U 高速计数器

FX5U 高速计数器是使用 CPU 模块的通用输入端子及高速脉冲输入输出模块，对普通计数器无法计测的高速脉冲的输入数进行计数的功能。以下仅讲解 CPU 模块的通用输入端子。

1. 高速计数器动作模式

高速计数器的动作模式有普通模式、脉冲密度测定模式、旋转速度测定模式三种，动作模式设置通过参数进行。

普通模式：作为一般的高速计数器使用时选择此项。

脉冲密度测定模式：测定从输入脉冲数开始到指定时间内的脉冲数时选择此项。

旋转速度测定模式：测定从输入脉冲数开始到指定时间内的转速时选择此项。

2. 参数设置

通过高速计数器的参数，将动作模式设置为普通模式。进行要使用的通道的详细设置，CPU 模块参数设置步骤如下：

导航窗口［参数］→［模块型号］→［模块参数］→［高速 I/O］→“输入功能”→“高速计数器”→“详细设置”→“基本设置”，设置运行模式为三种模式中的一种，如图 6-74 所示。

项目	CH1	CH2	CH3
使用/不使用计数器	设置使用或不使用计数器。		
使用/不使用	使用	使用	使用
运行模式	设置运行模式。		
运行模式	普通模式	普通模式	普通模式
脉冲输入模式	设置脉冲输入模式。		
脉冲输入模式	1相1输入(S/W 上升/下降切换)	1相2输入	2相4倍频
预置输入	设置预置输入。		
预置输入启用/禁用	禁用	启用	禁用
输入逻辑	正逻辑	正逻辑	正逻辑
输入比较启用/禁用	禁用	禁用	禁用
控制切换	上升沿	下降沿	上升沿
预置值			
预置值	0	100	200
使能输入	设置使能输入。		
使能输入启用/禁用	禁用	禁用	禁用
输入逻辑	正逻辑	正逻辑	正逻辑
链接长度设置	设置链接长度。		
链接长度启用/禁用	禁用	禁用	启用
链接长度			50000
测定单位时间	设置脉冲密度测定模式、旋转速度测定模式使用时的测定单位时间。		
测定单位时间			
每转的脉冲数	设置旋转速度测定模式使用时的每转的脉冲数。		
每转的脉冲数			

图 6-74　参数设置

3. 高速计数器中使用的特殊软元件

（1）特殊继电器 高速计数器中使用的特殊继电器（部分）见表6-13。

表6-13 高速计数器中使用的特殊继电器

编号	功能	动作		属性
		ON	OFF	只读
SM4500	高速计数器通道1动作中	动作中	停止中	只读
SM4501	高速计数器通道2动作中	动作中	停止中	只读
SM4502	高速计数器通道3动作中	动作中	停止中	只读
SM4516	高速计数器通道1脉冲密度/转速测定中	测定中	停止中	只读
SM4517	高速计数器通道2脉冲密度/转速测定中	测定中	停止中	只读
SM4518	高速计数器通道3脉冲密度/转速测定中	测定中	停止中	只读
SM4580	高速计数器通道1（1相1输入S/W）计数方向切换	递减计数	递增计数	读/写
SM4581	高速计数器通道1（1相1输入S/W）计数方向切换	递减计数	递增计数	读/写
SM4582	高速计数器通道1（1相1输入S/W）计数方向切换	递减计数	递增计数	读/写
SM4644	高速计数器通道1环长设置	有效	无效	读/写
SM4645	高速计数器通道2环长设置	有效	无效	读/写
SM4646	高速计数器通道3环长设置	有效	无效	读/写

（2）特殊寄存器一览（部分） 高速计数器中使用的特殊寄存器（部分）见表6-14。除环长以外，所有的设置值均作为符号处理。

表6-14 高速计数器中使用的特殊寄存器

编号	功能	范围	属性
SD4501 SD4500	高速计数器通道1当前值	-2147483648 ~ +2147483647	读/写
SD4503 SD4502	高速计数器通道1最大值	-2147483648 ~ +2147483647	读/写
SD4505 SD4504	高速计数器通道1最小值	-2147483648 ~ +2147483647	读/写
SD4507 SD4506	高速计数器通道1脉冲密度	-2147483648 ~ +2147483647	读/写
SD4509 SD4508	高速计数器通道1转速	-2147483648 ~ +2147483647	读/写
SD4513 SD4512	高速计数器通道1预置控制切换	0上升沿，1下降沿，2双沿	读/写
SD4515 SD4514	高速计数器通道1环长	1~2147483647	读/写
SD4517 SD4516	高速计数器通道1测定单位时间	1~2147483647	读/写
SD4519 SD4518	高速计数器通道1每转的脉冲数	1~2147483647	读/写

4. 高速计数器使用注意事项

1）高速计数器仅通过设置参数是无法进行计数的。

2）要开始/停止计数，需要通过 HIOEN/DHIOEN 指令执行开始/停止。

3）高速计数器的当前值按每个通道存储在特殊寄存器中，通过监视该值可确认当前值。但是，特殊寄存器会因 END 处理而被更新，因此有可能与实际的值不同。

4）根据所选择的通道、脉冲输入模式，所使用的输入将有所变化。

5）动作模式为普通模式以外时，无法使用预置输入。

6) 高速计数器以旋转速度测定模式动作时，设置每转的脉冲数，按所设置的值测定转速。

7) 可通过 HCMOV/DHCMOV 指令进行特殊继电器/特殊寄存器的最新值读取、写入。

5. 高速计数器相关控制指令

(1) 32 位数据高速输入输出功能的开始/停止（DHIOEN） 指令表现形式如图 6-75 所示，图中表示开启功能号 K0（高速计数器）通道 1（K1）计数功能。指令操作数说明如下：

图 6-75　DHIOEN 指令表现形式

1) 操作数 [S1]：开始/停止的功能编号。K0 表示高速计数器，K10 表示脉冲密度/转速测定，K40 表示脉冲宽度测定，K50 表示 PWM。

2) 操作数 [S2]：设置启用功能通道的编号位（对应通道位为 1 启用）。

3) 操作数 [S3]：设置停止功能通道的编号位（对应通道位为 1 关闭）。

对于 [S1] 功能编号为 K0（高速计数器）的情况：可对每个高速计数器的通道分别控制计数器的开始、停止。通道 1~通道 8 变为 CPU 模块，通道 9~通道 16 变为高速脉冲输入输出模块。各通道（CH1~CH16）对应的位见表 6-15。

表 6-15　通道位（CH1~CH16）对应位信息表

b15	b14	b13	b12	b11	b10	b9	b8	b7	b6	b5	b4	b3	b2	b1	b0
CH16	CH15	CH14	CH13	CH12	CH11	CH10	CH9	CH8	CH7	CH6	CH5	CH4	CH3	CH2	CH1

比如：要启用通道 3 时，应在 [S2] 中设置 04H。要停止时，在 [S3] 中设置 04H。

(2) 32bit 数据高速当前值传送指令（DHCMOV）　指令以高速计数器/脉冲宽度测定/PWM/定位用特殊寄存器为对象，进行读取或写入（更新）操作。将 [S] 中指定的软元件值传送至 [D] 中指定的软元件。指令表现形式如图 6-76 所示。

图 6-76　DHCMOV 指令表现形式

操作数 [S]：传送源的软元件编号；

操作数 [D]：传送目标软元件编号；

操作数 n：传送后，显示传送源软元件的清除提示。仅能使用 K0、K1。

说明：如果 n 值为 K0，则保留 [S] 的值。如果 n 值为 K1 时，传送后将 [S] 的值清零。

【例 6-11】　开启/关闭 CH1 的高速计数器，参考程序如图 6-77 所示。

6.7.2　FX5U 兼容（FX3）模式高速计数器

FX5U 兼容模式高速计数器使用 FX3 兼容的输入端子分配 LC35~LC55 作为高速计数

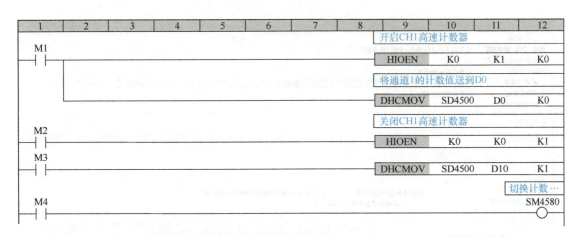

图 6-77 开启/关闭高速计数器参考程序

器,与 FX3 的 C235~C255 软元件作用相当。不支持高速脉冲输入输出模块。LC 软元件的构成要素见表 6-16。

表 6-16 LC 软元件的构成要素

项目	说 明
计数线圈	开始 LC 软元件的计数的驱动触点。对 UDCNTF 指令执行 OFF→ON 时变为 ON 状态,并可以进行输入信号的计数
设置值	通过 UDCNTF LC□ K○指定的 K 值,也可以间接指定
当前值	计数器的当前值。根据输入脉冲增加、减少
计数器触点	LC 软元件的当前值从设置值以下变为设置值以上时为 ON。可作为 LD LC□使用
复位线圈	对指定了 LC 软元件的 RST 指令执行 OFF→ON 时为 ON,对 RST 指令执行 ON→OFF 时为 OFF。复位线圈为 ON 期间,即使计数线圈为 ON 也不进行计数,当前值始终为 0

1. 参数设置

使用 FX3 兼容高速计数器时,需要通过参数将 FX3 兼容高速计数器设置为有效。设置步骤如下:

(1) 将高速计数器的指定方法设置为"长计数器指定" 导航窗口[参数]→[模块型号]→[模块参数]→[高速 I/O]→"输入功能"→"高速计数器"→"详细设置"→"其他"→"长计数器指定",如图 6-78 所示。

(2) 进行 FX3 兼容高速计数器的设置 每个通道可设置的计数器编号、功能有所不同(FX3 兼容高速计数器的分配)。

导航窗口[参数]→[模块型号]→[模块参数]→[高速 I/O]→"输入功能"→"高速计数器"→"详细设置"→"基本设置",对每个通道进行设置,如图 6-79 所示。

2. 计数方法

(1) 计数 通过特殊计数器指令(UDCNTF)指令使用 FX3 兼容高速计数器时,可开始/停止进行高速计数器的计数。UDCNTF 指令使用如图 6-80 所示。

(2) 切换计数方向 通过软元件 SM4580~SM4595(高速计数器 CH1~CH16 计数方向

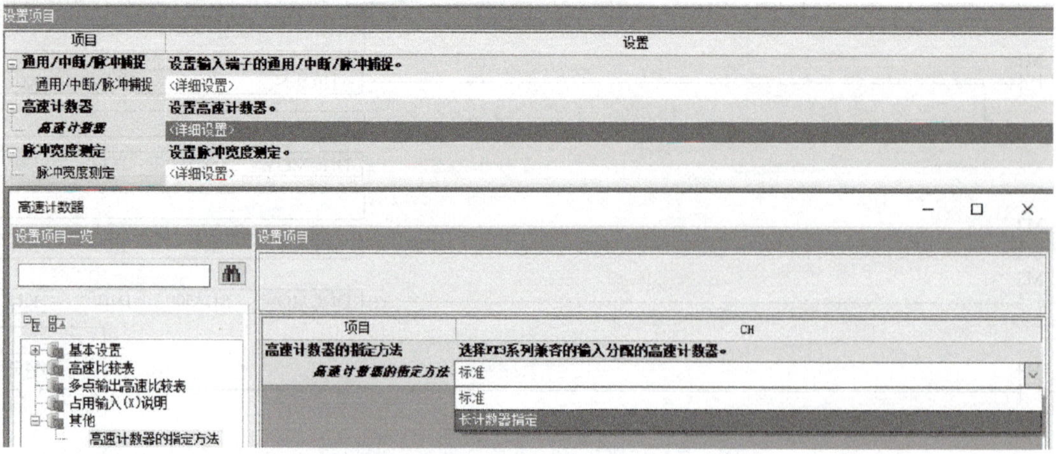

图 6-78　FX3 兼容高速计数器设置步骤 1

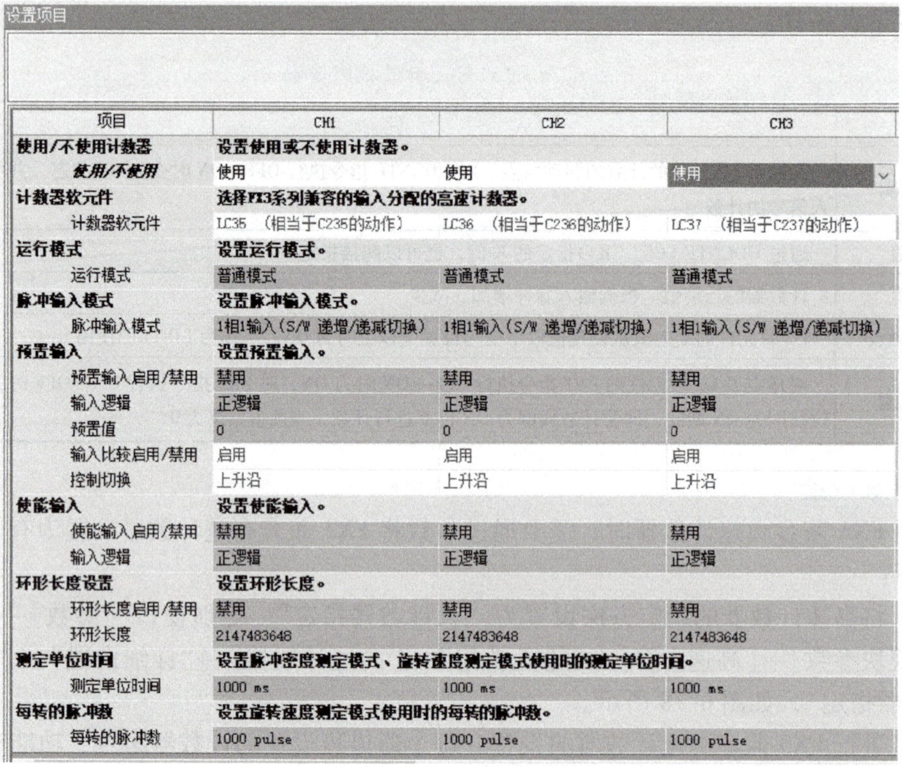

图 6-79　FX3 兼容高速计数器设置步骤 2

切换）的 ON/OFF，可进行 FX3 兼容高速计数方向切换。

图中 6-80 特殊计数器指令（UDCNTF）是带符号 32 位升值/降值计数器计数，UDCNTF 指令之前的运算结果由 OFF→ON 变化时，[D] 中指定的超长计数器（LC35）当前值将被 +1，如果达到设置值，常开触点将变为 ON，常闭触点将变为 OFF。此外，[D] 中指定的超长计数器为高速计数器的情况下，指令执行高速计数器开始/停止。

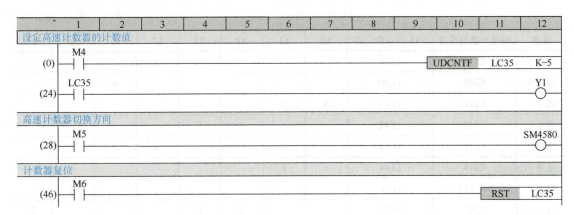

图 6-80 UDCNTF 指令使用方法程序

图 6-80 中执行 UDCNTF 指令时，从 -6 以下计数递增至 -5 以上时计数器触点将为 ON，从 -5 以上计数递减至 -6 以下时计数器触点将为 OFF。通过 M1 的 ON/OFF 切换计数方向。计数从 0 开始时，将 M2 ON 后，对 LC35 复位。FX3 兼容高速计数器计数如图 6-81 所示。

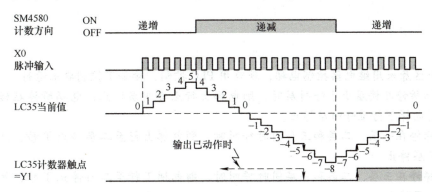

图 6-81 高速计数器计数示意图

3. FX3 兼容高速计数器注意事项

同一通道使用了 UDCNTF 指令和 HIOEN/DHIOEN 指令时，UDCNTF 指令所开始的高速计数器无法通过 HIOEN/DHIOEN 指令停止。

但是，通过 HIOEN/DHIOEN 指令开始的指令会通过执行 UDCNTF 指令的 ON→OFF 停止。混合使用 HIOEN/DHIOEN 指令与 UDCNTF 指令时，需要特别注意。

不要同时驱动同一 LC 软元件编号。针对相同 LC 软元件编号，请不要使用多个指令进行双重输出（双重线圈）。有关 FX3 兼容高速计数器与 FX5 对应软元件见表 6-17。

表 6-17 FX3 兼容高速计数器与 FX5 对应软元件（部分）

通道	高速计数器编号	FX5 对应软元件	X0	X1	X2	X3	X4	X5	X6	X7
通道 1	C235	LC35	A							
通道 2	C236	LC36		A						
通道 3	C237	LC37			A					
通道 4	C238	LC38				A				

（续）

通道	高速计数器编号	FX5 对应软元件	X0	X1	X2	X3	X4	X5	X6	X7
通道 5	C239	LC39					A			
通道 6	C240	LC40						A		
通道 1	C241	LC41	A	P						
通道 3	C242	LC42			A	P				
通道 5	C243	LC43					A	P		
通道 1	C244	LC44	A	P					E	
通道 7	C244（OP）	LC44							A	
通道 3	C245	LC45			A	P				E

注：A—A 相输入；P—外部预置输入；E—外部使能输入。

任务 15　三层电梯（带编码器）控制系统设计与调试

任务要求

某工业区原采用继电器控制电梯，现改用 PLC 控制，按如下控制要求运行。

1. 电梯所停在楼层小于呼叫层时，则电梯上行至呼叫层停止；电梯所停在楼层大于呼叫层时，则电梯下行至呼叫层停止。

2. 电梯停在一层，二层和三层同时呼叫时，则电梯上行至二层停止 T 秒，然后继续自动上行至三层停止。

3. 电梯停在三层，二层和一层同时呼叫时，则电梯下行至二层停止 T 秒，然后继续自动下行至一层停止。

4. 电梯上、下运行途中，反向招呼无效；且轿厢所停位置层召唤时，电梯不响应召唤。

5. 电梯楼层定位采用旋转编码器脉冲定位（采用型号为 0VW2-06-2MHC 的旋转编码器，脉冲为 600P/R，DC 24V 电源），不设磁感应位置开关。

6. 电梯具有快车速度 50Hz、爬行速度 6Hz，当平层信号到来时，电梯从 6Hz 减速到 0Hz；即电梯到达目的层站时，先减速后平层，减速脉冲数根据现场确定。

7. 电梯上行或下行前延时起动；具有上行、下行定向指示，具有轿厢所停位置楼层数码管显示。

8. 使用 FR-E800-E 变频器拖动曳引机，电梯起动加速时间、减速时间自定。

根据以上要求，采用 PLC 控制，选取合适的设备，设计控制电路、分配 I/O、编写控制程序，安装系统调试运行。

任务目标

知识目标

1. 掌握高速计数器指令的使用和编程方法；

项目 6　PLC 控制系统综合应用设计

2. 掌握编码与译码指令的使用和编程方法；
3. 掌握比较指令的用法；
4. 掌握位置控制类设备设计思路。

技能目标
1. 会分析任务控制要求，并正确分配 I/O；
2. 能根据系统要求设计控制电路，会电路电器设备选型；
3. 会根据控制线路图安装 PLC、变频器外部控制线路；
4. 能根据任务要求设计系统综合控制程序并调试运行；
5. 会 PLC、变频器综合控制系统调试与故障处理。

任务设备

FX 系列 PLC（FX5U-64MR）、计算机（安装有 GX Works3 软件）、电动机、机电一体化实训台、指示灯挂箱、FR 系列变频器、连接线、通信线等。

设计指引

1. 根据控制要求进行 I/O 口分配（见表 6-18）

表 6-18　I/O 端口分配

输入端口及功能		输出端口及功能			
X0	LC35 计数端	Y1	1 层呼叫指示灯	Y10	电梯上升（DI0 信号）
X1	1 层呼叫信号	Y2	2 层呼叫指示灯	Y11	电梯下降（DI1 信号）
X2	2 层呼叫信号	Y3	3 层呼叫指示灯	Y20 ~ Y26	电梯轿厢位置数码显示
X3	3 层呼叫信号	Y6	上行箭头指示		
X7	计数强迫复位	Y7	下降箭头指示		

2. 变频器参数设定
Pr. 79 = 2；Pr. 7 = 2s；Pr. 8 = 1s。

3. 带编码器的三层电梯控制综合接线（见图 6-82）

4. 电梯编码器脉冲计算相关问题

采用 600P/r 的电梯编码器，4 极电动机的转速按 1500r/min，则 50Hz 时的脉冲个数/秒（P/s）为

（1500r/min ÷ 60s）× 600P/r = 15000P/s

设电梯每两层之间运行 5s，则两层之间相隔 75000 个脉冲，上行在 60000 个脉冲时减速为 6Hz，电梯运行前必须先操作 X7，强制复位。三层电梯脉冲数的计算，假定每层运行 5s，提前 1s 减速，具体计算方法如图 6-83 所示。

注意：编码器上的脉冲 A 或 B 只接其中一个。

5. 编写控制序

1) 参考项目 4 图 4-45 模拟输出设置，完成模拟量设置。

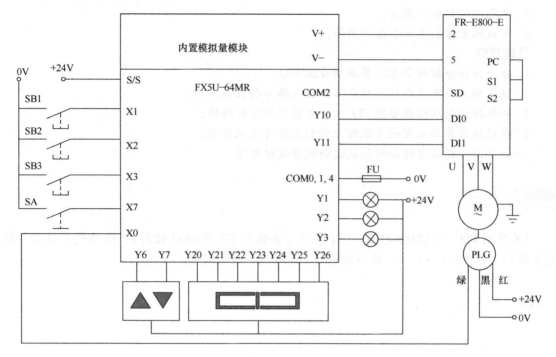

图 6-82　带编码器的三层电梯控制综合接线图

图 6-83　三层电梯脉冲计算示意图

2）参考图 6-78 和图 6-79 完成高速计数的设置。

3）带编码器的三层电梯控制参考程序如图 6-84 所示。

6. 调试中注意事项

1）在运行之前，应首先检查编码器的好坏，接通电路，将 PLC 的运行开关由 STOP 拨至 RUN。拨动电机轴旋转，检查 PLC 的 X0 端是否闪动。如 X0 不闪动则不能计数，可能为编码器故障。

2）请在电梯运行过程中用软件在线监视计数器 LC35 数值变化，是否与电梯所在的楼层位置相对应。

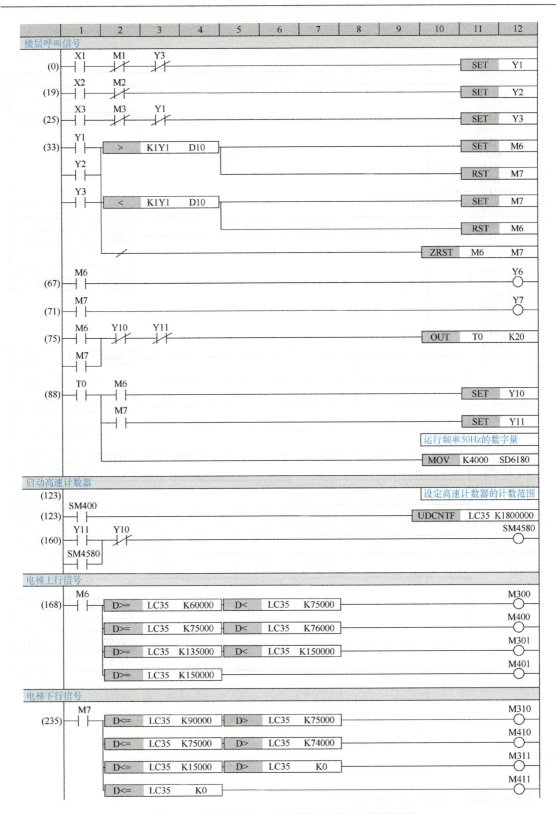

图 6-84 带编码器的三层电梯控制参考程序梯形图

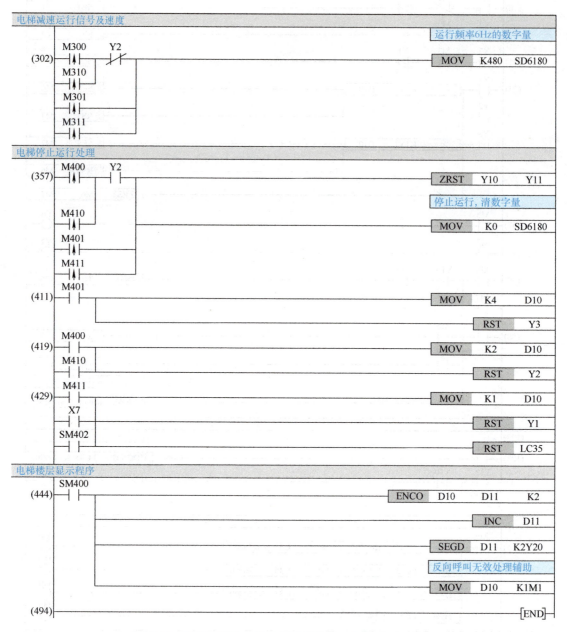

图 6-84 带编码器的三层电梯控制参考程序梯形图(续)

任务完成后,按表 6-19 进行评价。

表 6-19　三层电梯（带编码器）控制系统设计与调试任务评价表

评价项目	评价内容	评价标准	配分	得分
专业技能	1. 输入/输出端口分配及功能	少分配、分配错误或缺少功能，每处扣 1 分	5	
	2. 元器件选取	名称、型号或参数不对，每处扣 1 分	5	
	3. 设计并画出控制接线图	1）图形不标准或错误，每处扣 1 分 2）缺少文字符号或不标准，每处扣 2 分 3）缺少设备型号、型号错误或规格不符，每处扣 1 分 4）电源标识不规范或错误，每处扣 1 分 5）线路绘制不规范、不工整或规划不合理，每项扣 1 分	10	
	4. 安装接线运行	1）接线不规范，每处扣 1 分 2）少接或漏接线，每处扣 1 分 3）接线明显错误或造成事故扣 5 分	5	
	5. 运行结果	电梯所停在楼层小于呼叫层时，电梯不能上行至呼叫层停止功能的不得分	5	
		电梯所停在楼层大于呼叫层时，电梯不能下行至呼叫层停止功能的不得分	5	
		电梯停在一层，二层和三层同时呼叫时，电梯不能上行至二层停止 T 秒，然后不能继续自动上行至三层停止的不得分	10	
		电梯停在三层，二层和一层同时呼叫时，电梯不能下行至二层停止 T 秒，然后不能继续自动下行至一层停止的不得分	10	
		电梯上、下运行途中，反向招呼有效的不得分	8	
		轿厢所停位置层召唤时，电梯能响应召唤的不得分	7	
		无爬行速度的不得分	10	
	6. 显示结果	无电梯楼层显示的不得分	10	
		无上下行方向指示的不得分	5	
安全文明生产	安全生产规定	1）违反安全生产规定，造成安全事故的不得分 2）岗位 8S 不达标的不得分	5	

知识准备(Ⅲ)

6.8　旋转、移位指令编程技巧

6.8.1　旋转指令（左/右）

旋转指令共有四条，指令的表现形式及功能见表 6-20。

表 6-20　循环移位指令功能表

助记符	表现形式	功能简介
ROR	─┤├─ ROR D n	不包括进位标志在内指定位数部分的信息右移、旋转的指令
ROL	─┤├─ ROL D n	不包括进位标志在内指定位数部分的信息左移、旋转的指令
RCR	─┤├─ RCR D n	包括进位标志在内指定位数部分的信息右移、旋转的指令
RCL	─┤├─ RCL D n	包括进位标志在内指定位数部分的信息左移、旋转的指令

1. 旋转指令使用要点

1）这一类指令既可以执行 16bit，也可执行 32bit 操作数，执行 32bit 操作数在指令前加 D。

2）这一类指令可以采用连续执行方式，也可以采用脉冲执行方式。

注：在使用时建议采用脉冲执行方式。

3）操作数 [D] 是保存旋转左/右移数据的字软元件的编号。其对象软元件为：Y、M、L、SM、F、B、SB、S、T、ST、C、D、W、SD、SW、R、U□\G□、Z。

注：在 16 位运算中，只能使用 K4Y○、K4M○、K4S○。

在 32 位运算中，只能使用 K8Y○、8M○、K8S○。

4）指令中的 n 为旋转移动的位数。16bit 指令时 n≤15，32bit 指令时 n≤31。

2. 指令动作说明

（1）左旋转指令（ROL）　图 6-85 所示为左旋转（ROL）指令，每次 X0 由 OFF→ON 时，各位数据向左旋转 n 位（n=4），最后移出位的状态存入进位标志 SM8022 中。指令执行动作情况如图 6-86 所示。用连续执行指令时，旋转移位操作每个周期执行一次。

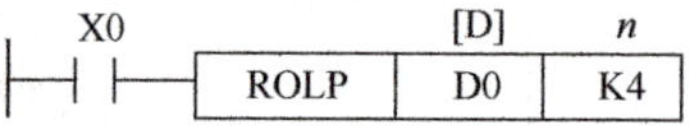

图 6-85　左旋转（ROL）指令例

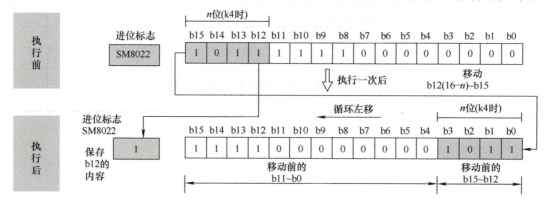

图 6-86　左旋转指令动作情况

（2）右旋转（ROR）指令　图 6-87 所示为右旋转（ROR）指令示例，当 X0 每次由 OFF→ON 时，各位数据向右旋转 n 位（n=4），最后移出位的状态存入进位标志 SM8022 中。指令执

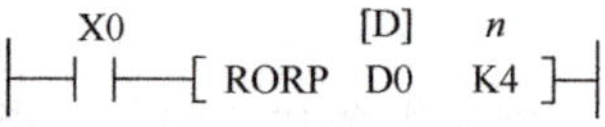

图 6-87　右旋转指令示例

行动作情况如图 6-88 所示。

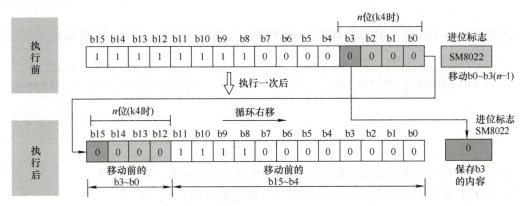

图 6-88 右旋转指令执行情况

【例 6-12】 舞台灯光控制。

某舞台灯光有 16 个灯，要求当启动时，灯先以正序 1 灯→2 灯→…→16 灯的顺序每隔 1s 轮流点亮，当 16 灯亮后，停止 2s；然后以反序 16 灯→15 灯→…→1 灯的顺序每隔 1s 轮流点亮，当 1 灯再次点亮后，停止 2.5s，循环上述过程。根据要求编写梯形图程序如图 6-89 所示。

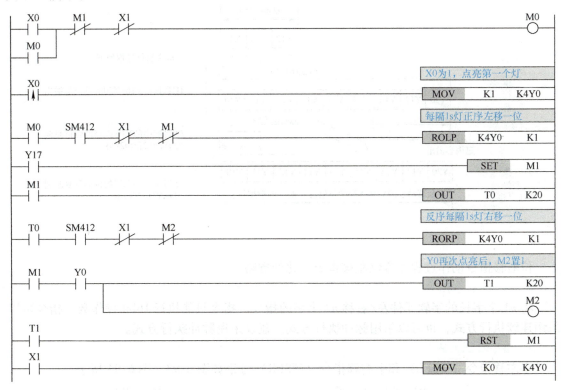

图 6-89 灯组移位控制梯形图

6.8.2 位左/右移指令

位左/右移指令是使指定长度的位软元件每次左/右移指定长度。指令只能执行 16 位操作数。指令可以采用连续执行方式,也可以采用脉冲执行方式。建议采用脉冲执行方式。

1. 指令表现形式

位左移指令(SFTL)和位右移指令(SFTR)分别如图 6-90、图 6-91 所示。

图 6-90　位左移指令表现形式　　　　图 6-91　位右移指令表现形式

2. 指令中操作数说明

1)[S]:移位数据的起始位软元件编号。操作数种类:X、Y、M、S。
2)[D]:保存右移的起始位软元件编号。操作数种类:Y、M、S。
3)$n1$:移位数据的位数据长度(或者说目标 D 的数据位数),$n2 \leqslant n1 \leqslant 1024$。
4)$n2$:右移的位点数(或者说为源数据的位数),$n2 \leqslant n1 \leqslant 1024$。

3. 功能动作

图 6-90 所示位左移指令动作如图 6-92 所示,当 X0 为 ON 时,对于 Y10 开始的 9 位数据($n1$ = K9),左移 3 位($n2$ = K3),移位后,将 X10 开始的 3 位($n2$ = K3)数据传送到 Y10 开始的 3 位中。指令在执行过程中,源的内容不会发生改变。

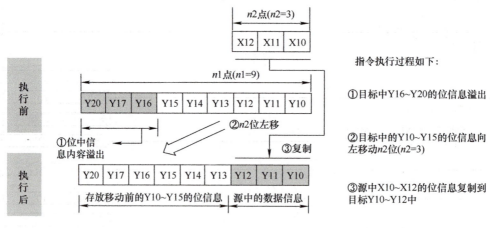

图 6-92　位左移指令动作执行过程

位右移指令动作过程参考位左移指令,此处省略。

6.8.3　字左/右移指令

将 $n1$ 个字长的字软元件左/右移 $n2$ 个字的指令。指令只能执行 16bit 操作数;指令可以采用连续执行方式,也可以采用脉冲执行方式。建议采用脉冲执行方式。

1. 指令表现形式

字左移指令(WSFL)和字右移指令(WSFR)分别如图 6-93、图 6-94 所示。

图 6-93　字左移指令表现形式　　　　图 6-94　字右移指令表现形式

2. 指令中操作数说明

1）[S]：右移后在移位数据中保存的起始字软元件编号。操作数种类：KnX、KnY、KnM、KnS、T、C、D、U/G。

2）[D]：右移的起始字软元件编号。操作数种类：KnY、KnM、KnS、T、C、D、U/G。

3）$n1$：移位数据的字数据长度（或者说目标 D 的数据位数），$n2 \leqslant n1 \leqslant 512$。

4）$n2$：右移的字点数（或者说为源数据的位数），$n2 \leqslant n1 \leqslant 512$。

3. 功能动作

图 6-93 所示字左移指令动作如图 6-95 所示，当 M3 为 ON 时，以目标 D10 开始的 9 个字软元件（$n1$ = K9），左移 3 位（$n2$ = K3），移位后，将 D10 开始的 3 位（$n2$ = K3）数据传送到 D20 开始的 3 个数据寄存器中。指令在执行过程中，源的内容不会发生改变。

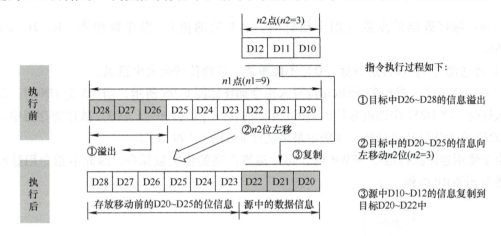

图 6-95 字左移指令动作执行过程

图 6-94 所示的字右移指令动作执行过程如图 6-96 所示，这里的 K1X0 和 K1Y0 对于 n 来说是 1，因而一个 K1 代表 4 位。

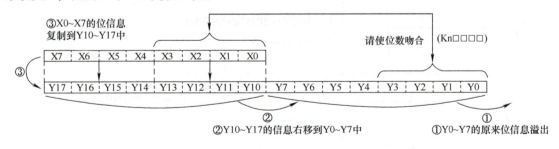

图 6-96 字右移指令动作执行过程

6.9 数据表操作指令编程技巧

1. 数据表的数据写入（SFWR）

指令用于先入先出及先入后出控制的数据写入指令。指令只能执行 16 位操作数；指令可采用连续执行方式，也可采用脉冲执行方式。建议采用脉冲执行方式；指令表现形式如图 6-97 所示。

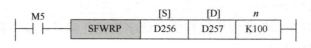

图 6-97 SFWR 移位写入指令表现形式

(1) 指令中操作数说明

1) [S]：保存先存入的数据的字软元件编号。操作数种类为：X、Y、M、L、SM、F、B、S、T、C、D、W、SD、SW、R、U□\G□、Z。

2) [D]：保存数据并移位的起始字软元件编号（目标中首元件用于指针，数据从 [D] +1 开始）。操作数种类为：Y、M、L、SM、F、B、S、T、C、D、W、SD、SW、R、U□\G□、Z。

3) n：保存数据的点数（用于指针时，+1 后的值）。操作数种类：K、H，$2 \leqslant n \leqslant 32768$。

4) 传送源 [S] 和传送目标 [D] 不能重复，否则传送会发生错误。

(2) 功能动作　图 6-97 所示移位写入指令动作如图 6-98 所示，当 M5 为 ON 时，每次脉冲执行时，将 D257 中的内容传到 D258 开始的 $n-1$ 点（100-1=99）数据寄存器中。其中 D257 作为指针用来计数，本例中最多能计 $n-1$ 点（99 点）。

由于使用连续执行指令 SFWR 时，每个运算周期都依次被保存，因此本指令用脉冲执行型指令 SFWRP 编程。

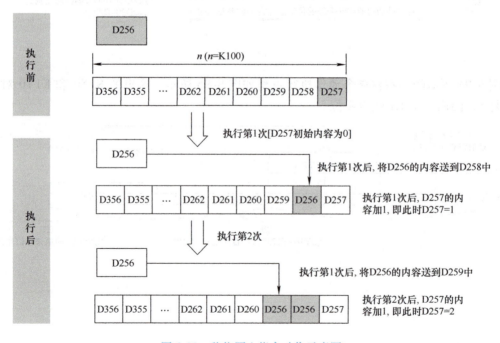

图 6-98 移位写入指令动作示意图

2. 数据表先入读取读出（SFRD）

指令用于先入先出控制的数据读取指令。指令只能执行 16 位操作数；指令可以采用连续执行方式，也可以采用脉冲执行方式。建议采用脉冲执行方式；指令表现形式如图 6-99 所示。

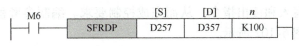

图 6-99　SFRD 移位读出指令表现形式

（1）指令中操作数说明

1）[S]：存储数据的起始字软元件编号（最前端为指针，数据从 [S] +1 开始）。操作数种类：X、Y、M、L、SM、F、B、SB、S、T、ST、C、D、W、SD、SW、R、U□\G□、Z。

2）[D]：保存先出数据的字软元件编号。操作数种类：Y、M、L、SM、F、B、SB、S、T、ST、C、D、W、SD、SW、R、U□\G□、Z。

3）n：保存数据的点数。操作数种类：K、H，$2 \leq n \leq 32768$。

4）传送源 [S] 和传送目标 [D] 不能重复，否则传送会发生错误。

（2）功能动作　图 6-99 所示移位读出指令动作如图 6-100 所示，当 M6 为 ON 时，每次脉冲执行时，依次将 D258 ~ D356 中的内容读到 D2357 中。每执行一次，从 D258 +1 开始的 $n-1$ 点数据逐字右移。

由于使用连续执行指令 SFRD 时，每个运算周期都依次被保存，因此本指令用脉冲执行指令 SFWRP 编程。

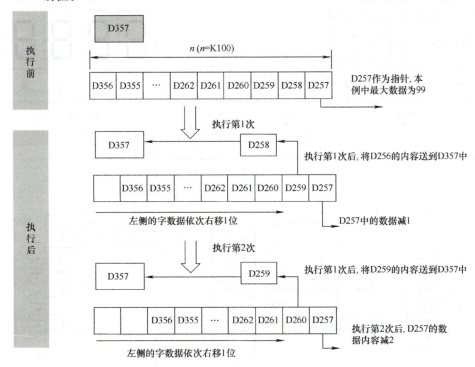

图 6-100　移位读出指令动作图

【例 6-13】　产品出入库控制。

某产品生产线，当入库请求信号接通时，通过 X0 ~ X17 输入产品编号。当出库请求信号接通时，按产品入库先后顺序进行出库并将产品编号显示出来。

分析：产品入库时，通过 X0～X17 数字式拨码开关，采用 MOV 指令先将数据送到某寄存器中，再采用移位写入和读出指令。从而完成控制要求。编制参考程序如图 6-101 所示。程序执行过程示意如图 6-102 所示。

图 6-101　编制参考程序

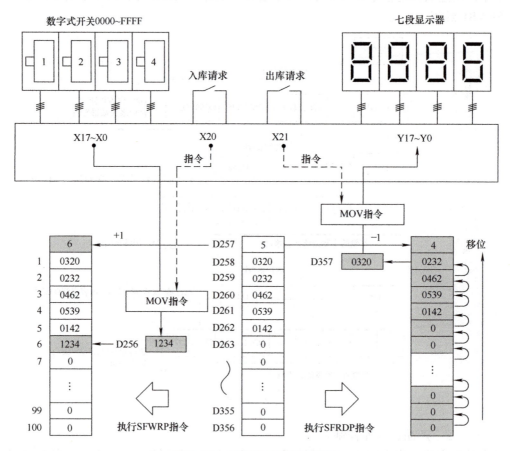

图 6-102　程序执行过程示意图

任务 16　地铁站智能排水控制系统设计与调试

任务要求

某地铁站排水系统有四个集水坑，每个水坑里装设有一个高水位检测传感器、和一个低水位检测传感器，每水坑出口装设有电磁阀，抽水泵电动机用变频器拖动，排水系统如图 6-103 所示。要求按如下控制方式进行排水管理：

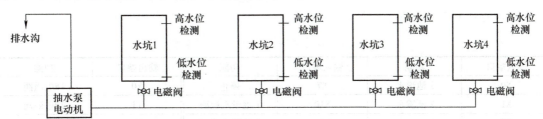

图 6-103　排水系统图

1. 排水要求有两种方式，两种方式可以人工切换，同一时期只能用一种排水方式。
2. 第 1 种排水方式要求：按水坑 1～水坑 4 的顺序抽取，依次轮询。
3. 第 2 种排水方式要求：哪一个水坑水先满就先抽该水坑的水。
4. 不管采用两种抽水方式中的任何一种，必须等这个水坑的水抽完，才去响应下一个水坑的抽水。

根据以上要求，采用 PLC 控制，选取合适的设备，设计控制电路、分配 I/O、编写控制程序，安装系统调试运行。

任务目标

知识目标
1. 掌握数据表指令、旋转等指令的使用和编程方法；
2. 掌握逻辑运算指令的使用和编程方法；
3. 掌握比较、程序结构等指令编程方法；
4. 掌握 PLC 综合应用编程思路。

技能目标
1. 会分析控制要求，根据控制要求进行 I/O 分配；
2. 能设计主电路和控制电路，电路设备选型；
3. 能设计步进顺控程序并调试运行；
4. 会 PLC 外部控制接线线路、安装调试；
5. 掌握 PLC 控制系统故障处理的方法和技巧。

任务设备

FX 系列 PLC（FX5U-64MR）、变频器（FR-E800-E 或其他 FR 系列变频器）、计算机（安装有 GX Works3 软件）、电动机、机电一体化实训台、指示灯挂箱、接触器挂箱、连接线、通信线等。

 **设计指引**

1. 根据控制要求分配 I/O 口（见表 6-21）

表 6-21　输入/输出（I/O）端口分配表

输入端口	功能	输入端口	功能	输出端口	功能
X0	1 池满水	X7	停止	Y0	1#电磁阀
X1	2 池满水	X10	1 池没水检测	Y1	2#电磁阀
X2	3 池满水	X11	2 池没水检测	Y2	3#电磁阀
X3	4 池满水	X12	3 池没水检测	Y3	4#电磁阀
X5	方式切换	X13	4 池没水检测	Y4	变频器 DI0 信号
X6	起动				

2. 设置变频器参数

Pr.79 = 3，PU 运行频率 50Hz。

3. 控制电路设计（见图 6-104）

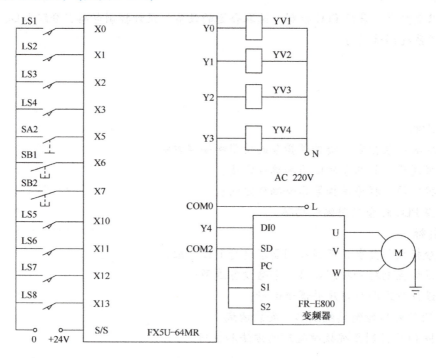

图 6-104　控制电路图

4. 参考程序设计（见图6-105）

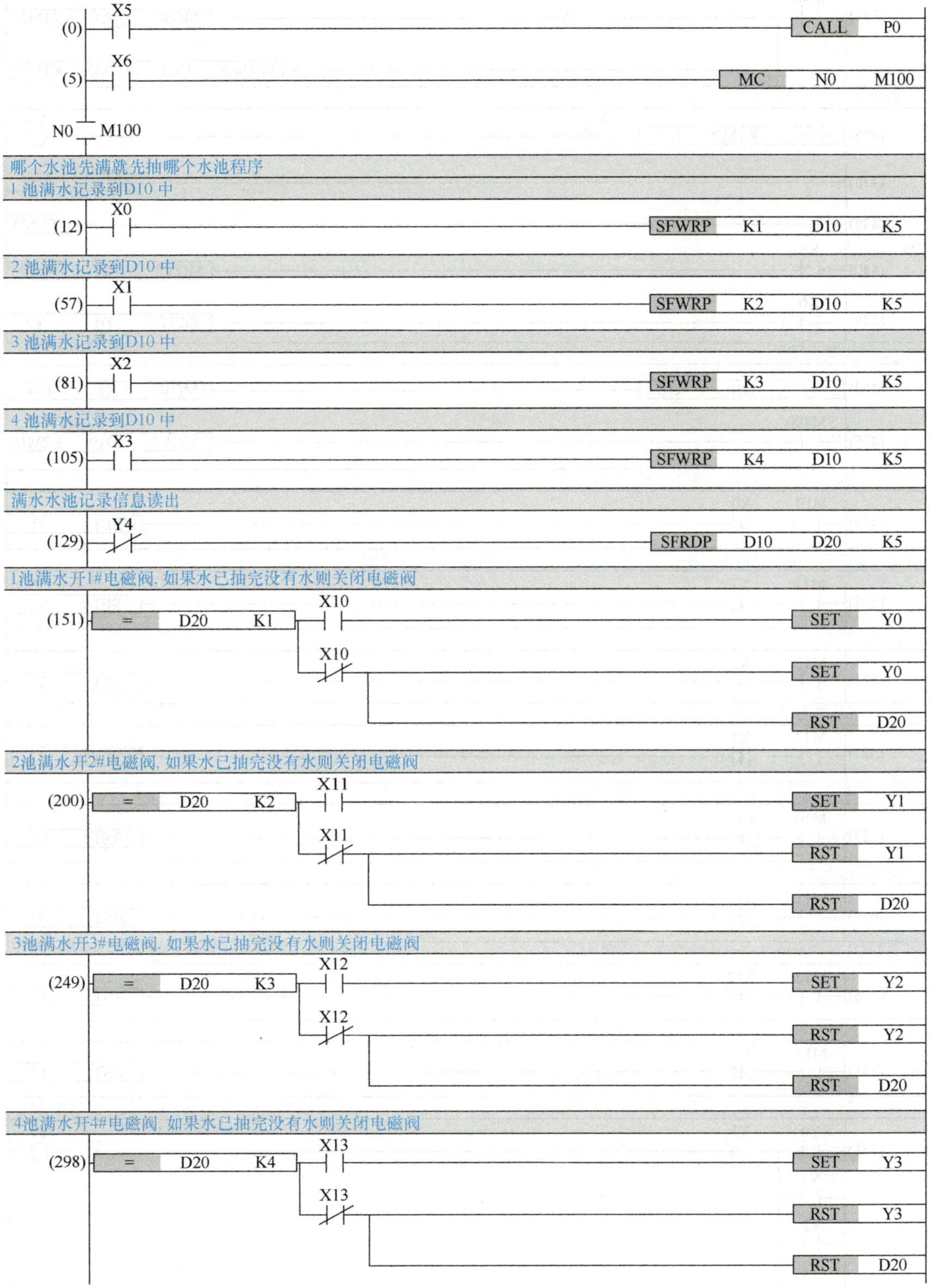

```
(0)    X5                                          CALL    P0
       ┤├
(5)    X6                                    MC    N0     M100
       ┤├
N0 ─┤ M100

哪个水池先满就先抽哪个水池程序
1池满水记录到D10中
(12)   X0                              SFWRP   K1    D10    K5
       ┤├
2池满水记录到D10中
(57)   X1                              SFWRP   K2    D10    K5
       ┤├
3池满水记录到D10中
(81)   X2                              SFWRP   K3    D10    K5
       ┤├
4池满水记录到D10中
(105)  X3                              SFWRP   K4    D10    K5
       ┤├
满水水池记录信息读出
(129)  Y4                              SFRDP   D10   D20    K5
       ┤/├
1池满水开1#电磁阀，如果水已抽完没有水则关闭电磁阀
                          X10
(151)  =  D20  K1    ┬────┤├──────────────── SET   Y0
                     │    X10
                     ├────┤/├──────────────── SET   Y0
                     │
                     └──────────────────────── RST   D20
2池满水开2#电磁阀，如果水已抽完没有水则关闭电磁阀
                          X11
(200)  =  D20  K2    ┬────┤├──────────────── SET   Y1
                     │    X11
                     ├────┤/├──────────────── RST   Y1
                     │
                     └──────────────────────── RST   D20
3池满水开3#电磁阀，如果水已抽完没有水则关闭电磁阀
                          X12
(249)  =  D20  K3    ┬────┤├──────────────── SET   Y2
                     │    X12
                     ├────┤/├──────────────── RST   Y2
                     │
                     └──────────────────────── RST   D20
4池满水开4#电磁阀，如果水已抽完没有水则关闭电磁阀
                          X13
(298)  =  D20  K4    ┬────┤├──────────────── SET   Y3
                     │    X13
                     ├────┤/├──────────────── RST   Y3
                     │
                     └──────────────────────── RST   D20
```

图6-105　参考程序

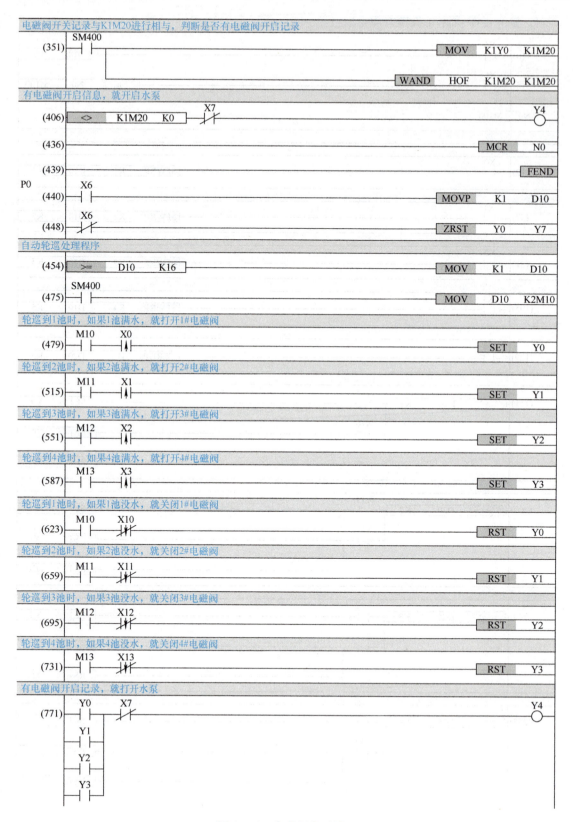

图 6-105 参考程序（续）

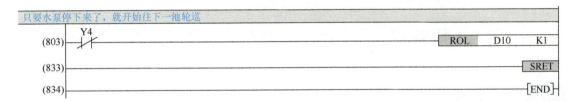

图 6-105 参考程序（续）

任务完成后，按表 6-22 进行评价。

表 6-22 地铁站智能排水控制系统设计与调试任务评价表

评价项目	评价内容	评价标准	配分	得分
专业技能	1. 输入/输出端口分配及功能	少分配、分配错误或缺少功能，每处扣 1 分	5	
	2. 元器件选取	名称、型号或参数不对，每处扣 1 分	5	
	3. 设计并画出控制接线图	1）图形不标准或错误，每处扣 1 分 2）缺少文字符号或不标准，每处扣 2 分 3）缺少设备型号、型号错误或规格不符，每处扣 1 分 4）电源标识不规范或错误，每处扣 1 分 5）线路绘制不规范、不工整或规划不合理，每项扣 1 分	10	
	4. 编写控制程序	1）编写错误，每处扣 1 分 2）书写不规范，每处扣 1 分 3）指令书写错误，每处扣 1 分，不写或错误 5 处以上扣 10 分	10	
	5. 安装接线运行	1）接线不规范，每处扣 1 分 2）少接或漏接线，每处扣 1 分 3）接线明显错误或造成事故扣 5 分	5	
	6. 系统调试运行	1）系统投入不能正确和退出扣 5 分 2）两种方式不能互相切换扣 5 分 3）第 1 种排水方式不正确扣 10 分，抽水泵电动机不能正确运行扣 5 分，排水完成后系统不能自动停止的扣 5 分 4）第 2 种排水方式不正确扣 10 分，抽水泵电动机不能正确运行扣 5 分，能工作但运行频率不正确扣 5 分，排水完成后系统不能自动停止的扣 5 分	45	
	7. 系统各项运行指示功能	以下每项显示错误扣 2 分 1）方式一和方式二指示灯 2）实时显示水坑水位状态 3）显示系统北京时间 4）各电磁阀动作状态指示	10	
安全文明生产	安全生产规定	1）违反安全生产，造成安全事故不得分 2）岗位 8S 不达标的不得分	10	

任务17　运料小车控制系统设计与调试

任务要求

有一运料小车位置示意如图6-106所示，小车行走的方向由小车所在位置号和呼叫信号相比较决定，按如下要求控制。

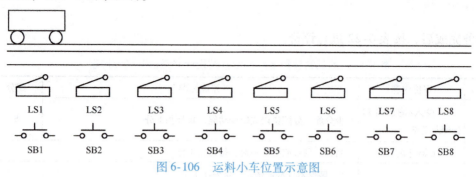

图6-106　运料小车位置示意图

1. 当小车所停位置号小于呼叫号时，小车右行至呼叫号处停车；反之同样。小车所停位置号等于呼叫号时，小车原地不动，在原地不动时有原位指示。
2. 小车起动前报警信号，报警T秒后方可左行或右行；小车行走时具有左行、右行定向指示，行走时所在位置的七段数码管显示；
3. 小车具有正反转点动运行功能，点动运行时小车运行频率10Hz。
4. 小车电动机由变频器驱动，频率可以现场调节。

请根据以上控制要求，采用PLC控制。请分配I/O、设计电路、选择电气元件、设定变频器参数、编写PLC控制程序并安装调试运行。

任务目标

知识目标
1. 掌握程序结构控制指令的用法与编程技巧；
2. 掌握数据处理指令的用法与编程技巧；
3. 掌握比较指令的用法与编程技巧；
4. 掌握位置类设备编程控制思路；
5. 掌握PLC、变频器与触摸屏综合应用技术设计方法与思路。

技能目标
1. 会分析任务控制要求，并正确分配I/O；
2. 能根据系统要求设计控制电路，会电路电器设备选型；
3. 会根据控制线路图安装PLC外部控制线路；
4. 能根据任务要求设计系统综合控制程序并调试运行；
5. 会PLC、变频器综合控制系统调试与故障处理。

项目 6　PLC 控制系统综合应用设计

任务设备

FX 系列 PLC（FX5U-64MR），变频器（FR-E-800E 或 FR 系列），计算机（安装有 GX Works3 软件）、电动机、机电一体化实训台、指示灯挂箱、接触器挂箱、连接线、通信线等。

**设计指引**

1. 根据控制要求进行 I/O 口分配（见表 6-23）

表 6-23　I/O 端口分配表

输入	功能	输入	功能	输出	功能	输出	功能
X0 ~ X7	SB1 ~ SB8	X20	点/自动动换	Y0 ~ Y6	数码管 A ~ G	Y13	报警信号
X10 ~ X17	LS1 ~ LS8	X21	点右	Y10	左行箭头	Y14	左行 STR 信号
		X22	点左	Y11	右行箭头	Y15	右行 STF 信号
				Y12	原点指示	Y16	JOG 信号

2. 变频器参数设定

1）在 PU 模式下设定下列参数：
Pr. 7 = 3s；Pr. 8 = 3s；Pr. 15 = 10Hz（点动频率）；Pr. 16 = 2s（点动加减速时间）。
2）设定操作模式：Pr. 79 = 2。

3. 设计运料小推车控制综合接线（见图 6-107）

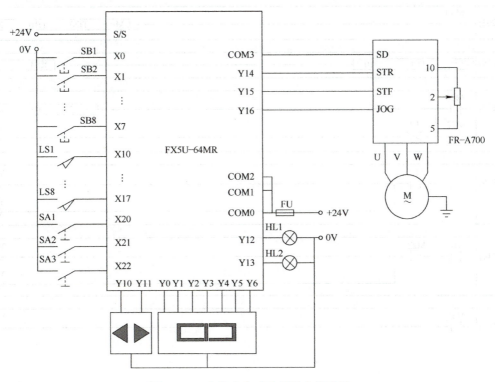

图 6-107　小推车自动控制综合接线图

4. 根据控制要求编制小推车自动控制程序（见图 6-108）

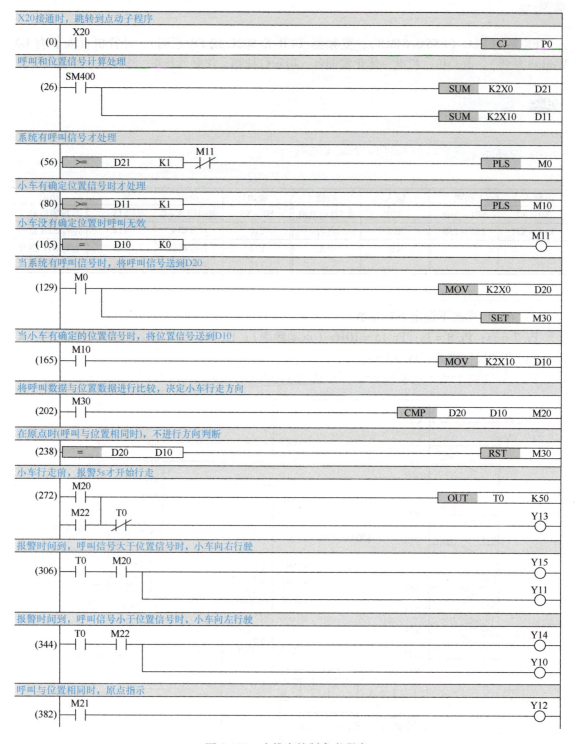

图 6-108　小推车控制参考程序

项目 6　PLC 控制系统综合应用设计

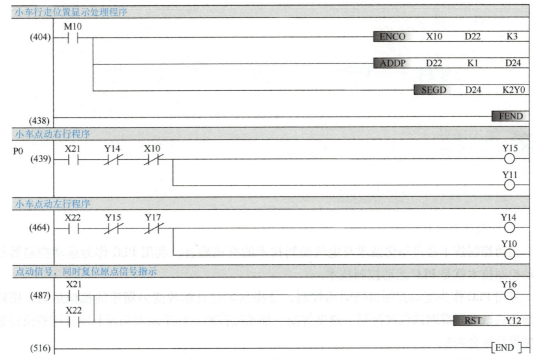

图 6-108　小推车控制参考程序（续）

任务完成后，按表 6-24 进行评价。

表 6-24　运料小车控制系统设计与调试任务评价表

评价项目	考核内容及要求	评分标准	配分	得分
专业技能	1. 输入、输出端口分配	分配错误，每处扣 1 分	5	
	2. 设计控制接线图并接线运行	绘制错误和接线错误，每处扣 2 分	10	
	3. 编写梯形图程序	编写错误，每处扣 2 分	10	
	4. 运行结果	小车自动不能左行的不得分	10	
		小车自动不能右行的不得分	10	
		小车没有原地不动功能不得分	10	
		小车点动不能左行不得分	5	
		小车点动不能右行不得分	4	
		小车点动功能在第 1 位置左行不得分	2	
		小车点动功能在第 8 位置右行不得分	2	
		起动前没有报警信号不得分	3	
		起动前报警时间不正确不得分	3	
	5. 显示结果	无小车位置显示的不得分	10	
		无左、右行走指示的不得分	5	
		自动运行频率不能调节的不得分	3	
		点动频率不正确不得分	3	
安全文明生产	安全生产规定	1）违反安全生产规定，造成安全事故的不得分 2）岗位 8S 不达标的不得分	5	

项目 7　PLC 运动控制系统设计技术

 知识准备

7.1　运动控制技术的控制对策

7.1.1　运动控制技术概述

运动控制技术是自动化技术与电气控制技术的有机融合，利用 PLC 作为运动控制器的运动控制技术就是 PLC 运动控制技术。

采用 PLC 作为运动控制器的运动控制，是将预定的目标转变为期望的机械运动，使被控制的机械实现准确的位置控制、速度控制、加速度控制、转矩或力矩控制以及这些被控制机械量的综合控制。

由于运动控制技术涉及的知识面广，应用领域广，自适应控制、最优控制、模糊控制、神经网络控制和现代各种智能控制等。本章限于篇幅仅介绍 PLC 运动控制在定位控制、速度控制等方面的应用知识。

7.1.2　PLC 运动控制系统组成

1. PLC 运动控制系统的控制目标

PLC 运动控制系统的控制目标一般为位置、速度、加速度和力矩等。

位置控制系统是将某负载从某一确定的空间位置按照一定的运动轨迹移动到另一确定的空间位置。如伺服或步进控制的机械手系统，机器人控制系统等。

速度和加速度控制是使负载按某一确定的速度曲线进行运动。如数控加工系统、激光雕刻机等。

转矩控制系统则是通过转矩的反馈来维持的恒定或遵守某一规律的变化。如轧钢机、造纸机和传送带的张力控制等。

2. PLC 运动控制系统的组成

图 7-1 所示为典型 PLC 运动控制系统组成结构框图。

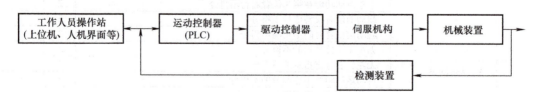

图 7-1　典型 PLC 运动控制系统组成结构框图

7.1.3 PLC 运动控制技术的控制对策

当步进驱动器或伺服驱动器接收到一个脉冲信号，它就驱动步进电动机按设定的方向转动一个固定的角度，它的旋转是以固定的角度一步一步运行的。

运动控制原理框图如图 7-2 所示。因此当用 PLC 来控制步进电动机或伺服电动机时，在程序中主要控制三点：

第一，通过控制脉冲的数量来控制角位移量，从而来达到精确定位的目的；

第二，通过控制脉冲频率来控制电动机转动的速度和加速度，从而达到控制调速的目的；

第三，改变脉冲方向信号，可改变转动方向（电动机正向运行时给方向信号，反向运行时不用给方向信号）。

图 7-2 运动控制原理框图

7.2 FX5 系列定位控制技术

FX5 CPU 模块（晶体管输出）及高速脉冲输入输出模块可以向伺服电动机、步进电动机等输出脉冲信号，从而进行定位控制。用脉冲频率、脉冲数来设定定位对象（工件）的移动速度或者移动量。

1. 定位控制特点

1) 定位功能包括使用 CPU 模块 I/O 定位功能、使用高速脉冲输入输出模块定位功能。

2) 定位控制最大可控制 12 轴。

CPU 模块 4 根轴：从 CPU 模块通用输出（轴 1：Y0、轴 2：Y1、轴 3：Y2、轴 4：Y3）输出脉冲。

高速脉冲输入输出模块：2 轴 ×4 台。从高速脉冲输入输出模块的通用输出脉冲，第 1 台轴 5。

3) 使用定位指令和定位参数进行定位控制。

4) 脉冲输出方法有 PULSE/SIGN 模式和 CW/CCW 模式。通用输出最大频率 2147483647（脉冲换算为 200kpps）的脉冲串。每转的脉冲数范围 0 ~ 2147483647；定位范围为 -2147483648 ~ +2147483647（电动机/机械/复合单位制）。

5) 支持 MELSERVO 系列伺服放大器的 MR-J3、MR-J4、MR-J5 系列。

6) 使用 CPU 模块的近点信号、零点信号、中断输入信号只能用 X0 ~ X17。其他如 ABS 读取、正反转限位等则不受限。

7) 输出点的分配见表 7-1。

表 7-1 输出点的分配

用途	输出编号	根据 GX Works3 指定的输出模式，输出编号分配															
脉冲输出端	PULSE Y0~Y3	轴编号	输出模式	Y0	Y1	Y2	Y3	Y4	Y5	Y6	Y7	Y10	Y11	Y12	Y13	Y14	Y15	Y16	Y17
		轴1	PULSE/SIGN	PLS								SIGN							
			CW/CCW	CW	—	CCW						—							
	CW Y0, Y1	轴2	PULSE/SIGN	SIGN	PLS							SIGN							
			CW/CCW	—	CW	—	CCW					—							
旋转方向信号	SIGN Y0~Y17	轴3	PULSE/SIGN	SIGN		PLS						SIGN							
			CW/CCW									—							
	CCW Y2, Y3	轴4	PULSE/SIGN	SIGN			PLS					SIGN							
			CW/CCW									—							
		PLS：脉冲串信号，SIGN：方向信号，CW：正转脉冲串，CCW：反转脉冲串																
清除信号	Y0~Y17	通过 DSZR/DDSZR 指令使用清除信号时，用 GX Works3 的高速 I/O 参数指定的输出进行接线																

2. 基本设定

基本设定的项目对应各轴定位参数。特殊软元件和对应的参数在 CPU 模块 STOP→RUN 时，将基本设定中设定的值作为初始值进行保存。此外，将占用 I/O 的项目按照内置 I/O 的分配进行更新。

（1）设定步骤　导航窗口→参数→FX5UCPU→模块参数→高速 I/O→输出功能→定位→详细设置→基本设置。如图 7-3 所示，各参数说明如下：

项目		轴1	轴2	轴3	轴4
基本参数1		设置基本参数1。			
	脉冲输出模式	1:PULSE/SIGN	1:PULSE/SIGN	1:PULSE/SIGN	1:PULSE/SIGN
	输出软元件(PULSE/CW)	Y0	Y1	Y2	Y3
	输出软元件(SIGN/CCW)	Y4	Y5	Y6	Y7
	旋转方向设置	1:通过反转脉冲串增加当前地址	1:通过反转脉冲串增加当前地址	0:通过正转脉冲串增加当前地址	0:通过正转脉冲串增加当前地址
	单位设置	0:电机系统(pulse, pps)	0:电机系统(pulse, pps)	0:电机系统(pulse, pps)	0:电机系统(pulse, pps)
	每转的脉冲数	2000 pulse	2000 pulse	2000 pulse	2000 pulse
	每转的移动量	1000 pulse	1000 pulse	1000 pulse	1000 pulse
	位置数据倍率	1:×1倍	1:×1倍	1:×1倍	1:×1倍
基本参数2		设置基本参数2。			
	插补速度指定方法	0:合成速度	0:合成速度	0:合成速度	0:合成速度
	最高速度	100000 pps	100000 pps	100000 pps	100000 pps
	偏置速度	0 pps	0 pps	0 pps	0 pps
	加速时间	100 ms	100 ms	100 ms	100 ms
	减速时间	100 ms	100 ms	100 ms	100 ms
详细设置参数		设置详细设置参数。			
	外部开始信号 启用/禁用	1:启用	1:启用	0:禁用	0:禁用
	外部开始信号 软元件号	X0	X1	X0	X0
	外部开始信号 逻辑	0:正逻辑	0:正逻辑	0:正逻辑	0:正逻辑
	中断输入信号1 启用/禁用	0:禁用	0:禁用	0:禁用	0:禁用
	中断输入信号1 模式	0:高速模式	0:高速模式	0:高速模式	0:高速模式
	中断输入信号1 软元件号	X0	X0	X0	X0
	中断输入信号1 逻辑	0:正逻辑	0:正逻辑	0:正逻辑	0:正逻辑
	中断输入信号2 逻辑	0:正逻辑	0:正逻辑	0:正逻辑	0:正逻辑
原点回归参数		设置原点回归参数。			
	原点回归 启用/禁用	1:启用	1:启用	0:禁用	0:禁用
	原点回归方向	0:负方向(地址减少方向)	0:负方向(地址减少方向)	0:负方向(地址减少方向)	0:负方向(地址减少方向)
	原点地址	0 pulse	0 pulse	0 pulse	0 pulse
	清除信号输出 启用/禁用	1:启用	1:启用	1:启用	1:启用
	清除信号输出 软元件号	Y10	Y11	Y0	Y0
	原点回归停留时间	0 ms	0 ms	0 ms	0 ms
	近点DOG信号 软元件号	X10	X12	X0	X0
	近点DOG信号 逻辑	1:负逻辑	1:负逻辑	0:正逻辑	0:正逻辑
	零点信号 软元件号	X11	X13	X0	X0
	零点信号 逻辑	1:负逻辑	1:负逻辑	0:正逻辑	0:正逻辑
	零点信号 原点回归零点信号数	1	1	1	1
	零点信号 计数开始时间	0:近点DOG后端	0:近点DOG后端	0:近点DOG后端	0:近点DOG后端

图 7-3 基本设定

1) 输出模式：指定脉冲输出方法。PULSE/SIGN、CW/CCW 模式输出形式如图 7-4 所示。

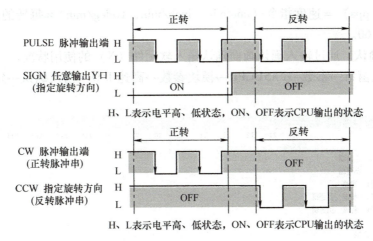

图 7-4　PULSE/SIGN、CW/CCW 模式输出形式

选择 [0：不使用] 时，不使用定位功能。
选择 [1：PULSE/SIGN] 时，通过脉冲串和方向信号输出进行定位。
选择 [2：CW/CCW] 时，通过正转脉冲串、反转脉冲串的输出进行定位。
2) 输出软元件：Y4、Y5、Y6、Y7 为默认输出元件，按表 7-2 可更改。

表 7-2　输出软元件更改规定

CPU 模块轴	轴 1	轴 2	轴 3	轴 4
PULSE	Y0	Y1	Y2	Y3
SIGN	Y0 ~ Y17 的空余软元件（可任意设定）			

3) 表中单位设置：设定在定位中使用的单位制（用户单位）。选择的单位制为定位指令中使用的速度、位置关系的特殊软元件及定位指令的操作数（指令速度、定位地址）的单位。定位控制中的单位有电动机单位制、机械单位制、复合单位制 3 种，见表 7-3。

表 7-3　单位设置说明表

单位制	项目	位置单位	速度单位	备注
电动机单位制	[0：电动机系统（pulse, pps)]	脉冲	pps	位置的指令及速度的指令以脉冲数为基准
机械单位制	[1：机械系统（μm, cm/min)]	μm	cm/min	以位置的指令及速度的 μm、10^{-4} inch、mdeg 为基准
	[2：机械系统（0.0001inch, inch/min)]	10^{-4} inch	inch/min	
	[3：机械系统（mdeg, 10deg/min)]	mdeg	10deg/min	
复合单位制	[4：复合系统（μm, pps)]	μm	pps	位置的指令使用机械单位制，速度的指令使用电动机单位制和复合单位制
	[5：复合系统（0.0001inch, pps)]	10^{-4} inch		
	[6：复合系统（mdeg, pps)]	mdeg		

电动机单位制和机械单位制之间有关系如下：

移动量（pulse）＝移动量（μm，10^{-4}inch，mdeg）×每转的脉冲数×位置数据倍率÷每转的移动量。

速度指令（pps）＝速度指令（cm/min，inch/min，10deg/min）×每转的脉冲数×10^4÷每转的移动量÷60。

（2）输入确认　通过输入确认画面确认输入软元件（X）的使用状况。

步骤：导航窗口→参数→FX5UCPU→模块参数→高速 I/O→输入确认→定位，如图 7-5 所示。

设置项目

项目	X0	X1	X2	X3	X4	X5	X6	X7	X10	X11	X12	X13	X14	X15	X16	X17
定位																
轴1　外部开始信号　正逻辑	○															
轴1　外部开始信号　负逻辑																
轴1　中断输入信号1　高速																
轴1　中断输入信号1　标准　正逻辑																
轴1　中断输入信号1　标准　负逻辑																
轴1　近点DOG信号									○							
轴1　零点信号　正逻辑										○						
轴1　零点信号　负逻辑																
轴1　中断输入信号2																
轴2　外部开始信号　正逻辑		○														
轴2　外部开始信号　负逻辑																
轴2　中断输入信号1　高速																
轴2　中断输入信号1　标准　正逻辑																
轴2　中断输入信号1　标准　负逻辑																
轴2　近点DOG信号											○					
轴2　零点信号　正逻辑												○				

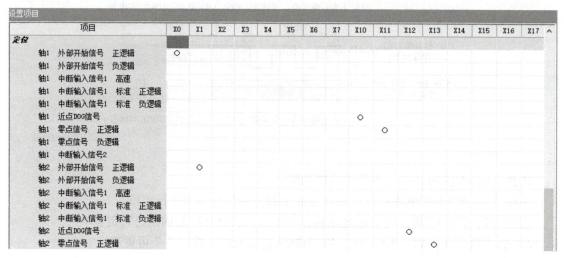

图 7-5　输入确认窗口

（3）输出确认　步骤：导航窗口→参数→FX5UCPU→模块参数→高速 I/O→输出确认→定位，如图 7-6 所示。

设置项目

项目	Y0	Y1	Y2	Y3	Y4	Y5	Y6	Y7	Y10	Y11	Y12	Y13	Y14	Y15	Y16	Y17
定位																
轴1　脉冲输出(PULSE)	○															
轴1　脉冲输出(SIGN)					○											
轴1　脉冲输出(CW)																
轴1　脉冲输出(CCW)																
轴1　清除信号									○							
轴2　脉冲输出(PULSE)		○														
轴2　脉冲输出(SIGN)						○										
轴2　脉冲输出(CW)																
轴2　脉冲输出(CCW)																
轴2　清除信号										○						
轴3　脉冲输出(PULSE)			○													
轴3　脉冲输出(SIGN)							○									
轴3　脉冲输出(CW)																
轴3　脉冲输出(CCW)																
轴3　清除信号																
轴4　脉冲输出(PULSE)				○												
轴4　脉冲输出(SIGN)								○								
轴4　脉冲输出(CW)																
轴4　脉冲输出(CCW)																
轴4　清除信号																
PWM																

图 7-6　输出确认窗口

7.3 定位控制指令编程技巧

7.3.1 定位指令通识

这一类指令提供了使用 PLC 内置的脉冲输出功能进行定位控制功能。主要用作控制伺服放大器和步进电动机。

指令在脉冲输出过程中，不能在 PLC 运行时写入程序。使用时有以下注意事项：

1) 不能同时驱动同一输出继电器（Y0、Y1、Y2、Y3）的定位指令。建议如要用到定位指令时，在其他指令中就慎用 Y0、Y1、Y2、Y3。

2) 在使用定位指令时，要用晶体管输出形式的 PLC。

3) 操作数的指定方法有 FX5 操作数和 FX3 兼容操作数两种。FX5 操作数有适用 CPU 模块和高速适配器两部分，FX3 兼容操作数指定只支持 CPU 模块。FX5 模式下本书只讲述适用 CPU 模块部分。

4) 所有速度单位设定为 1pps～200kpps 的值（脉冲换算）。

5) 与定位指令相关的软元件作用见表 7-4～表 7-6。

表 7-4　与定位指令相关的特殊继电器（部分）

名称	FX5 专用（CPU 模块）				FX3 兼容用（仅对 CPU 模块）				R/W
	轴1	轴2	轴3	轴4	轴1	轴2	轴3	轴4	
执行结束标志位	—	—	—	—	SM8029				R
定位指令驱动中	SM5500	SM5501	SM5502	SM5503	SM8348	SM8358	SM8368	SM8378	R
脉冲输出中监控	SM5516	SM5517	SM5518	SM5519	SM8340	SM8350	SM8360	SM8370	R
表格转移指令	SM5580	SM5581	SM5582	SM5583	—	—	—	—	R/W
剩余距离运行有效	SM5596	SM5597	SM5598	SM5599	—	—	—	—	R/W
剩余距离运行开始	SM5612	SM5613	SM5614	SM5615	—	—	—	—	R/W
脉冲停止指令	SM5628	SM5629	SM5630	SM5631	—	—	—	—	R/W
脉冲减速停止指令	SM5644	SM5645	SM5646	SM5647	—	—	—	—	R/W
正转极限	SM5660	SM5661	SM5662	SM5663	—	—	—	—	R/W
反转极限	SM5676	SM5677	SM5678	SM5679	—	—	—	—	R/W
旋转方向设置	SM5772	SM5773	SM5774	SM5775	—	—	—	—	R/W
原点回归方向指定	SM5804	SM5805	SM5806	SM5807	—	—	—	—	R/W
清除信号输出功能有效	SM5820	SM5821	SM5822	SM5823	—	—	—	—	R/W
零点信号计数开始时间	SM5868	SM5869	SM5870	SM5871	—	—	—	—	R/W

表 7-5　与定位指令相关的寄存器作用（FX5 专用 CPU 模块部分）

名称	轴1	轴2	轴3	轴4	R/W
当前地址（用户单位）	SD5500、SD5501	SD5540、SD5541	SD5580、SD5581	SD5620、SD5621	R/W
当前地址（脉冲单位）	SD5502、SD5503	SD5542、SD5543	SD5582、SD5583	SD5622、SD5623	R/W
当前速度（用户单位）	SD5504、SD5505	SD5544、SD5545	SD5584、SD5585	SD5624、SD5625	R
定位执行中的表格编号	SD5506	SD5546	SD5586	SD5626	R

(续)

名称	轴1	轴2	轴3	轴4	R/W
最高速度	SD5516、SD5517	SD5556、SD5557	SD5596、SD5597	SD5636、SD5637	R/W
加速时间	SD5520	SD5560	SD5600	SD5640	R/W
减速时间	SD5521	SD5561	SD5601	SD5641	R/W
原点回归速度	SD5526、SD5527	SD5566、SD5567	SD5606、SD5607	SD5646、SD5647	R/W
爬行速度	SD5528、SD5529	SD5568、SD5569	SD5608、SD5609	SD5648、SD5649	R/W
原点地址	SD5530、SD5531	SD5570、SD5571	SD5610、SD5611	SD5650、SD5651	R/W

表7-6　与定位指令相关的寄存器作用（仅对FX3兼容用CPU模块部分）

名称	轴1	轴2	轴3	轴4	R/W
PLSY指令轴1、轴2输出合计	SD8136、SD8137	—	—	R/W	
PLSY指令输出脉冲数	SD8140、SD8141	SD8142、SD8143	—	—	R/W
当前地址（脉冲单位）	SD8340、SD8341	SD8350、SD8351	SD8360、SD8361	SD8370、SD8371	R

7.3.2　定位指令编程技巧

1. 脉冲输出（PLSY/DPLSY）

PLSY指令是用于发生脉冲信号的指令。仅产生正转脉冲，增加当前地址的内容。不支持高速脉冲输入输出模块。指令能执行16位和32位数据。指令表现形式如图7-7所示，图中所示为从［D］中输出速度［S1］、数量为［S2］的正脉冲串（16位运算）。

注：PLSY/DPLSY指令由于没有方向，因此旋转方向设定无效，始终为当前地址增加。

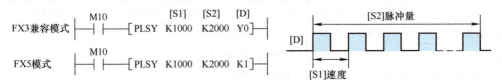

图7-7　PLSY指令表现形式

1）指令对象操作数说明见表7-7（表中FX3兼容模式仅对应CPU模块）。

表7-7　指令对象操作数说明

操作数	内容	范围（16bit/32bit）
S1	指令速度或存储了数据的字软元件编号	0~65535/0~2147483647（用户单位）
S2	脉冲量数据或是保存数据的字软元件编号	0~65535/0~2147483647（用户单位）
D（FX5模式）	输出脉冲的轴编号	K1~K4（高速I/O参数中设定的定位参数轴编号）
D（FX3兼容）	输出脉冲的位软元件（Y）编号	0~3（只能使用Y0~Y3）

2）如果希望脉冲的输出数量没有限制时，可将［S2］设定为K0，可无限制发出脉冲，如图7-8所示。

3）指令使用注意事项：

① 指定脉冲数完成后，SM8029置1。当PLSY指令从ON到OFF时，SM8029复位。

② 指令执行过程中，执行条件断开，脉冲输出也随之停止。执行再次变为ON时，脉冲再次输出，脉冲数重新开始计算。

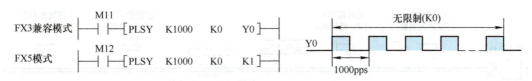

图 7-8 无限制发出脉冲示例

2. 机械原点回归（DSZR/DDSZR）

CPU 模块的电源置为 OFF 后，当前地址清零，因此上电后，必须使机械位置和 CPU 模块的当前地址位置相吻合。用机械原点回归 DSZR/DDSZR 指令进行原点回归，使机械位置和 CPU 模块中的当前地址相吻合。这条指令解决了 ZRN 不支持的 DOG 搜索功能。指令的表形式如图 7-9 所示。

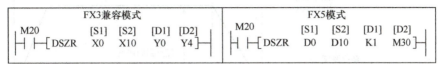

图 7-9 DSZR 指令表形式

1）指令在 FX5 CPU 模式下操作数说明见表 7-8。指令在 FX3 兼容操作数（仅对应 CPU 模块）操作数说明见表 7-9。

表 7-8 FX5 CPU 模式下指令对象操作数说明

操作数	内容	范围（16bit/32bit）
S1	原点回归速度或存储了数据的字软元件编号	0～65535/0～2147483647（用户单位）
S2	爬行速度或存储了数据的字软元件编号	0～65535/0～2147483647（用户单位）
D1	输出脉冲的轴编号	K1～K4（I/O 参数中设定的定位参数轴编号）
D2	指令执行结束/异常结束标志位的位软元件编号	—

表 7-9 FX3 兼容模式下指令对象操作数说明

操作数	内容	范围
S1	输入近点 DOG 信号的位软元件编号	X 时，须在高速 I/O 参数中设定软元件
S2	输入零点信号的位软元件编号	X 以外时，使用与近点 DOG 信号（s1）相同的软元件
D1	输出脉冲的位软元件（Y）编号	0～3（只能使用 Y0～Y3）
D2	输出旋转方向的位软元件编号	指定输出软元件（Y）时，仅可指定定位参数中指定的软元件或通用输出

2）原点回归方向：正方向为地址增加方向，负方向为地址减少方向。

3）使用注意事项：

① 设计近点 DOG 时，要考虑有足够为 ON 的时间能充分减速到爬行速度。在近点 DOG 的前端开始减速到爬行速度，在"近点 DOG 的后端"或者"从近点 DOG 的后端开始检测出第一个零点信号"时停止，清除当前地址。在近点 DOG 的后端前，没有能够减速到爬行速度时，会导致停止位置偏移。

② 使爬行速度足够的慢。由于不进行减速停止，所以如果爬行速度过快，会由于惯性导致停止位置偏移。

③ 近点 DOG 须设置在反转限位 1（LSR）和正转限位 1（LSF）之间，如图 7-10 所示。

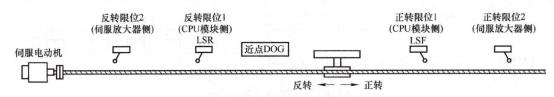

图 7-10 近点 DOG 位置示意图

【例 7-1】 如图 7-11 所示原点回归工作示意图，原点回归工作在软件中要设置定位数据，见表 7-10。原点回归使用示例程序如图 7-12 所示。

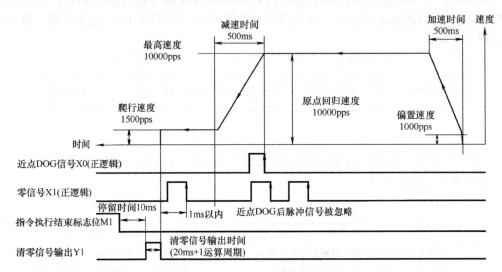

图 7-11 原点回归工作示意图

表 7-10 定位数据（高速 I/O 参数输出功能中设定）

	项目	轴 1		项目	轴 1
基本参数1	脉冲输出模式	1：PULSE/SIGN	详细设定参数	外部开始信号 启用/禁用	0：禁用
	输出软元件（PULSE/CW）	Y0		中断输入信号 1 启用/禁用	0：禁用
	输出软元件（SIGN/CCW）	Y4		中断输入信号 1 逻辑	0：正逻辑
	旋转方向设置	0：正转脉冲输出增加当前地址	原点回归参数	原点回归 启用/禁用	启用
				原点回归方向	0：负方向
	单位设置	0：电动机系统（pulse，pps）		原点地址	0 pulse
				清除信号输出 启用/禁用	1：启用
	每转的脉冲数	2000pulse		清除信号输出 软元件号	Y1
	每转的移动量	1000pulse		原点回归停留时间	100ms
	位置数据倍率	1：×1 倍		近点 DOG 信号 软元件号	X1
基本参数2	插补速度指定方法	0：合成速度		近点 DOG 信号 逻辑	0：正逻辑
	最高速度	10000pps		零点信号 软元件号	X0
	偏置速度	1000pps		零点信号 逻辑	0：正逻辑
	加速时间	500ms		零点信号 原点回归零点信号数	1
	减速时间	800ms			
				零点信号 计数开始时间	0：近点 DOG 后端

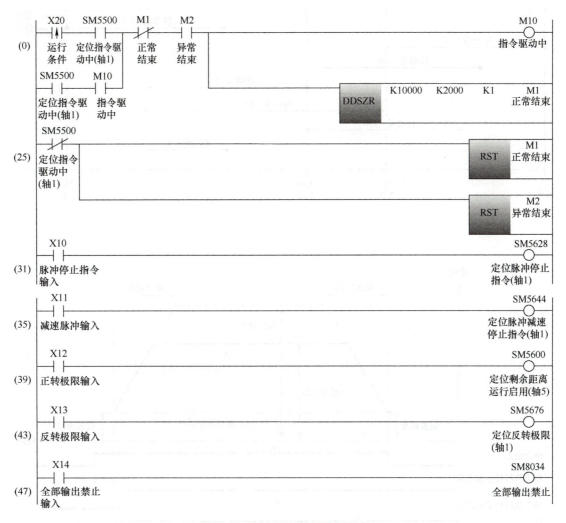

图 7-12 原点回归使用示例程序

3. 相对定位（DRVI/DDRVI）

DRVI/DDRVI 指令是以相对驱动方式执行单速定位的指令。用带有正/负的符号指定从当前位置开始移动距离的方式，也称增量（相对）驱动方式。指令表形式如图 7-13 所示。相对定位脉冲数表示如图 7-14 所示，速度曲线如图 7-15 所示，指令使用要点说明如下：

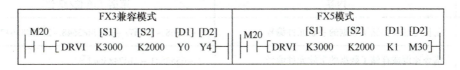

图 7-13 DRVI 指令表形式

1）指令在 FX5 CPU 模式下操作数说明见表 7-11。指令在 FX3 兼容操作数（仅对应 CPU 模块）操作数说明见表 7-12。

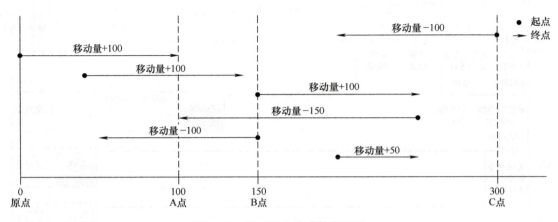

图 7-14 相对定位脉冲数表示图

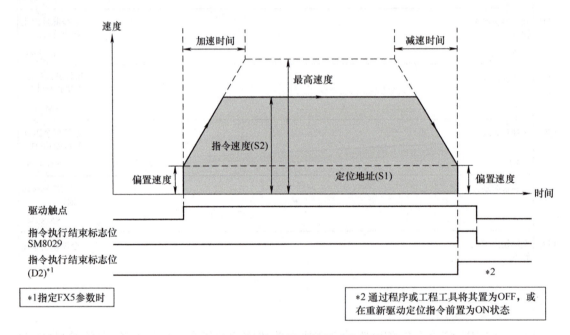

图 7-15 增量驱动设置值与速度曲线

表 7-11 FX5 CPU 模式下指令对象操作数说明

操作数	内容	范围 (16 位/32 位)
S1	定位地址或存储了数据的字软元件编号	−32768～32767/−2147483648～2147483647①
S2	指令速度或存储了数据的字软元件编号	1～65535/1～2147483647①
D1	输出脉冲的轴编号	K1～K4（I/O 参数中设定的定位参数轴编号）
D2	指令执行结束/异常结束标志位的位软元件编号	—

① 用户单位，请设定为 1pps～200kpps 的值（脉冲换算）。

项目 7 PLC 运动控制系统设计技术

表 7-12 FX3 兼容模式下指令对象操作数说明

操作数	内容	范围（16 位/32 位）
S1	定位地址或存储了数据的字软元件编号	-32768～32767/-2147483648～2147483647①
S2	指令速度或存储了数据的字软元件编号	1～65535/1～2147483647①
D1	输出脉冲的输出位软元件（Y）编号	0～3（只能使用 Y0～Y3）
D2	输出旋转方向的位软元件编号	指定输出软元件（Y）时，仅可指定定位参数中指定的软元件或通用输出

① 用户单位，请设定为 1pps～200kpps 的值（脉冲换算）。

2）指令中 [S1] 不管哪种模式下，都可以用脉冲数的正负改变运动方向。
3）在 FX3 兼容模式指令中的 [D2]：[D2] = ON 时为正转，[D2] = OFF 时为反转。
4）指令在使用时必须设定相应的参数。参考原点回归设定的参数（参见表 7-9）。

4. 绝对定位（DRVA/DDRVA）

DRVA/DDRVA 是以绝对驱动方式执行单速定位的指令。用指定从原点（零点）开始的移动距离的方式，也称绝对驱动位置驱动。DRVA 指令表现形式如图 7-16 所示。绝对位置示意如图 7-17 所示。有关绝对定位的使用参考相对定位。

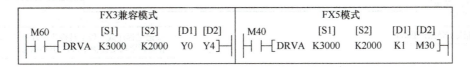

图 7-16 DRVA 指令表现形式

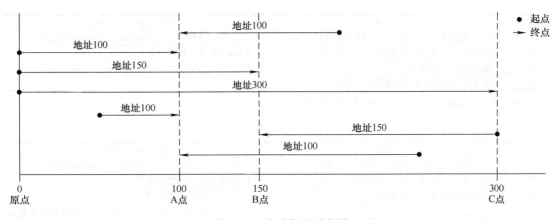

图 7-17 绝对位置示意图

5. 中断定位（DVIT/DDVIT）

在定位中，用 DVIT/DDVIT 指令执行单速中断定长进给。该指令可通过用户程序控制中断信号。指令表现形式如图 7-18 所示，定位工作示意如图 7-19 所示。

1）指令在 FX5 CPU 模式下操作数说明见表 7-13 所示。指令在 FX3 兼容操作数（仅对应 CPU 模块）操作数说明见表 7-14 所示。

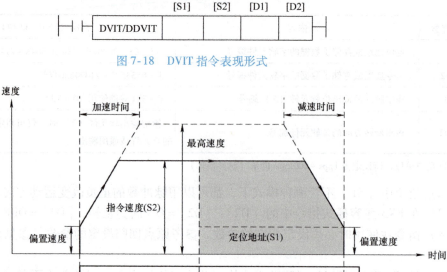

图7-18 DVIT指令表现形式

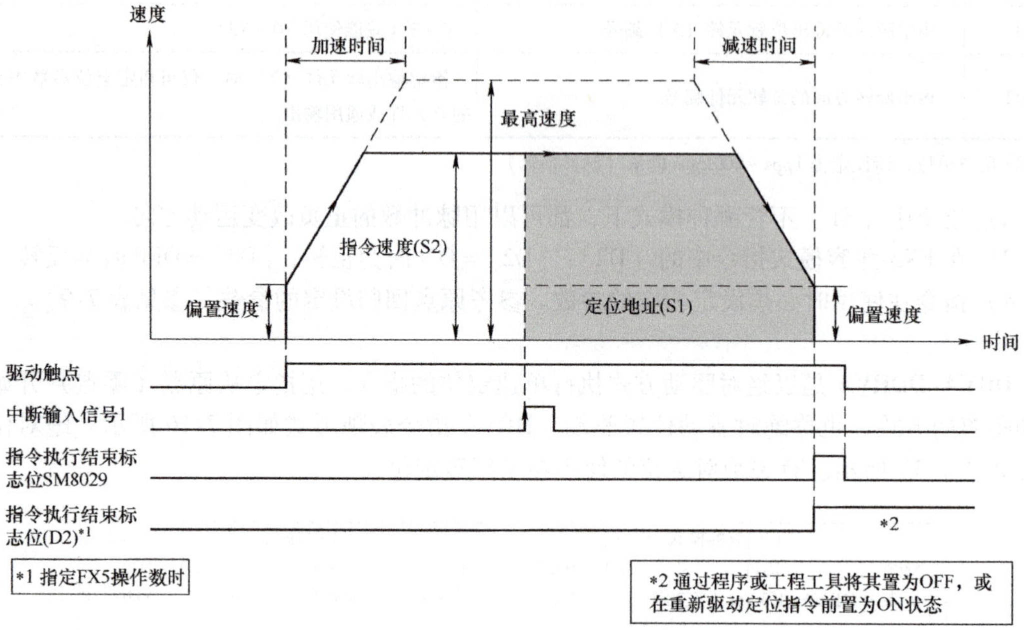

图7-19 中断定位工作示意

表7-13 FX5 CPU模式下指令对象操作数说明

操作数	内容	范围（16位/32位）
S1	定位地址或存储了数据的字软元件编号	-32768~32767/-2147483648~2147483647①
S2	指令速度或存储了数据的字软元件编号	1~65535/1~2147483647①
D1	输出脉冲的轴编号	K1~K4（I/O参数中设定的定位参数轴编号）
D2	指令执行结束/异常结束标志位的位软元件编号	—

① 用户单位，请设定为1pps~200kpps的值（脉冲换算）。

表7-14 FX3兼容模式下指令对象操作数说明

操作数	内容	范围（16位/32位）
S1	定位地址或存储了数据的字软元件编号	-32768~32767/-2147483648~2147483647①
S2	指令速度或存储了数据的字软元件编号	1~65535/1~2147483647①
D1	输出脉冲的输出位软元件（Y）编号	0~3（只能使用Y0~Y3）
D2	输出旋转方向的位软元件编号	指定输出软元件（Y）时，仅可指定定位参数中指定的软元件或通用输出

① 用户单位，请设定为1pps~200kpps的值（脉冲换算）。

2）指令在使用时必须设定相应的参数。参考原点回归设定的参数（见表7-10），但要将其中"中断输入信号1启用/禁用"项设定为"1"，表示启用中断。

6. 可变速脉冲输出（PLSV/DPLSV）

PLSV（FNC 157）是输出带旋转方向的可变速脉冲的指令（所谓变速输出指的是在脉冲输出过程中可自由改变输出脉冲频率）。指令表现形式如图7-20所示。

项目 7 PLC 运动控制系统设计技术

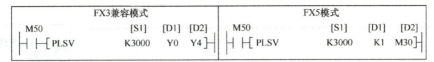

图 7-20 PLSV 指令表现形式

1) 指令在 FX5 CPU 模式下操作数说明见表 7-15。指令在 FX3 兼容操作数（仅对应 CPU 模块）操作数说明见表 7-16。

表 7-15 FX5 CPU 模式下指令对象操作数说明

操作数	内容	范围（16bit/32bit）
S	指令速度或存储了数据的字软元件编号	-32768~32767/-2147483648~2147483647①
D1	输出脉冲的轴编号	K1~K4（I/O 参数中设定的定位参数轴编号）
D2	指令执行结束/异常结束标志位的位软元件编号	—

① 用户单位，请设定为 1pps~200kpps 的值（脉冲换算）。

表 7-16 FX3 兼容模式下指令对象操作数说明

操作数	内容	范围（16bit/32bit）
S	指令速度或存储了数据的字软元件编号	-32768~32767/-2147483648~2147483647①
D1	输出脉冲的输出位软元件（Y）编号	0~3（只能使用 Y0~Y3）
D2	输出旋转方向的位软元件编号	指定输出软元件（Y）时，仅可指定定位参数中指定的软元件或通用输出

① 用户单位，请设定为 1pps~200kpps 的值（脉冲换算）。

2) 指令在使用时必须设定相应的参数，参考原点回归设定的参数见表 7-10。

3) 如果要变速必须要给 [S] 不同的速度，否则是单速运行。示范程序如图 7-21 所示。

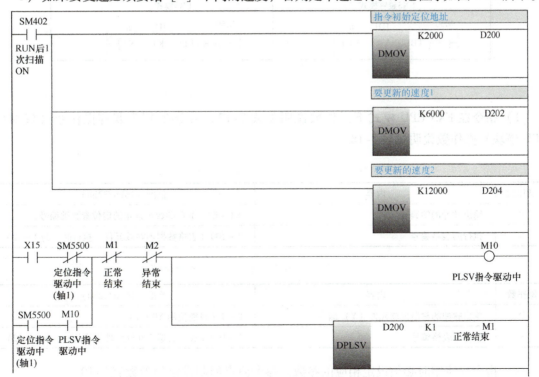

图 7-21 PLSV 示范程序

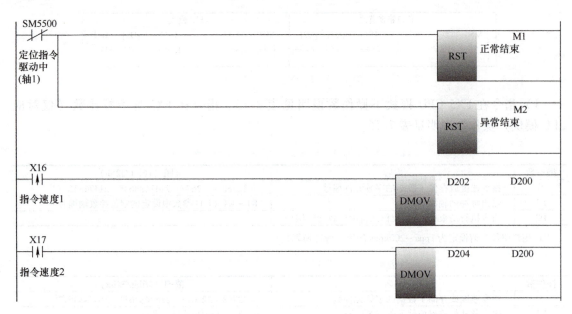

图 7-21　PLSV 示范程序（续）

7. 单独表格运行（TBL）

该指令可以使用 GX Works3 预先在表格数据中设定的控制方式的动作，执行 1 个表格。不支持高速脉冲输入输出模块。指令表现形式如图 7-22 所示。

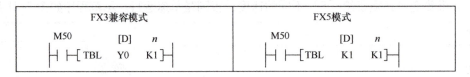

图 7-22　指令表现形式

1）指令在 FX5 CPU 模式下操作数说明见表 7-17。指令在 FX3 兼容操作数（仅对应 CPU 模块）操作数说明见表 7-18。

表 7-17　FX5 CPU 模式下指令对象操作数说明

操作数	内容	范围（16bit/32bit）
D	输出脉冲的轴编号	K1~K4（I/O 参数中设定的定位参数轴编号）
n	执行的表格编号	1~100（表格数据不在软元件上执行时，为 1~32）

表 7-18　FX3 兼容模式下指令对象操作数说明

操作数	内容	范围（16bit/32bit）
D	输出脉冲的输出位软元件（Y）编号	0~3（只能使用 Y0~Y3）
n	执行的表格编号	1~100（表格数据不在软元件上执行时，为 1~32）

2）指令在使用时必须设定相应的参数。参考原点回归设定的参数表 7-10。

3）相关特殊软元件见表 7-19。除表中以外，均根据表格的控制方式决定。

表 7-19 相关特殊软元件

名称	轴 1	轴 2	轴 3	轴 4	说明
定位表格数据初始化禁用	SM5916	SM5917	SM5918	SM5919	R/W
定位执行中的表格编号	SD5506	SD5546	SD5586	SD5626	R
定位出错的表格编号	SD5511	SD5551	SD5591	SD5631	R/W

4) 与其他指令的关系

TBL 指令仅可进行指定的 1 个表格的动作。结束标志位仅进行与其他指令通用的结束标志位的动作。

DRVTBL 指令可以通过 1 个指令驱动多个表格。此外,表格的执行方法可以从步进运行、连续运行中选择。

DRVMUL 指令可以同时开始最多 4 轴的表格。此外,可以通过间接指定表格编号进行连续运行。

DRVTBL、DRVMUL 指令可指定用户指定的结束标志位。

8. 多个表格运行(DRVTBL)

指令为使用 GX Works3 设定的表格数据,通过 1 个指令连续运行或步进运行多个表格。指令表现形式如图 7-23 所示。指令操作数说明见表 7-20。

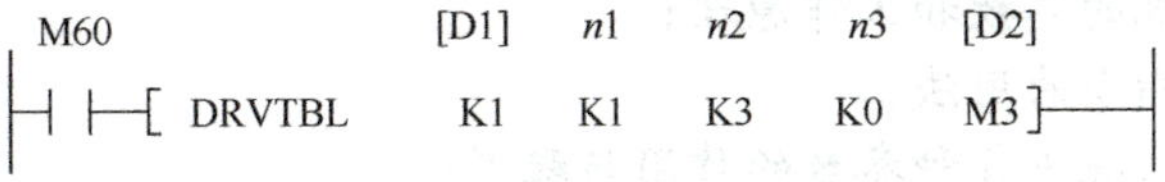

```
  M60              [D1]  n1  n2  n3  [D2]
───┤ ├───  DRVTBL   K1   K1  K3  K0   M3
```

图 7-23 DRVTBL 指令表现形式

表 7-20 指令对象操作数说明

操作数	内容	范围
D1	输出脉冲的轴编号	K1 ~ K4
n1	执行的起始表格编号	1 ~ 100
n2	执行的最终表格编号	1 ~ 100
n3	表格的执行方法	0、1
D2	指令执行结束、异常结束标志位的位软元件编号	1 ~ 100

表 7-20 中各操作数说明如下:

D1:CPU 模块:K1 ~ K4(轴 1 ~ 轴 4);高速脉冲输入输出模块:K5 ~ K12(轴 5 ~ 轴 12)。

$n1$:表格数据不在软元件上执行时,CPU 模块为 1 ~ 32。

$n2$:表格数据不在软元件上执行时,CPU 模块为 1 ~ 32。如果 ($n1$) = ($n2$),仅执行 1 个表格。($n1$) > ($n2$) 时,持续进行表格运行,直至执行最多表格数或控制方式 [0:无定位] 的表格。

$n3$:K0 为步进运行;K1 为连续运行。如果 $n3$ = K0,在 1 个表格结束时如果检测出表格转移指令,则切换至下一个表格。另外,也可以通过外部开始信号切换表格。

D2:表格数据不在软元件上执行时,CPU 模块为 1 ~ 32。其中 (D2) 为指令执行结束标志位,(D2)+1 为指令执行异常结束标志位。

任务 18　步进电动机定位控制系统设计与调试

任务要求

某自动化生产线上有一步进电动机控制系统，按如下要求进行调试。
1. 正确设置步进驱动器的参数。
2. 系统通过触摸屏操作控制步进电动机的起停和回原点等，在触摸屏上设定回原点速度、运行速度、运行位置，并能显示实时位置、实时速度，监视回原点的运行状态。

根据以上要求，采用 PLC 控制步进电动机，设计控制电路、分配 I/O、编写控制程序和设计触摸屏画面，安装系统调试运行。

任务目标

知识目标
1. 理解 PLC 控制步进电动机设计方案；
2. 掌握步进电动机的参数和工作原理；
3. 掌握定位控制指令的用法；
4. 理解定位控制系统中各种参数的作用与配置；
5. 掌握定位控制系统中特殊 SM、SD 的用法。

技能目标
1. 能分析任务控制要求，并正确分配 I/O；
2. 能根据系统要求设计控制电路，并能装调步进驱动装置；
3. 能根据任务求设计控制程序和触摸屏工程画面；
4. 能根据任务要求在软件中设置相应的定位参数；
5. 会 PLC 控制步进定位控制系统安装、调试与故障处理。

任务设备

FX 系列 PLC（FX5U-64MT）、触摸屏（GS21 系列）、计算机（安装有 GX Works3 软件）、步进电动机、机电一体化实训台、指示灯挂箱、连接线、通信线等。

 设计指引

1. 根据控制要求进行 I/O 口分配（见表 7-21）

表 7-21　控制 I/O 口分配

输入端口	功能分配	输出端口	功能分配
X0	步进原点检测（原点）	Y0	PUL 步进脉冲
X10	左限位	Y4	DIR 步进方向
X11	右限位		

2. 根据 I/O 分配表，设计步进电动机控制接线图（见图 7-24）

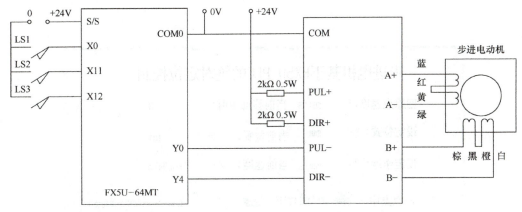

图 7-24 步进电动机控制接线图

3. 步进驱动器设置

将步进驱动器设置为电流 4.5A，全流，细分为 10000。步进驱动器拨码完成之后，步进驱动器断电重起。

4. 软件参数设置

打开"GX Works3"；软件→导航窗口→参数→FX5UCPU→模块参数→高速 I/O→输出功能→定位→详细设置→基本设置，如图 7-25 所示。

项目		轴1	轴2	轴3
基本参数1		设置基本参数1。		
	脉冲输出模式	1:PULSE/SIGN	0:不使用	0:不使用
	输出软元件(PULSE/CW)	Y0		
	输出软元件(SIGN/CCW)	Y4		
	旋转方向设置	0:通过正转脉冲输出增加当前地址	0:通过正转脉冲输出增加当前地址	0:通过正转脉冲输出增加当前地址
	单位设置	0:电机系统(pulse, pps)	0:电机系统(pulse, pps)	0:电机系统(pulse, pps)
	每转的脉冲数	2000 pulse	2000 pulse	2000 pulse
	每转的移动量	1000 pulse	1000 pulse	1000 pulse
	位置数据倍率	1:×1倍	1:×1倍	1:×1倍
基本参数2		设置基本参数2。		
	插补速度指定方法	0:合成速度	0:合成速度	0:合成速度
	最高速度	100000 pps	100000 pps	100000 pps
	偏置速度	0 pps	0 pps	0 pps
	加速时间	100 ms	100 ms	100 ms
	减速时间	100 ms	100 ms	100 ms
详细设置参数		设置详细设置参数。		
	外部开始信号 启用/禁用	0:禁用	0:禁用	0:禁用
	外部开始信号 软元件号	X0	X0	X0
	外部开始信号 逻辑	0:正逻辑	0:正逻辑	0:正逻辑
	中断输入信号1 启用/禁用	0:禁用	0:禁用	0:禁用
	中断输入信号1 模式	0:高速模式	0:高速模式	0:高速模式
	中断输入信号1 软元件号	X0	X0	X0
	中断输入信号1 逻辑	0:正逻辑	0:正逻辑	0:正逻辑
	中断输入信号2 逻辑	0:正逻辑	0:正逻辑	0:正逻辑
原点回归参数		设置原点回归参数。		
	原点回归 启用/禁用	1:启用	0:禁用	0:禁用
	原点回归方向	1:正方向(地址增加方向)	0:负方向(地址减少方向)	0:负方向(地址减少方向)
	原点地址	0 pulse	0 pulse	0 pulse
	清除信号输出 启用/禁用	1:启用	1:启用	1:启用
	清除信号输出 软元件号	Y10	Y0	Y0
	原点回归停留时间	0 ms	0 ms	0 ms
	近点DOG信号 软元件号	X1	X0	X0
	近点DOG信号 逻辑	0:正逻辑	0:正逻辑	0:正逻辑
	零点信号 软元件号	X0	X0	X0
	零点信号 逻辑	0:正逻辑	0:正逻辑	0:正逻辑
	零点信号 原点回归零点信号数	1	1	1
	零点信号 计数开始时间	0:近点DOG后端	0:近点DOG后端	0:近点DOG后端

图 7-25 软件参数设置

5. 根据控制要求设计触摸屏画面（见图 7-26）

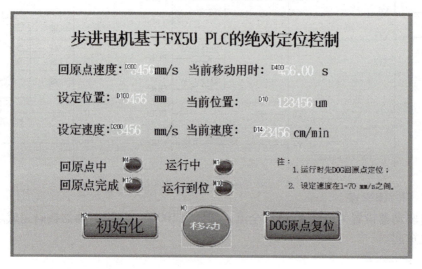

图 7-26　参考触摸屏画面

6. 编写参考程序（见图 7-27）

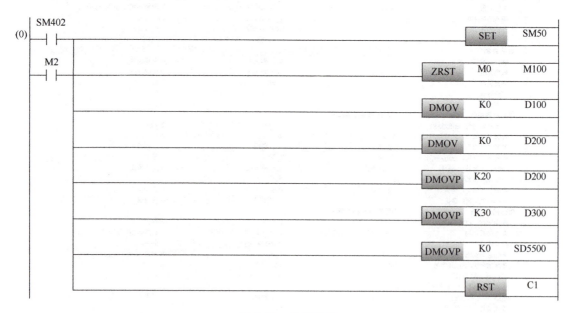

图 7-27　参考程序

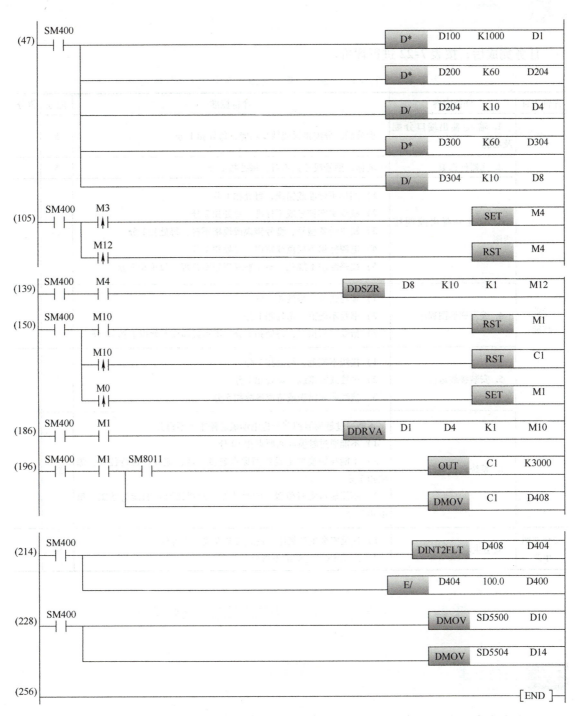

图 7-27 参考程序（续）

 任务评价

任务完成后,按表 7-22 进行评价。

表 7-22 步进电动机定位控制系统设计与调试任务评价表

评价项目	评价内容	评价标准	配分	得分
专业技能	1. 输入/输出端口分配及功能	少分配、分配错误或缺少功能,每处扣 1 分	5	
	2. 元器件选取	名称、型号或参数不对,每处扣 1 分	5	
	3. 设计并画出控制接线图	1)图形不标准或错误,每处扣 1 分 2)缺少文字符号或不标准,每处扣 2 分 3)缺少设备型号、型号错误或规格不符,每处扣 1 分 4)电源标识不规范或错误,每处扣 1 分 5)线路绘制不规范、不工整或规划不合理,每项扣 1 分	10	
	4. 编写梯形图程序	1)编写错误,每处扣 1 分 2)书写不规范,每处扣 1 分 3)指令书写错误,每处扣 1 分,不写或错误 5 处以上扣 10 分	10	
	5. 安装接线运行	1)接线不规范,每处扣 1 分 2)少接或漏接线,每处扣 1 分 3)接线明显错误或造成事故扣 5 分	5	
	6. 系统调试运行	不能通过触摸屏控制步进电动机起停本项不得分 1)不能通过触摸屏回原点扣 10 分 2)不能在触摸屏上设定回原点速度、运行速度、运行位置,每项扣 5 分 3)不能显示实时位置、实时速度,监视回原点的运行状态,每项扣 5 分	55	
安全文明生产	安全生产规定	1)违反安全生产规定,造成安全事故的不得分 2)岗位 8S 不达标的不得分	10	

任务 19 滚珠丝杆移位控制系统设计与调试

 任务要求

某生产线有一步进电动机联动滚珠丝杆运行,系统采用 PLC 控制步进电动机运行。运行时按如下要求控制:

1. 系统上电进入初始状态。起动步进电动机控制系统,移动机构自动复位到原点位置。
2. 到达原点,开始延时 3s,运动机构向右运动;运行到右限位开关后,延时 1s 向左运

动；运行到左限位开关后，延时 1s 向右运动；运行到右限位开关后，延时 1s 向左运动；运行到原点位置后，为一个运行周期。延时 2s 后，重复以上运动轨迹 N 周。运行完毕后自动停止。系统运行流程图如图 7-28 所示（注：运行周数 N 现场指定）。

3. 系统有手动控制和自动控制功能，手动控制要求在触摸屏画面上分别独立输入左/右移动位移量、选择移动方向。并按设定的移动量和方向运行。

4. 自动运行时，在触摸屏上设定运行周期，通过触摸屏控制系统运行。

请根据以上要求，分配 I/O 端口、设计电路、编写程序、设计触摸屏画面、进行控制系统接线并调试运行实现控制技术要求。

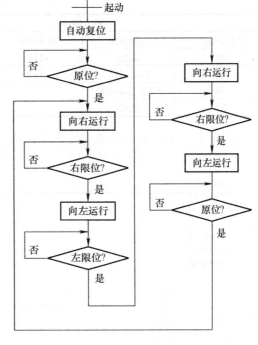

图 7-28　系统运行流程图

任务目标

知识目标
1. 理解 PLC 控制步进电动机设计方案；
2. 掌握步进电动机的参数和工作原理；
3. 掌握定位控制指令的用法；
4. 理解定位控制系统中各种参数的作用与配置；
5. 掌握定位控制系统中特殊 SM、SD 的用法。

技能目标
1. 能分析任务控制要求，并正确分配 I/O；
2. 能根据系统要求设计控制电路，并能装调步进驱动装置；
3. 能根据任务设计控制程序和触摸屏工程画面；
4. 能根据任务要求在软件中设置相应的定位参数；
5. 会 PLC 控制步进定位控制系统安装、调试与故障处理。

任务设备

FX 系列 PLC（FX5U-64MT）、GS21 系列触摸屏、计算机（安装有 GX Works3 软件）、步进电动机联动丝杆系统、机电一体化实训台、指示灯挂箱、连接线、通信线等。

设计指引

1. 根据控制要求进行 I/O 分配（见表 7-23）

表 7-23　参考 I/O 分配表

输入端口				输出端口	
输入地址	功能分配	输入地址	功能分配	输出地址	功能分配
X0	原点	X11	左限	Y0	脉冲输出
X5	自动起动	X12	右限	Y4	方向控制
X6	手动/自动切换				
X7	急停				

2. PLC 控制步进电动机参考原理接线（参考图 7-24）

3. 按控制要求编写参考程序（见图 7-29）

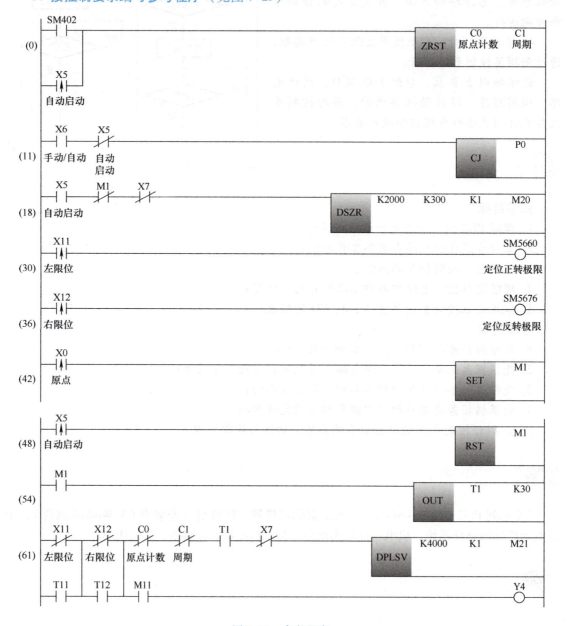

图 7-29　参考程序

项目7 PLC运动控制系统设计技术

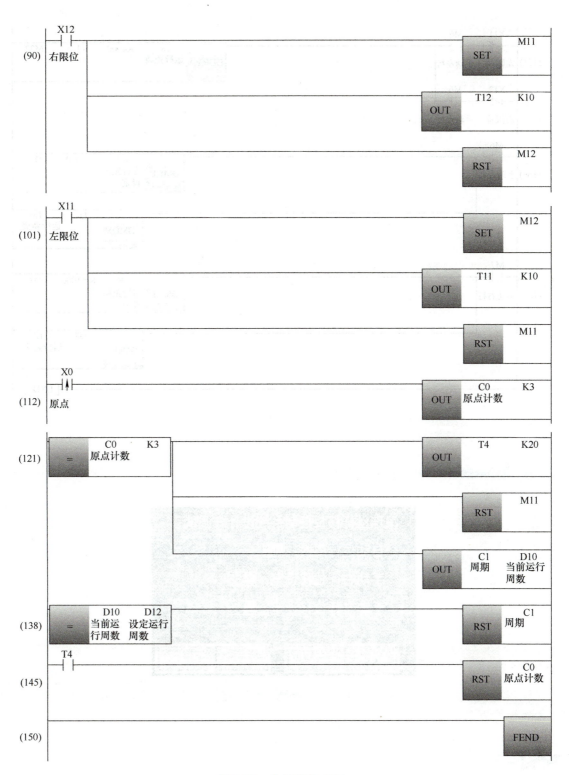

图 7-29 参考程序（续）

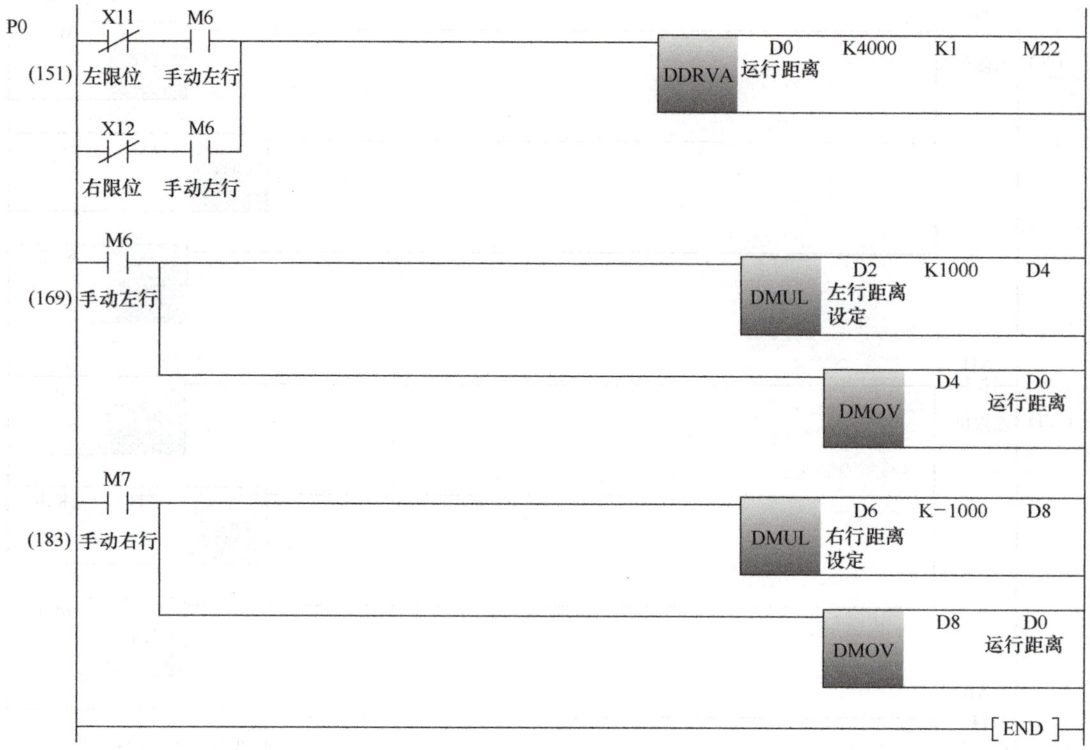

图 7-29　参考程序（续）

4. 设计触摸屏画面（见图 7-30）

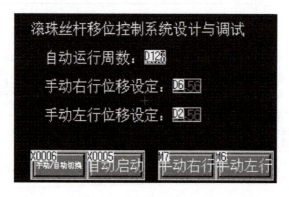

图 7-30　触摸屏参考画面

任务评价

任务完成后，按表 7-24 进行评价。

项目 7　PLC 运动控制系统设计技术　　　·257·

表 7-24　滚珠丝杆移位控制系统设计与调试任务评价表

评价项目	评价内容	评价标准	配分	得分
专业技能	1. 输入/输出端口分配及功能	少分配、分配错误或缺少功能，每处扣 1 分	5	
	2. 元器件选取	名称、型号或参数不对，每处扣 1 分	5	
	3. 设计并画出控制接线图	1）图形不标准或错误，每处扣 1 分 2）缺少文字符号或不标准，每处扣 2 分 3）缺少设备型号、型号错误或规格不符的，每处扣 1 分 4）电源标识不规范或错误，每处扣 1 分 5）线路绘制不规范、不工整或规划不合理，每项扣 1 分	10	
	4. 编写任务控制程序	1）编写错误，每处扣 1 分 2）书写不规范，每处扣 1 分 3）指令书写错误，每处扣 1 分，不写或错误 5 处以上扣 10 分	10	
	5. 安装接线运行	1）接线不规范，每处扣 1 分 2）少接或漏接线，每处扣 1 分 3）接线明显错误或造成事故扣 5 分	5	
	6. 系统调试运行	1）手动时不能选择左/右运行方向扣 5 分 2）手动时不能单独设定左行移动量扣 5 分 3）手动时不能单独设定右行移动量扣 5 分 4）手动时不能按指定移动量向左运行扣 10 分 5）手动时不能按指定移动量向右运行扣 10 分 6）自动运行不能按设定周期运行扣 10 分 7）自动运行按设定周期自动运行完后不能自动停止扣 5 分 8）自动运行运行完后不能重新启动扣 5 分	55	
安全文明生产	安全生产规定	1）违反安全生产规定，造成安全事故的不得分 2）岗位 8S 不达标的不得分	10	

任务 20　PLC 控制伺服定位系统设计与调试

任务要求

某自动化生产线上有伺服定位控制系统，按如下要求进行调试：
1. 正确设置伺服驱动器的参数设置。
2. 通过触摸屏控制伺服电动机的起停和回原点等，在触摸屏上设定回原点速度、运行速度、运行位置，并能显示实时位置、实时速度，监视回原点的运行状态。

根据以上要求，采用 PLC 控制伺服电动机，设计控制电路、分配 I/O、编写控制程序和设计触摸屏画面，安装系统调试运行。

 **任务目标**

知识目标

1. 理解 PLC 控制伺服电机方案；
2. 掌握伺服放大器的参数意义及作用；
3. 掌握定位控制指令的用法；
4. 理解定位控制系统中各种参数作用与配置；
5. 掌握定位控制系统中特殊 SM、SD 的用法。

技能目标

1. 能分析任务控制要求，并正确分配 I/O；
2. 能根据系统要求设计控制电路，并能装调伺服驱动装置；
3. 能根据任务要求设计控制程序和触摸屏工程画面；
4. 能根据任务要求在软件中设置相应的定位参数；
5. 会 PLC 控制伺服定位系统安装、调试与故障处理。

 **任务设备**

FX 系列 PLC（FX5U-64MR）、GS21 系列触摸屏、计算机（安装有 GX Works3 软件）、MR-J5 伺服放大器、机电一体化实训台、指示灯挂箱、连接线、通信线等。

设计指引

1. 根据控制要求分配 PLC 外部输入/输出点（见表 7-25）

表 7-25 PLC 外部输入/输出点（I/O）分配表

输入端口	功能分配	输出端口	功能分配
X0	伺服原点检测（原点）	Y0	PP 伺服脉冲
		Y4	NP 伺服方向

2. 设定伺服放大器参数（见表 7-26）

表 7-26 伺服放大器参数

序号	伺服参数	设定值	功能说明
1	PA01	3000	运行模式
2	PA05	10000	每转指令输入脉冲数
3	PA09	32	自动调谐响应性
4	PA13	0101	指令脉冲输入形式
5	PA21	1	每转的指令输入脉冲数有效（电子齿轮分子为编码器分辨率，电子齿轮分母为 PA05 的值）

3. 根据控制要求设计 PLC 外部接线（见图 7-31）

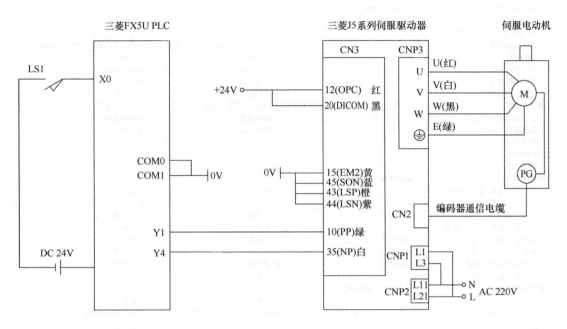

图 7-31　PLC 外部接线

4. 根据控制要求设计触摸屏画面（见图 7-32）

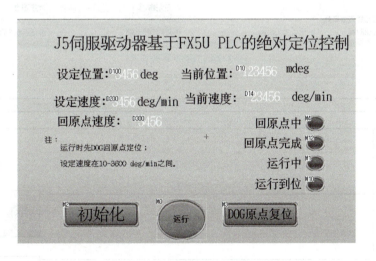

图 7-32　参考触摸屏画面

5. 软件参数设置

打开"GX Works3",软件→导航窗口→参数→FX5UCPU→模块参数→高速 I/O→输出功能→定位→详细设置→基本设置,如图 7-33 所示。

项目	轴1	轴2	轴3
基本参数1	设置基本参数1。		
脉冲输出模式	1:PULSE/SIGN	0:不使用	0:不使用
输出软元件(PULSE/CW)	Y0		
输出软元件(SIGN/CCW)	Y4		
旋转方向设置	0:通过正转脉冲输出增加当前地址	0:通过正转脉冲输出增加当前地址	0:通过正转脉冲输出增加当前地址
单位设置	0:电机系统(pulse, pps)	0:电机系统(pulse, pps)	0:电机系统(pulse, pps)
每转的脉冲数	2000 pulse	2000 pulse	2000 pulse
每转的移动量	1000 pulse	1000 pulse	1000 pulse
位置数据倍率	1:×1倍	1:×1倍	1:×1倍
基本参数2	设置基本参数2。		
插补速度指定方法	0:合成速度	0:合成速度	0:合成速度
最高速度	100000 pps	100000 pps	100000 pps
偏置速度	0 pps	0 pps	0 pps
加速时间	100 ms	100 ms	100 ms
减速时间	100 ms	100 ms	100 ms
详细设置参数	设置详细设置参数。		
外部开始信号 启用/禁用	0:禁用	0:禁用	0:禁用
外部开始信号 软元件号	X0	X0	X0
外部开始信号 逻辑	0:正逻辑	0:正逻辑	0:正逻辑
中断输入信号1 启用/禁用	0:禁用	0:禁用	0:禁用
中断输入信号1 模式	0:高速模式	0:高速模式	0:高速模式
中断输入信号1 软元件号	X0	X0	X0
中断输入信号1 逻辑	0:正逻辑	0:正逻辑	0:正逻辑
中断输入信号2 逻辑	0:正逻辑	0:正逻辑	0:正逻辑
原点回归参数	设置原点回归参数。		
原点回归 启用/禁用	1:启用	0:禁用	0:禁用
原点回归方向	1:正方向(地址增加方向)	0:负方向(地址减少方向)	0:负方向(地址减少方向)
原点地址	0 pulse	0 pulse	0 pulse
清除信号输出 启用/禁用	1:启用	1:启用	1:启用
清除信号输出 软元件号	Y10	Y0	Y0
原点回归停留时间	0 ms	0 ms	0 ms
近点DOG信号 软元件号	X1	X0	X0
近点DOG信号 逻辑	0:正逻辑	0:正逻辑	0:正逻辑
零点信号 软元件号	X0	X0	X0
零点信号 逻辑	0:正逻辑	0:正逻辑	0:正逻辑
零点信号 原点回归零点信号数	1	1	1
零点信号 计数开始时间	0:近点DOG后端	0:近点DOG后端	0:近点DOG后端

图7-33 软件参数设置

6. 设计参考程序（见图7-34）

图7-34 控制系统参考程序

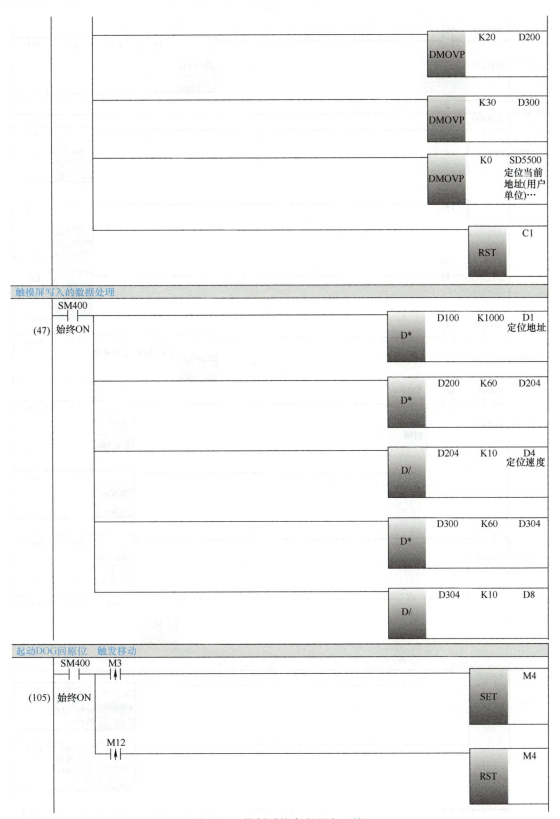

图 7-34 控制系统参考程序（续）

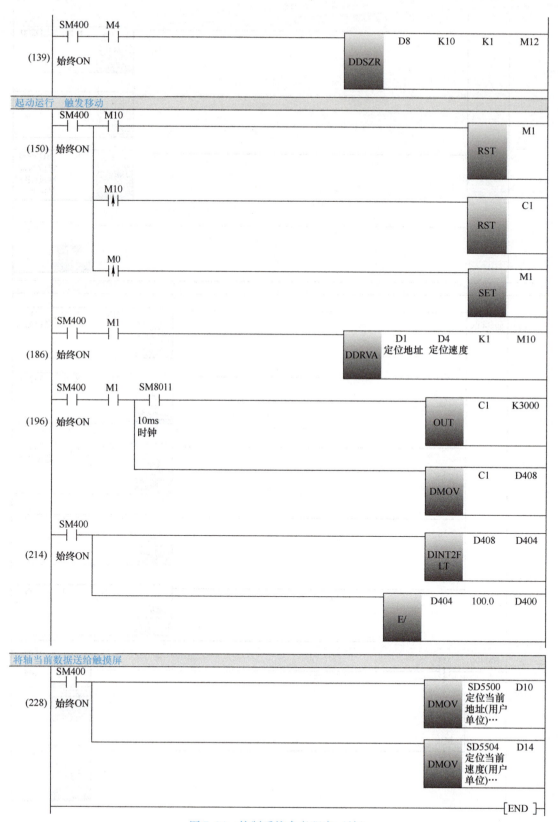

图 7-34　控制系统参考程序（续）

 **任务评价**

任务完成后，按表 7-27 进行评价。

表 7-27 PLC 控制伺服定位系统设计与调试任务评价表

评价项目	评价内容	评价标准	配分	得分
专业技能	1. I/O 分配	少分配、分配错误或缺少功能，每处扣 1 分	5	
	2. 元器件选取	名称、型号或参数不对，每处扣 1 分	5	
	3. 设计并画出控制接线图	1）图形不标准或错误，每处扣 1 分 2）缺少文字符号或不标准，每处扣 2 分 3）缺少设备型号、型号错误或规格不符，每处扣 1 分 4）电源标识不规范或错误，每处扣 1 分 5）线路绘制不规范、不工整或规划不合理，每项扣 1 分	10	
	4. 编写梯形图程序	1）编写错误，每处扣 1 分 2）书写不规范，每处扣 1 分 3）指令书写错误，每处扣 1 分，不写或错误 5 处以上扣 10 分	10	
	5. 安装接线运行	1）接线不规范，每处扣 1 分 2）少接或漏接线，每处扣 1 分 3）接线明显错误或造成事故扣 5 分	5	
	6. 系统调试运行	1）不能通过触摸屏控制回原点扣 10 分 2）不能在触摸屏上设定回原点速度、运行速度，每项扣 10 分 3）不能显示运行位置扣 5 分 4）不能显示实时运行速度、回原点运行状态，每项扣 10 分	55	
安全文明生产	安全生产规定	1）违反安全生产规定，造成安全事故的不得分 2）岗位 8S 不达标的不得分	10	

 知识拓展

7.4 步进电动机控制技术

7.4.1 步进电动机基础知识

1. 步进电动机控制概述

步进电动机作为执行元件，是一种控制用的特种电动机，步进电动机利用其没有积累误差（精度为达 100%）的特点，广泛应用于各种开环控制。应用于雕刻机、水晶研磨机、中型数控机床、电脑绣花机、包装机械、喷泉、点胶机、切料送料系统、自动绘图仪、机器人、3D 打印机等设备上。

步进电动机是一种用电脉冲信号进行控制，并将电脉冲信号转换成相应的角位移的执行器。当步进驱动器接收到一个脉冲信号，它就驱动步进电动机按设定的方向转动一个固定的角度（称"步距角"），它的旋转是以固定的角度一步一步运行的。

步进电动机通过控制脉冲个数来控制角位移量（转子角位移量与电脉冲数成正比），从而达到准确定位的目的；同时可以通过控制脉冲频率来控制电动机转动的速度和加速度（转速与电脉冲频率成正比），从而达到调速的目的。因此，只要通过控制输入脉冲的数量、频率以及电动机绕组通电相序就可以获得所需的转角、转速及转向。因此步进电动机具有以下特点：

1) 来一个脉冲，转一个步距角。
2) 控制脉冲频率，可控制电动机转速。
3) 改变脉冲顺序，可改变转动方向。

现在比较常用的步进电动机包括反应式步进电动机（VR）、永磁式步进电动机（PM）、混合式步进电动机（HB）和单相式步进电动机等。

永磁式步进电动机一般为两相，转矩和体积较小，步距角一般为7.5°或15°；

反应式步进电动机一般为三相，可实现大转矩输出，步距角一般为1.5°，但噪声和振动都很大。反应式步进电动机的转子磁路由软磁材料制成，定子上有多相励磁绕组，利用磁导的变化产生转矩。

混合式步进电动机是指混合了永磁式和反应式的优点。它又分为两相和五相：两相步距角一般为1.8°而五相步距角一般为0.72°，这种步进电动机的应用最为广泛。

感应式电动机以相数可分为：二相电动机、三相电动机、四相电动机、五相电动机等。

2. 步进电动机的术语

1) 相数：产生不同对极N、S磁场的激磁线圈对数。常用m表示。

2) 拍数：完成一个磁场周期性变化所需脉冲数或导电状态用n表示，或指电动机转过一个齿距角所需脉冲数，以四相电动机为例，有四相四拍运行方式即AB-BC-CD-DA-AB，四相八拍运行方式即：A-AB-B-BC-C-CD-D-DA-A。

3) 步距角：对应一个脉冲信号，电动机转子转过的角位移用θ表示。

$$\theta = \frac{360°}{Z_r mC}$$

式中，Z_r为转子齿数；C为状态系数；当采用单三拍或双三拍运行时，$C=1$；当采用单、双六拍运行时，$C=2$；m为每个通电循环周期的拍数。

以常规二、四相，转子齿为50齿电动机为例。四拍运行时步距角为$\theta = 360°/(50 \times 4) = 1.8°$（俗称整步），八拍运行时步距角为$\theta = 360°/(50 \times 8) = 0.9°$（俗称半步）。

实用步进电动机步距角多为3°和1.5°，为获得小步距角，电动机的定子、转子都做成多齿。

4) 细分：细分实际上是将步进电动机的步距角分成了几等分，其作用能消除步进电动机的低频共振现象，降少振动，降低工作噪声，提高步进输出转矩。但细分数越大精度，容易失步，越难控制。

假定原来一圈要200个脉冲，原来一个脉冲走1.8°（步距角），细分为4，那么每个脉冲只能走1.8/4°。

例如：丝杆的螺距5mm，步距角为1.8°，细分为5，则走5mm要多少脉冲？

则所需的脉冲数 = 360°/1.8°×5（细分） = 1000（脉冲）

5)脉冲数:电动机转一圈需要脉冲数 =360°/步距角。

实际一圈需要多少脉冲,出厂已决定好了。

脉冲频率越高,由于内部反相电动势的阻尼作用,转子与定子之间的磁反应将跟随不上电信号的变化,将会导致堵转和失步。所以步进电动机在高速起动的时候,需用脉冲频率加速的方法。

3. 步进驱动器

在三菱 FX5 系列 PLC 中有 4 个脉冲发生器,分别为 Y0、Y1、Y2 和 Y3,它们所产生的是一串串频率与数量可调的脉冲串(方波),如图 7-35 所示,如果我们直接用 PLC 输出的脉冲串去控制步进电动机,很显然是不能实现步进电动机的每相绕组轮流得电。如果每相绕组不能轮流得电,步进电动机就不会转动。为了解决这个问题,于是出现了步进驱动器。

图 7-35　FX5 PLC 可调脉冲串

步进驱动器:步进驱动器的功能简单地说就是从外部控制器接收脉冲信号(PULS)和方向信号(DIR),然后进行脉冲分配和驱动放大,最后将处理好的信号输出给步进电动机。另外步进电动机在停止时通常有一相绕组得电,电动机的转子被锁住,所以当需要转子松开时可以使用脱机信号(FREE)或让步进驱动器断电。

步进驱动器实物外形如图 7-36 所示,步进电动机驱动器连接如图 7-37 所示。

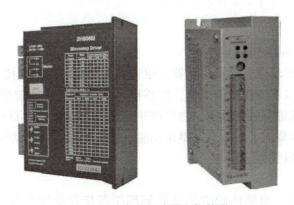

图 7-36　步进驱动器实物外形

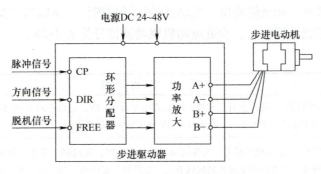

图 7-37　步进电动机驱动器连接图

4. 步进电动机控制对策

当用 PLC 来控制步进电动机时,在程序中主要控制三点:分别是脉冲数量的多少来决定步进电动机转动的角度,方向信号的有无来控制步进电动机的转动方向(电动机正向运行时给方向信号,反向运行时不用给方向信号),脉冲的频率来控制步进电动机转动的速度。步进电动机与 PLC 连接如图 7-38 所示。

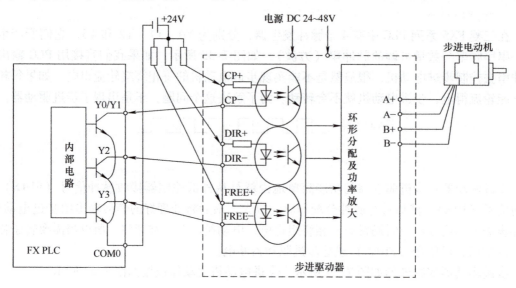

图 7-38 步进电动机与 PLC 连接图

7.4.2 步进驱动硬件系统产品介绍

本书介绍 3DM580S 步进电动机驱动器,驱动器采用数字式 PID 技术,用户可以设置1~256 之间的细分和 8A 以下的任意电流值,能够满足大多数场合的应用需要。由于采用内置微细分技术,即使在低细分的条件下,也能够达到高细分的效果,低中高速运行都很平稳,噪声超小。驱动器内部集成了参数自动整定功能,能够针对不同电动机自动生成最优运行参数,最大限度发挥电动机的性能。

1. 步进驱动器功能

步进驱动器的功能,简单地说就是从外部控制器接收脉冲信号(PULS)和方向信号(DIR),然后进行脉冲分配和驱动放大,最后将处理好的信号输出给步进电动机。另外步进电动机在停止时通常有一相绕组得电,电动机的转子被锁住,所以当需要转子松开时可以使用使能信号或让步进驱动器断电。步进电动机驱动器信号见表 7-28。

表 7-28 步进电动机驱动器信号

名称	功 能
PUL + (+5V)	脉冲控制信号:脉冲上升沿有效;PUL-高电平时 4~5V,低电平时 0~0.5V。为了可靠响应脉冲信号,脉冲宽度应大于 1.2μs。如采用 +12V 或 +24V 时需串电阻
PUL- (PUL)	
DIR + (+5V)	方向信号:高/低电平信号,为保证电动机可靠换向,方向信号应先于脉冲信号至少 5μs 建立。电动机的初始运行方向与电动机的接线有关,互换任一相绕组(如 A +、A -交换)可以改变电动机初始运行的方向,DIR-高电平时 4~5V,低电平时 0~0.5V
DIR- (DIR)	

(续)

名称	功　能
ENA+（+5V） ENA（-ENA）	使能信号：此输入信号用于使能或禁止。ENA+接+5V，ENA-接低电平（或内部光耦导通）时，驱动器将切断电动机各相的电流使电动机处于自由状态，此时步进脉冲不被响应。当不需用此功能时，使能信号端悬空即可
电源接口	采用直流电源供电，工作电压范围建议为 DC 24～36V，电源功率大于100W，电压不超过 DC 50V 和不低于 DC 20V
指示灯	驱动器有红绿两个指示灯。其中绿灯为电源指示灯，当驱动器上电后绿灯常亮。红灯为故障指示灯，当出现过电压、过电流故障时，故障灯常亮。故障清除后，红灯灭。当驱动器出现故障时，只有重新上电和重新使能才能清除故障

2. 步进驱动器参数设定

3DM580S 驱动器采用八位拨码开关设定细分、动态电流和静止半流。如图 7-39 所示。

图 7-39　驱动器设定开关分布图

1）工作电流设定：由 SW1～SW4 四位拨码开关设定，可设定 6 个电流级别，具体内容可参考 3DM580S 驱动器产品说明书。

2）微步细分设定：细分精度由 SW6～SW8 三位拨码开关设定，细分设定见表 7-29。

表 7-29　细分设定表

步数/转	SW6	SW7	SW8	细分说明
（200）Default	on	on	on	当 SW6～SW8 是 on 时，驱动器使用内部默认细分为 1，用户可以通过上位机软件或其他调试器进行细分设置，最小为 200 步数/转，最大为 51200 步数/转。当 SW6～SW8 按表所示对应 ON 时，则是表中步数
6400	off	on	on	
500	on	off	on	
1000	off	off	on	
2000	on	on	off	
4000	off	on	off	
5000	on	off	off	
10000	off	off	off	

7.5　三菱 MR-J5 伺服控制技术

1. 概述

MR-J5 伺服控制器具有位置控制、速度控制、转矩控制三种模式，而且能够切换不同控制运行。可通过脉冲串指令进行位置控制，通过模拟电压指令进行速度/转矩控制。支持最大指令脉冲频率 4 Mpulse/s。因此它适用于以加工机床和一般加工设备的高精度定位和平稳的速度控制为主的范围宽广的各种领域。伺服控制方式见表 7-30。

表7-30 伺服控制方式

位置控制模式（P）（脉冲串输入）	在基于脉冲串输入的位置控制模式下运行伺服电动机
速度控制模式（S）（内部速度/模拟速度指令）	在基于内部速度或模拟速度指令的速度控制模式下运行伺服电动机
转矩控制模式（T）（内部转矩指令/模拟转矩指令）	在基于内部转矩指令或模拟转矩指令的转矩控制模式下运行伺服电动机

2. 伺服放大器的开关设定和显示

MR-J5系列伺服放大器，可通过显示部（5位7段LED）和操作部（4个按钮）设定伺服放大器的状态、报警、伺服参数等。此外，同时按"MODE"和"SET"按钮3s以上，可以转换至一键式调整模式。伺服放大器操作面板如图7-40所示。

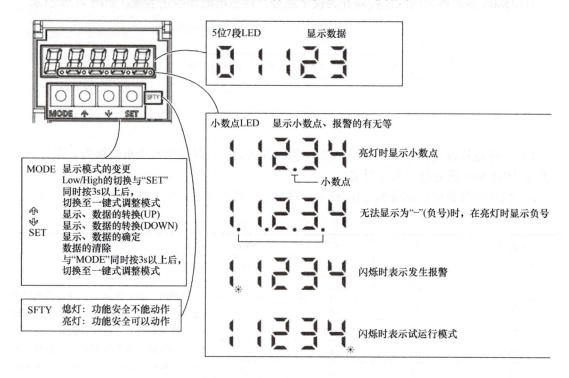

图7-40 伺服放大器操作面板

3. 参数模式转换操作

面板上参数设定或模式转换，可通过面板上的"MODE"按钮，设定伺服参数模式后，按"UP"或"DOWN"按钮时会如出现如图7-41所示的转换显示。

运行时5位7段LED显示器显示伺服的状态，并通过UP/DOWN按钮可以任意改变显示的内容。选取了显示器的内容后，就会出现相应的符号，这时按SET按钮，数据就会显示出来。此外在各模式之间切换可以按MODE键。

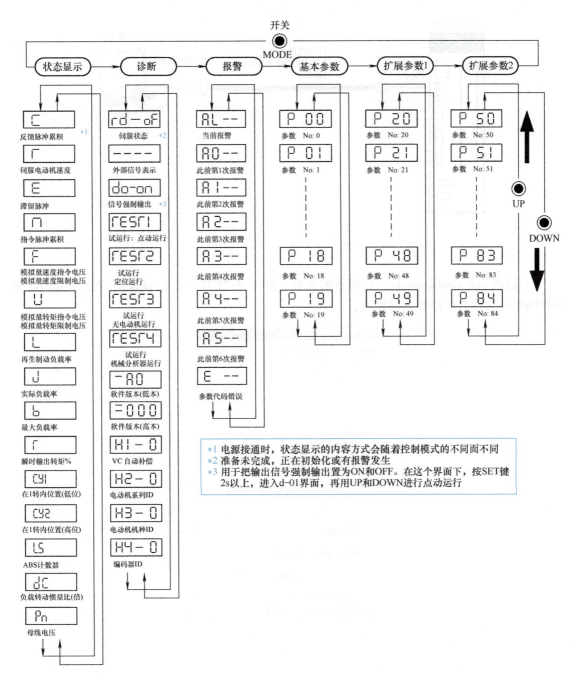

图 7-41 参数模式转操作

4. 伺服参数设定方法

1) 通过 USB 电缆将伺服放大器与计算机进行连接。应接通伺服放大器的控制电路电源。连接示意如图 7-42 所示。

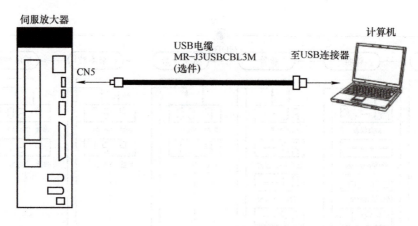

图 7-42　参数设定通信连接

2）启动 MR Configurator2，创建新的工程，如图 7-43 所示。连接设定应选择 USB。应选择伺服放大器的机型和运行模式。

图 7-43　创建新工程

3）从项目树选择参数后，参数设定画面将开启，从参数设定画面的显示选择项目树中，选择要设定的伺服参数组，如图 7-44 所示。

4）变更伺服参数后，应单击"选择项目写入"或"轴写入"，如图 7-45 所示。

5）接通电源或进行软件复位后，伺服参数简称前标有 * 及 ** 的伺服参数才能设定有效。应单击 MR Configurator2 的 软件复位，进行软件复位。

项目7 PLC运动控制系统设计技术

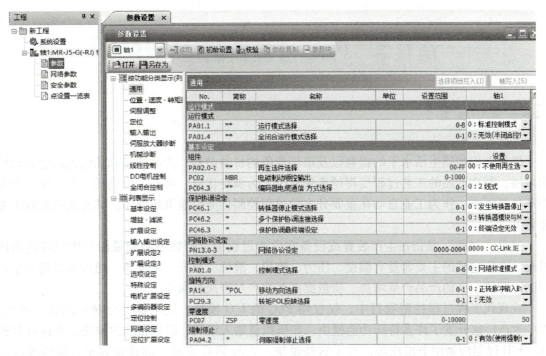

图 7-44 参数设置画面 1

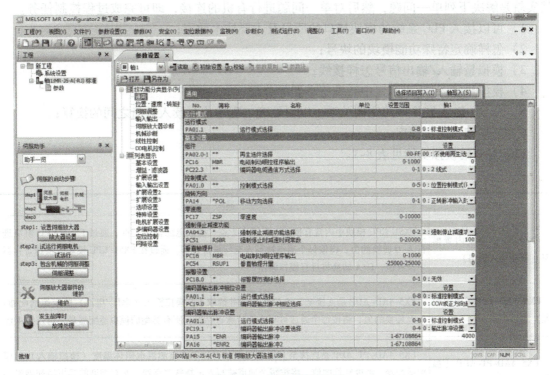

图 7-45 参数设置画面 2

项目 8　PLC 过程控制设计技术

知识准备

随着人们物质生活水平的提高以及市场竞争的日益激烈,产品质量和功能也向更高的档次发展,制造产品的工艺过程变得越来越复杂,为满足优质、高产、低消耗、安全生产和保护环境等要求,作为工业自动化重要分支的过程控制任务也越来越繁重,其意义也就越来越显著。

这里"过程"是指在生产装置或设备在生产过程中进行物质和能量相互作用或转换的过程。表征过程的主要参量有温度、压力、流量、液位、成分、浓度等。通过对过程参量的控制,可使生产的产品产量增加、质量提高和生产过程能耗减少。

在现代工程过程控制项目中,仅仅用 PLC 的 I/O 模块,还不能完全解决问题。因此,PLC 生产厂家开发了许多特殊功能模块。如模拟量输入模块、模拟量输出模块、高速计数模块、PID 过程控制调节模块等。有了这些模块,它与 PLC 主机一起连接起来,构成控制系统,使 PLC 的功能越来越强,应用范围越来越广。那么到底如何解决过程控制中的问题呢?其实就是解决下列单一问题,然后对单一问题进行有机的连接,即可完成过程控制任务。

1) 可以接入 PLC 系统的模块接口的型号及主要技术数据;
2) 怎样确定特殊功能模块的块号;
3) 模拟量输入/输出信号怎样接线;
4) 模拟量输入/输出单元中特殊寄存器的分配;
5) A/D、D/A 转换中的比例关系,以便处理工程单位与读入数值之间的换算;
6) 怎样编写用户程序。

FX5 对应的模拟功能见表 8-1。

表 8-1　FX5 对应的模拟功能表

项目	简　介
FX5U CPU 模块内置模拟(模拟输入输出)	FX5U CPU 模块中内置有模拟电压输入 2 点、模拟电压输出 1 点。通过 FX5U CPU 模块进行 A/D 转换的值,将按每个通道被写入至特殊寄存器。通过在 FX5U CPU 模块的特殊寄存器中设置值,D/A 转换将进行模拟输出
FX5-4AD-ADP(模拟输入)	FX5-4AD-ADP 是连接至 FX5 CPU 模块并读取 4 点模拟输入(电压/电流)的模拟适配器。A/D 转换的值,将按每个通道被写入至特殊寄存器。所有类型的模拟适配器最多可连接 4 台
FX5-4AD-PT-ADP(温度输入)	FX5-4AD-PT-ADP 是连接至 FX5 CPU 模块并读取 4 点测温电阻体温度(模拟输入)的模拟适配器。温度转换的值,将按每个通道被写入至特殊寄存器。所有类型的模拟适配器最多可连接 4 台

(续)

项目	简　介
FX5-4AD-TC-ADP（温度输入）	FX5-4AD-TC-ADP 是连接至 FX5 CPU 模块并读取 4 点热电偶温度（模拟输入）的模拟适配器。温度转换的值，将按每个通道被写入至特殊寄存器。所有类型的模拟适配器最多可连接 4 台
FX5-4DA-ADP（模拟输出）	FX5-4DA-ADP 是连接至 FX5 CPU 模块并输出 4 点的电压/电流的模拟适配器。通过在每个通道的特殊寄存器中设置值，D/A 转换将进行模拟输出。所有类型的模拟适配器最多可连接 4 台

8.1　FX5U CPU 模块内置模拟量模块

FX5U CPU 模块内置模拟量功能，即 2 路模拟量电压输入和 1 路模拟量电压输出通道。模块在使用时不需要做硬件配置。

1. 内置模拟量输入性能（见表 8-2）

表 8-2　内置模拟量输入性能

项　目		规　格
模拟量输入（电压）		DC 0～10V（输入电阻 115.7kΩ）
数字输出		12 位无符号二进制
软元件分配		SD6020（CH1 的 A/D 转换后的输入数据） SD6060（CH2 的 A/D 转换后的输入数据）
输入特性、最大分辨率	数字输出值	0～4000
	最大分辨率	2.5mV
输入输出占用点数		0
转换速度		30μs/通道（数据的更新为每个运算周期）
绝对最大输入		-0.5V、+15V

2. 模拟量输出性能（见表 8-3）

表 8-3　内置模拟量输出性能

项　目		规　格
模拟输出点数		1 点（1 通道）
模拟量输出（电压）		DC 0～10V（外部负载电阻值 2k～1MΩ）
数字输入		12 位无符号二进制
软元件分配		SD6180（输出数据）
输出特性、最大分辨率	数字输入值	0～4000
	最大分辨率	2.5mV
输入输出占用点数		0（与 CPU 模块最大输入输出点数无关）
转换速度		30μs（数据的更新为每个运算周期）

3. 模块接线

模块端子排列与信号分布如图 8-1 所示，模块输入接线如图 8-2 所示，模块输出接线如图 8-3 所示。

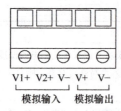

图 8-1　模块端子排列与信号分布图

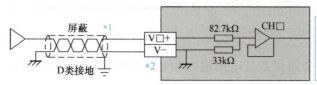

图 8-2　模块模拟输入接线图

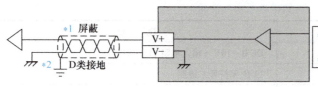

图 8-3　模块模拟输出接线图

4. 参数设置

使用模块时，通过 GX Works3 软件，进行各通道的参数设置。

设置参数后，不需要编写程序进行参数设置。参数在 CPU 模块电源 ON 时或复位时变为启用。此外，设置值也将同时被传送至特殊继电器、特殊寄存器。也可通过程序更改该值，可执行与参数设置相同的动作。

（1）基本设置（模拟输入）

1）启动模块参数。导航窗口→［参数］→［模块参数］→［模拟输入］→"基本设置"。如图 8-4 所示。

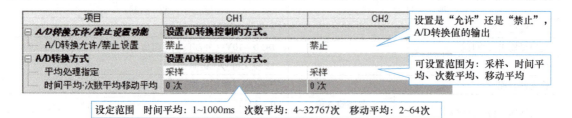

图 8-4　模拟输入"基本设置"界面

2）应用设置，要根据需要进行设置，如图 8-5 所示。

（2）基本设置（模拟输出）　导航窗口→［参数］→［模块参数］→［模拟输出］→"基本设置"，如图 8-6 所示。

项目 8　PLC 过程控制设计技术

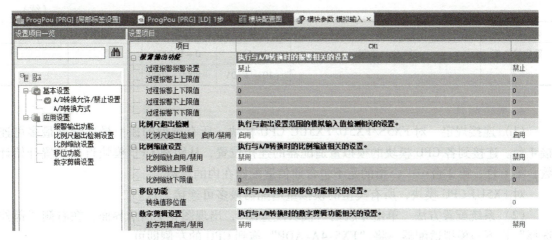

图 8-5　模拟输入"应用设置"界面

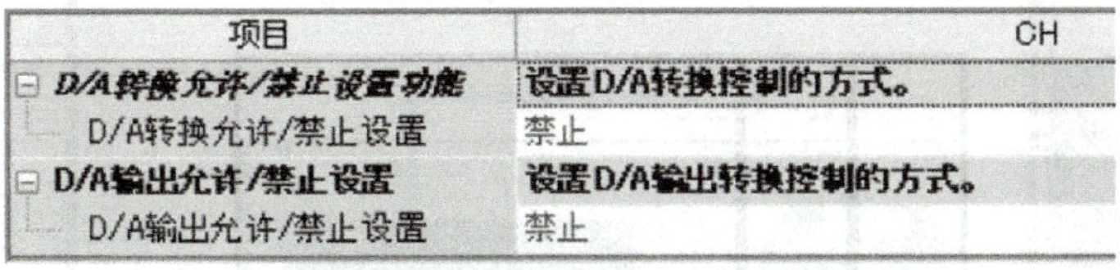

图 8-6　模拟输出"基本设置"界面

8.2　FX5-4A-ADP 模块

1. 概述

FX5-4A-ADP 是连接至 FX5 CPU 模块，读取 2 点模拟输入（电压/电流）并输出 2 点（电压/电流）的模拟量适配器。

2. 模拟量输入规格（见表 8-4）

表 8-4　FX5-4A-ADP 模拟量输入规格

项目	规格	输入特性（电压）		输入特性（电流）	
		输入范围	数字输出值	输入范围	数字输出值
模拟输入点数	2 点（2 通道）				
模拟输入电压	DC −10 ~ +10V（输入阻值 1MΩ）	0 ~ +10V	0 ~ 16000	0 ~ 20mA	0 ~ 16000
模拟输入电流	DC −20 ~ +20mA（输入阻值 250Ω）	0 ~ 5V	0 ~ 16000	4 ~ 20mA	0 ~ 12800
数字输出值	14 位二进制	1 ~ 5V	0 ~ 12800	−20 ~ 20mA	−8000 ~ 8000
		−10 ~ +10V	−8000 ~ 8000		

3. 模拟量输出规格（见表 8-5）

表 8-5　FX5-4A-ADP 模拟量输出规格

项目	规格	输出特性（电压）		输出特性（电流）	
		输出范围	数字输出值	输出范围	数字输出值
模拟输出点数	2 点（2 通道）				
模拟输出电压	DC −10 ~ +10V（输入阻值 1MΩ）	0 ~ 10V	0 ~ 16000	0 ~ 20mA	0 ~ 16000
模拟输出电流	DC 0 ~ +20mA（输入阻值 500Ω）	0 ~ 5V	0 ~ 16000	−20 ~ 20mA	0 ~ 16000

（续）

项目	规格	输出特性（电压）		输出特性（电流）
数字输入值	14位二进制	1~5V	0~16000	
		-10~+10V	-8000~8000	

4. 系统配置

（1）连接规定　对 FX5S/FX5U/FX5UC CPU 模块，所有类型的模拟量适配器最多可连接 4 台。连接到各 CPU 模块的模拟量适配器的连接位置，从距离 CPU 模块近的位置开始计数，第 1 台、第 2 台……，指的是不包含通信适配器在内的台数。

对 FX5UJ CPU 模块，所有类型的模拟量适配器最多可连接 2 台。

（2）系统配置方法　单击导航栏"模块配置图"，出现图 8-7 所示界面，在右侧"部件选择"栏下→模拟适配器→将"FX5-4A-ADP"拖到 CPU 的左侧即可。

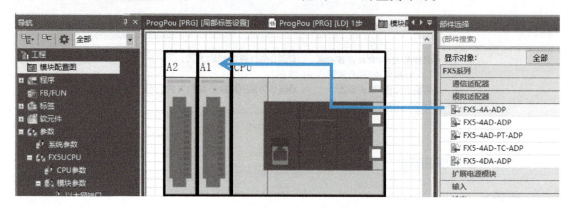

图 8-7　模块配置操作界面

5. 系统接线

模块端子排列及端子功能如图 8-8 所示，模块接线如图 8-9 所示。

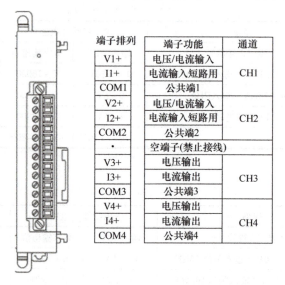

图 8-8　模块端子排列图

项目 8　PLC 过程控制设计技术

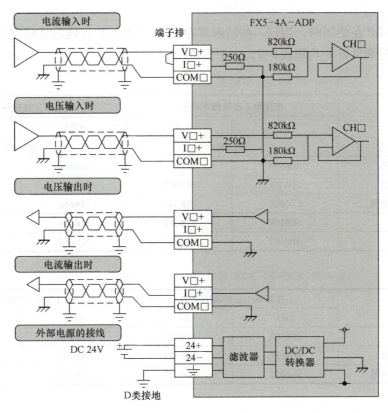

图 8-9　模块接线图

注：

图中 V□＋、I□＋、COM□、CH□中□表示通道号。

模拟量输入使用通道 1、2。模拟量输出使用通道 3、4。

*1 模拟量的输入输出线使用 2 芯的屏蔽双绞电缆，请与其他动力线或者易于受感应的线分开布线。

*2 电流输入时，请务必将"V＋"和"I＋"的端子短接。（对应通道 1、2）。

6. 参数设置

导航窗口→［参数］→［模块信息］→［ADP1：FX5-4A-ADP］→"基本设置"，如图 8-10 所示。

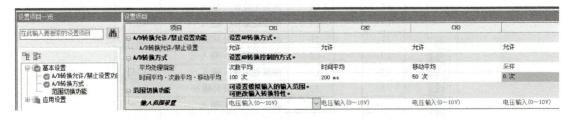

图 8-10　基本设置

注：

1. A/D 转换允许/禁止值设置：设置为"允许"还是"禁止"，允许时为 A/D 转换值的输出。
2. 平均处理指定可设置范围为：采样、时间平均、次数平均、移动平均。
3. 设定范围为时间平均：1~1000ms；次数平均：4~32767 次；移动平均：2~64 次。
4. 输入范围参考表 8-4 中的规格。

7. 特殊寄存器

FX5-4A-ADP 在使用时，用到一些特殊寄存器，常用的 A/D 转换特殊寄存器和 D/A 转换特殊寄存器分别见表 8-6 和表 8-7。

表 8-6 FX5-4A-ADP 模块 A/D 转换特殊寄存器（部分）

名称	连接第 1 台特殊寄存器		连接第 2 台特殊寄存器	
	CH1	CH2	CH1	CH2
模块位置信息	SD6280		SD6640	
数字输出值	SD6300	SD6340	SD6660	SD6700
数字运算值	SD6301	SD6341	SD6661	SD6701
模拟输入监视值	SD6302	SD6342	SD6662	SD6702
最大值	SD6306	SD6346	SD6666	SD6706
最小值	SD6307	SD6347	SD6667	SD6707

表 8-7 FX5-4A-ADP 模块 D/A 转换特殊寄存器（部分）

名称	连接第 1 台特殊寄存器		连接第 2 台特殊寄存器	
	CH3	CH4	CH3	CH4
数字值	SD6380	SD6420	SD6740	SD6780
数字运算值	SD6381	SD6421	SD6741	SD6781
模拟输出监视值	SD6382	SD6422	SD6742	SD6782

8.3 FX5-4AD-PT-ADP 模块

1. 连接规定

FX5-4AD-PT-ADP 是连接至 FX5 CPU 模块并读取 4 点测温电阻体温度（模拟输入）的模拟适配器。温度转换的值，将按每个通道被写入至特殊寄存器。

最多可连接台数：FX5S/FX5U/FX5UC CPU 模块：最多 4 台；FX5UJ CPU 模块：最多 2 台。系统配置只能在 CPU 左侧配置。

FX5-4AD-PT-ADP 端子排列如图 8-11 所示，所接的测温体只能是 3 线式传感器。

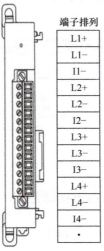

端子排列	名称	功能	通道
L1+	L1+	测温电阻体(+)输入	CH1
L1-	L1-	测温电阻体(-)输入	
I1-	I1-	测温电阻体公共输入	
L2+	L2+	测温电阻体(+)输入	CH2
L2-	L2-	测温电阻体(-)输入	
I2-	I2-	测温电阻体公共输入	
L3+	L3+	测温电阻体(+)输入	CH3
L3-	L3-	测温电阻体(-)输入	
I3-	I3-	测温电阻体公共输入	
L4+	L4+	测温电阻体(+)输入	CH4
L4-	L4-	测温电阻体(-)输入	
I4-	I4-	测温电阻体公共输入	
·	·		

图 8-11 FX5-4AD-PT-ADP 端子排列图

2. 性能规格

FX5-4AD-PT-ADP 模块技术性能规格见表 8-8。

表 8-8　FX5-4AD-PT-ADP 模块技术性能规格

项　目		规　　格	
		摄氏	华氏
模拟输入点数		4 点（4 通道）	
测温电阻体（只能为 3 线式）		Pt100（JIS C 1604-1997、JIS C 1604-2013）Ni100（DIN 43760 1987）	
测定温度范围	Pt100	-200 ~ +850℃	-328 ~ +1562℉
	Ni100	-60 ~ +250℃	-76 ~ +482℉
数字输出值	Pt100	-2000 ~ +8500	-3280 ~ +15620
	Ni100	-600 ~ +2500	-600 ~ +2500
分辨率		0.1℃	0.1 ~ 0.2℉

3. 系统配置

单击导航栏"模块配置图"出现图 8-12 所示界面，在右侧"部件选择"栏下→模拟适配器→将"FX5-4AD-PT-ADP"拖到 CPU 的左侧即可。

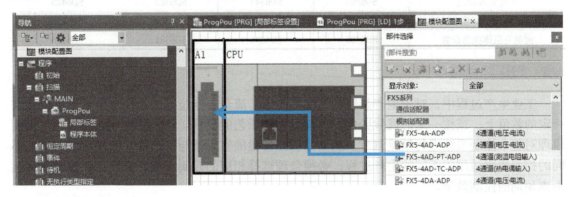

图 8-12　模块配置操作界面

4. 参数设定

导航窗口→［参数］→［模块信息］→［FX5-4AD-PT-ADP］→"基本设置"。根据需要进行设置，如图 8-13 所示。

图 8-13　参数设定操作界面

注：
1. 温度单位设置有"摄氏"和"华氏"两种。
2. 转换允许/禁止值设置：设置每个通道是"允许"还是"禁止"转换值的输出。
3. 平均处理指定可设置范围为：采样、时间平均、次数平均、移动平均。
4. 设定范围为时间平均：1 ~ 1000ms；次数平均：4 ~ 32767 次；移动平均：2 ~ 64 次。
5. 测温电阻有"Pt100"和"Ni100"两种可选，参见表 8-8。

其他报警输出功能等应用设置根据现场情况进行设定。

5. 测定温度的特殊寄存器

温度测定是根据设备连接的位置和通道不同,保存在不同的特殊寄存器中,见表8-9。

表8-9 测定温度的特殊寄存器

连接位置	使用的特殊寄存器			
	CH1	CH2	CH3	CH4
第1台	SD6300	SD6340	SD6380	SD6420
第2台	SD6660	SD6700	SD6740	SD6780
第3台	SD7020	SD7060	SD7100	SD7140
第4台	SD7380	SD7420	SD7460	SD7500

6. 温度转换方式中使用的软元件（见表8-10）

表8-10 温度转换方式中使用的软元件

名称	CH1	CH2	CH3	CH4
温度测定值	SD6300	SD6340	SD6380	SD6420
平均处理指定	SD6303	SD6343	SD6383	SD6423
平均时间/次数/移动设置	SD6304	SD6344	SD6384	SD6424
测温电阻体类型设置	SD6305	SD6345	SD6385	SD6425

8.4 PID 控制指令

工业生产过程中,对于生产装置的温度、压力、流量、液位等工艺变量常常要求维持在一定的数值上,或按一定的规律变化,以满足生产工艺的要求。PID 控制器是根据 PID 控制原理对整个控制系统进行偏差调节,从而使被控变量的实际值与工艺要求的预定值一致。不同的控制规律适用于不同的生产过程,必须合理选择相应的控制规律,否则 PID 控制器将达不到预期的控制效果。

PID 控制器（比例-积分-微分控制器）,由比例单元 P、积分单元 I 和微分单元 D 组成。通过 Kp、Ki 和 Kd 三个参数的设定。PID 参数整定是控制系统设计的核心内容。它是根据被控过程的特性来确定 PID 控制器的比例系数、积分时间和微分时间的大小。

1. PID 指令说明

PID 运算指令是可进行 PID 回路控制的 PID 运算程序。在达到采样时间后的扫描时进行 PID 运算,指令是将当前过程值[S2]与设定值[S1]之差送到 PID 环中计算,得到当前输出控制值送到目标单元中。或者说 PID 指令是为了接近目标值（SV）而组合 P（比例动作）、I（积分动作）、D（微分动作）,从测定值（PV）计算输出值（MV）的指令。PID 指令的控制框图如图 8-14 所示。指令表现形式如图 8-15 所示。

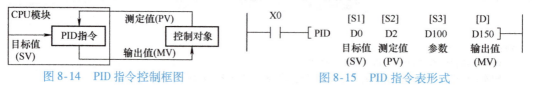

图 8-14 PID 指令控制框图　　图 8-15 PID 指令表形式

2. 操作数说明

[S1] 存储目标值（SV）的软元件编号,范围 -32768 ~ +32767;

[S2] 存储测定值（PV）的软元件编号；

[S3] 存储参数的软元件起始编号；

[D] 存储输出值（MV）的软元件编号。

(1) 控制参数的设定　控制用参数设定值需在 PID 运算开始前，通过 MOV 指令预先写入。若使用停电保持型数据寄存器，在 PLC 断电后，设定值保持，就不需要再重复地写入处理了。

该指令中 [S3] 指定了 PID 运算的参数表首地址。共用 25 个数据寄存器。参数设定内容如下：

D100：采样时间（Ts）　　设定范围为 1 ~ 32767ms（若设定值比扫描周期短，则无法执行）

D101：动作方向（ACT），D101 各位指定意义如下：

  bit0 = 0 正向动作　　　　　　bit0 = 1 反向动作

  bit1 = 0 无输入变化量报警　　bit1 = 1 输入变化量报警有效

  bit2 = 0 无输出变化量报警　　bit2 = 1 输出变化量报警有效

  bit3　不可使用

  bit4 = 0 不执行自动调节　　　bit4 = 1 执行自动调节

  bit5 = 0 不设定输出值上下限　bit5 = 1 输出上下限设定有效

  bit6 ~ bit15 不可使用

另外，bit2 和 bit5 不能同时为 1。

D102：输入滤波常数（α）　设定范围　0 ~ 99%　　　　　0 时无输入滤波

D103：比例增益（Kp）　　设定范围　1 ~ 32767%

D104：积分时间（Ti）　　设定范围　0 ~ 32767（×100ms）0 时作为 ∞ 处理（无积分）

D105：微分增益（Kd）　　设定范围　0 ~ 100%　　　　　0 时无积分增益

D106：微分时间（Tn）　　设定范围　0 ~ 32767（×100ms）0 时无微分处理

D107 ~ D119：PID 运算的内部处理占用，用户不能使用

D120：输入变化量（增量方向）报警设定值：0 ~ 32767　（D101 的 bit1 = 1 时有效）

D121：输入变化量（减量方向）报警设定值：0 ~ 32767　（D101 的 bit1 = 1 时有效）

D122：输出变化量（增量方向）报警设定值：0 ~ 32767　（D101 的 bit2 = 1，bit5 = 0 时有效）

  另外，输出上下限设定值：- 32768 ~ 32767（D101 的 bit2 = 1，bit5 = 1 时有效）

D123：输出变化量（减量方向）报警设定值：0 ~ 32767（D101 的 bit2 = 1，bit5 = 0 时有效）

  另外，输出上下限设定值：- 32768 ~ 32767（D101 的 bit2 = 1，bit5 = 1 时有效）

D124：报警输出

  bit0 = 1 输入变化量（增量方向）溢出报警；bit1 = 1 输入变化量（减量方向）溢出报警；

  bit2 = 1 输出变化量（增量方向）溢出报警；bit3 = 1 输出变化量（减量方向）溢出报警。

注 1：D101 的 bit1 = 1 或 bit2 = 1 时溢出报警有效。

注 2：有关 D101 的 bit0 动作方向设定意义如图 8-16、图 8-17 所示。

正动作：D101 的 bit0 = 0 为正向动作。针对目标值（SV），随着测定值（PV）的增加，输出（MV）也增加。例如：制冷正动作，如图 8-16 所示。

逆动作：D101 的 bit0 = 1 为逆动作。针对目标值（SV），随着测定值（PV）的减少，输出（MV）也增加。例如：加热逆动作，如图 8-17 所示。

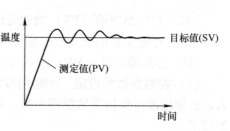

图 8-16　正动作

正动作/逆动作和测定值、输出值、目标值三者之间的关系如图 8-18 所示。

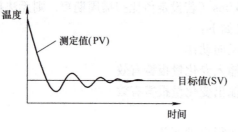

图 8-17　逆动作

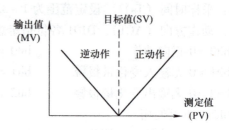

图 8-18　正/逆动作与三值关系

（2）控制参数说明　可以同时多次执行（循环次数无限制），但要注意，用于运算的源［S3］或目标［D］软元件号码不得重复。

PID 指令在定时器中断、子程序、步进梯形图，跳转指令中也可使用，但需在执行 PID 指令前清除［S3］+7 单元后再使用，如图 8-19 所示。

图 8-19　PID 指令使用说明图

采样时间 T_S 的最大误差为：-（1 个扫描周期 + 1ms）~ +（1 个扫描周期），采样时间 T_S 较小时，要用恒定扫描模式，或在定时器中断程序中编程。

如果采样时间 T_S 小于等于 1 个扫描周期，则发生下述的运算错误（错误代码为 K6740），并以 T_S = 1 个扫描周期执行 PID 运算，在此种情况下。建议最好在定时器中断（I6□□ ~ I8□□）中使用 PID 指令。

输入滤波常数具有使测定值平滑变化的效果。

微分增益具有缓和输出值剧烈变化的效果。

（3）输入、输出变化量报警设定　使［S3］+1（Act）的 bit1 = 1，bit2 = 1 时，用户可任意检测输入/输出变化量的检测。检测按［S3］+20 ~［S3］+23 的值进行。超出设定的输入/输出变化值时，作为报警标志［S3］+24 的各位在其 PID 指令执行后立即为 ON。

所谓变化量是：上次的值 - 本次的值 = 变化量。

3. 自动调节功能

使用自动调节功能可以得到最佳的 PID 控制，用阶跃反应法自动设定重要常数（动作方向（[S3]+1）的 bit0）、比例增益（[S3]+3）、积分时间（[S3]+4）、微分时间（[S3]+6）。

自动调节方法如下：

1）传送自动调节用的（采样时间）输出值至（D）中，这个自动调节用的输出值应根据输出设备在输出可能最大值的 50%~100% 范围内选用。

2）设定自动调节的采样时间、输入滤波、微分增益以及目标值等 为了正确执行自动调节，目标值的设定应保证自动调节开始时的测定位与目标值之差要大于 150 以上。若不能满足大于 150 以上，可以先设定自动调节目标值，待自动调节完成后、再次设定目标值。

自动调节时的采样时间必须大于 1s 以上。并从要远大于输出变化的周期时间。

3）设 D101 的 bit4=1，则自动调节开始。自动调节开始时的测定值达到目标值的变化量变化在 1/3 以上时自动调节结束，bit4 自动为 0。

注意：自动调节应在系统处于稳态时进行，如在不稳态状态开始，则不能正确进行自动调节。

4. PID 控制器的参数整定方法

PID 控制器的参数整定是控制系统设计的核心内容。一般多是先确定采样周期，再确定比例系数 Kp，然后是积分常数 Ki，最后是微分常数 Kd。而且这些参数的选定多数靠人们的经验积累，在现场调试中具体确定。大体步骤如下：

1）选择合适的采样周期让系统工作。

对于温度系统，一般为 10~20s；

对于流量系统：一般为 1~5s，优先考虑 1~2s；

对于压力系统：一般为 3~10s，优先考虑 6~8s；

对于液位系统：一般为 6~8s。

以上数据也仅仅是一个参考数。

2）选定合适的比例带、积分常数、微分常数使系统运行。

在实际调试中，只能先大致设定一个经验值，然后根据调节效果修改。

对于温度系统：P：20~60，I：3~10，D：0.5~3；

对于流量系统：P：40~100，I：0.1~1；

对于压力系统：P：30~70，I：0.4~3；

对于液位系统：P：20~80，I：1~5。

5. 前人总结的 PID 调整方法经验

参数整定找最佳，从小到大顺序查。先是比例后积分，最后再把微分加。

曲线振荡很频繁，比例度盘要放大。曲线漂浮绕大弯，比例度盘往小扳。

曲线偏离回复慢，积分时间往下降。曲线波动周期长，积分时间再加长。

曲线振荡频率快，先把微分降下来。动差大来波动慢，微分时间应加长。

理想曲线两个波，前高后低 4 比 1。

任务 21　中央空调节能控制系统设计与调试

任务要求

某中央空调冷冻泵（热水泵）利用两个温度传感器（PT100）接到 FX5（FX5-4AD-PT-ADP）模拟量适配模块，进行出水和进水温度信号采集。PLC 读取模块的两个通道空调的进水与出水温度值，利用进水温度和出水温度进行温差自动调节控制。系统利用触摸屏进行温差设定，根据季节的变换能自动调整水泵为冷水泵（夏季）和热水泵（冬季）方式运行。水泵电动机用变频器拖动控制。

系统利用触摸屏组态工程画面并进行运行监控。

根据以上要求，采用 FX5 PLC 作为控制器，设计控制电路、分配 I/O、编写控制程序和设计触摸屏画面，安装系统调试运行。

任务目标

知识目标
1. 掌握过程控制系统数据交换方式；
2. 掌握模拟量模块工作原理；
3. 掌握模拟量模块数据读写方法；
4. 掌握模拟量模块特殊寄存器用法；
5. 掌握 PID 指令的参数作用和用法。

技能目标
1. 能分析任务控制要求，并正确分配 I/O；
2. 能根据系统要求设计控制电路，并能装调功能模块；
3. 能根据任务要求设计控制程序和触摸屏工程画面；
4. 能根据任务要求在软件中设置相应的参数；
5. 会 PLC 过程控制系统安装、调试与故障处理。

任务设备

FX 系列 PLC（FX5U-64MR）、触摸屏、计算机（安装有 GX Works3 软件）、FX5-4AD-PT-ADP 模块、FR 系列变频器（A、D、E、F 变频器）、指示灯挂箱、连接线、通信线等。

项目 8 PLC 过程控制设计技术

设计指引

1. 分析并设置任务控制流程图（见图 8-20）

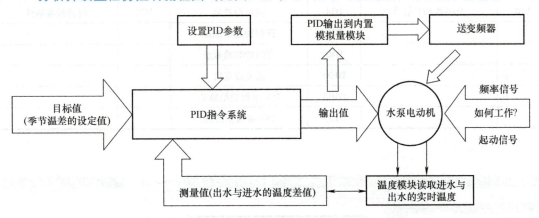

图 8-20 任务流程图

2. 变频器参数设置（见表 8-11）

表 8-11 变频器参数表

序号	变频器参数	出厂值	设定值	功能说明
1	Pr. 1	120Hz	50Hz	上限频率
2	Pr. 2	0Hz	0Hz	下限频率
3	Pr. 3	50Hz	50Hz	基准频率
4	Pr. 7	5s	1s	加速时间
5	Pr. 8	5s	1s	减速时间
6	Pr. 9			电子过热保护，根据电动机容量决定
7	Pr. 71	0	3	适用电动机
8	Pr. 73	1	0	输入是 0~10V 模拟电压
9	Pr. 79	0	2	运行模式选择
10	Pr. 80	9999		电动机容量
11	Pr. 81	9999	4p	电动机极数
12	Pr. 83	400V	380V	电动机额定电压
13	Pr. 84	9999	50Hz	电动机额定频率

3. 根据任务要求进行 I/O 分配

分配触摸屏和 PLC 通信数据单元，见表 8-12。

表 8-12　I/O 分配、触摸屏和 PLC 通信数据单元

PLC 输入/输出分配		触摸屏数据单元		触摸屏监控信号	
X0	系统起动	D20	CH1 的当前温度	M20	夏天标识
X1	停止	D22	CH2 的当前温度	M21	冬天标识
Y10	变频器 STF 信号	D24	测定温差值	M22	时钟校准确认
		D30	读时钟起始地址		
		D40	写时钟起始地址		
		D100	温差设定值		
		D100	PID 参数起始地址		
		D150	PID 参数输出值		

4. 系统硬件配置（见图 8-21）

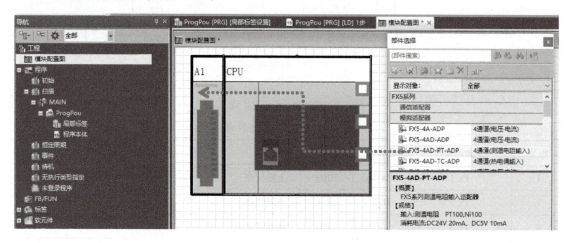

图 8-21　模块配置

5. 进行 FX5-4AD-PT 模块软件设置

如图 8-22 所示。同时对内置模拟量输出进行设置，如图 8-23 所示。

图 8-22　FX5-4AD-PT 模块基本配置

项目 8　PLC 过程控制设计技术

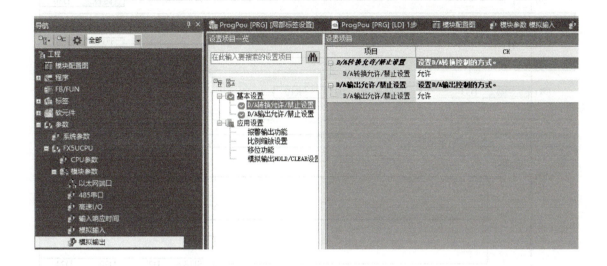

图 8-23　内置模拟量模块输出设置

6. 根据系统配置及 I/O 分配表,设计控制系统接线图（见图 8-24）

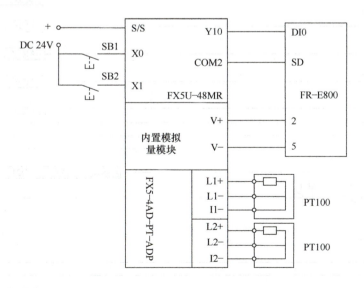

图 8-24　控制系统接线图

7. 根据控制要求编写控制程序（见图 8-25）

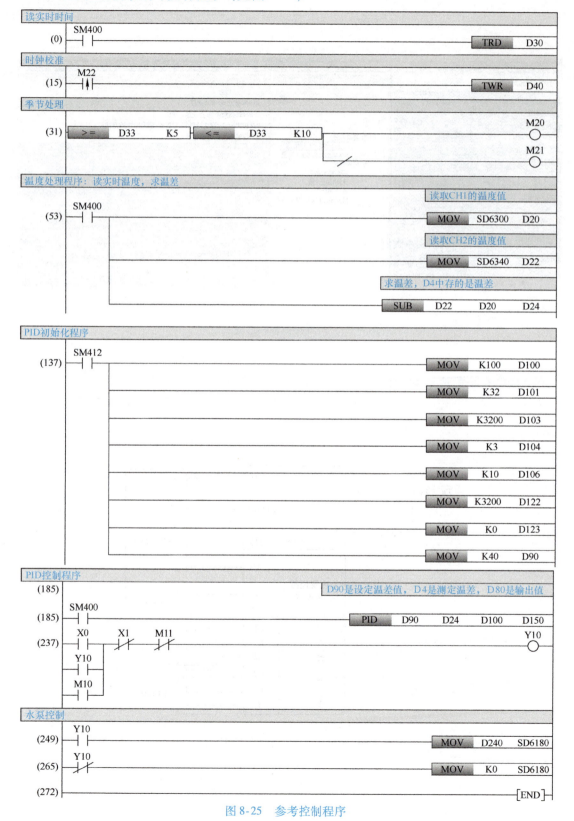

图 8-25　参考控制程序

 **任务评价**

任务完成后，按表 8-13 进行评价。

表 8-13　中央空调节能控制系统设计与调试任务评价表

评价项目	评价内容	评价标准	配分	得分
专业技能	1. 输入/输出端口分配及功能作用	少分配、分配错误或缺少功能，每处扣 1 分	5	
	2. 设计并画出控制接线图	1）图形不标准或错误，每处扣 1 分 2）缺少文字符号或不标准，每处扣 2 分 3）缺少设备型号、型号错误或规格不符，每处扣 1 分 4）电源标识不规范或错误，每处扣 1 分 5）线路绘制不规范、不工整或规划不合理，每项扣 1 分	10	
	3. 编写梯形图程序	1）编写错误，每处扣 1 分 2）书写不规范，每处扣 1 分 3）指令书写错误，每处扣 1 分，不写或错误 5 处以上扣 10 分	10	
	4. 安装接线运行	1）接线不规范，每处扣 1 分 2）少接或漏接线，每处扣 1 分 3）接线明显错误或造成事故扣 5 分	5	
	5. 系统调试运行	1）系统不能按季节自动转换运行扣 10 分 2）温差不能根据设定进行自动调节扣 10 分 3）系统不能正常启停控制扣 10 分	30	
	6. 系统各项运行指示功能	进水温度、出水温度、进出温差、D/A 数字量、运行频率、PID 参数显示、当前时间显示、季节显示错误，每处扣 2 分	30	
安全文明生产	安全生产规定	1）违反安全生产规定，造成安全事故的不得分 2）岗位 8S 不达标的不得分	10	

 知识拓展

8.5　中央空调系统节能技术

8.5.1　中央空调系统的组成

中央空调系统主要由冷冻机组、冷冻水循环系统、冷却水循环系统与冷却风机等几部分组成，如图 8-26 所示。

1. 冷冻机组

冷冻机组也叫制冷装置，是中央空调的制冷源。通往各个房间的循环水在冷冻机组内进行内部热交换，冷冻机组吸收热量，冷冻水温度降低；同时，流经冷却塔的循环水也在冷冻机组内部进行热交换，冷冻机组释放热量，冷却水温度升高。

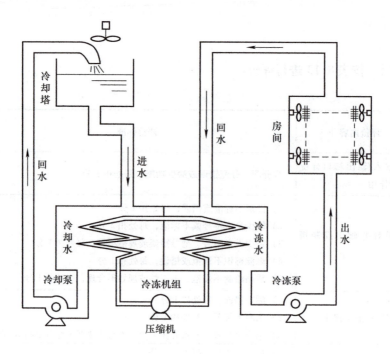

图 8-26　中央空调系统的组成

2. 冷冻水循环系统

冷冻水循环系统由冷冻泵、冷冻水管及房间盘管组成。从冷冻机组流出的冷冻水（7℃）经冷冻泵加压后送入冷冻水管道，在各房间盘管内进行热交换，带走房间内的热量，使房间内的温度下降。同时，冷冻水的温度升高，温度升高了的冷冻水（12℃）流回冷冻机组后，冷冻机组的蒸发器又吸收冷冻水的热量，使之又成为低温的冷冻水，如此往复循环，是一个闭式系统。

从冷冻机组流出、进入房间的冷冻水简称为"出水"，流经所有房间后回到冷冻机组的冷冻水简称为"回水"。由于回水的温度高于出水的温度，因而形成温差。

3. 冷却水循环系统

冷却水循环系统由冷却泵、冷却水管道及冷却塔组成。冷冻机组在进行内部热交换、使冷冻水降温的同时，又使冷却水温度升高。冷却泵将升温的冷却水（37℃）压入冷却塔，使之在冷却塔中与大气进行热交换，然后冷却了的冷却水（32℃）又流回冷冻机组，如此不断循环，带走了冷冻机组释放的热量，它通常是一个开式系统。

流进冷冻机组的冷却水简称为"进水"，从冷冻机组流回冷却塔的冷却水简称为"回水"。同样，回水的温度高于进水的温度，也形成了温差。

4. 冷却风机

冷却风机又分为盘管风机和冷却塔风机两种。盘管风机又称为室内风机，安装于所有需要降温的房间内，用于将冷却了的冷空气吹入房间，加速房间内的热交换。冷却塔风机用于降低冷却塔中冷却水的温度，将回水带回的热量加速散发到大气中去。

由上可知，中央空调系统的工作过程是一个不断地进行热交换的能量转换过程。在这里，冷冻水和冷却水循环（总称为循环水）系统是能量的主要传递者。因此，对冷冻水和冷却水循环系统的控制是中央空调控制系统的重要组成部分。

8.5.2 中央空调系统存在的问题

一般来说，中央空调系统的最大负载能力是按照天气最热，负荷最大的条件来设计的，存在着很大宽裕量，但是，实际上系统极少在这些极限条件下工作。根据有关资料统计，空调设备97%的时间运行在70%负荷以下，并时刻波动，所以，实际负荷总不能达到设计的负荷，特别是冷气需求量少的情况下，主机负荷量低，为了保证有较好的运行状态和较高的运行效率，主机能在一定范围内根据负载的变化加载和卸载（近年来，许多生产厂商也对主机进行变频调速，但它更多涉及制冷的内容，这里不进行介绍），但与之相配套的冷却水泵和冷冻水泵却仍在高负荷状态下运行（水泵电动机的功率是按高峰冷负荷对应水流量的1.2倍选配），这样，存在很大的能量损耗，同时还会带来以下一系列问题：

1）水流量过大使循环水系统的温差降低，恶化了主机的工作条件、引起主机热交换效率下降，造成额外的电能损失。

2）由于水泵流量过大，通常都是通过调整管道上的阀门开度来调节冷却水和冷冻水流量，因此阀门上存在着很大的能量损失。

3）水泵电动机通常采用星-三角起动，但起动电流仍然较大，会对供电系统带来一定冲击。

4）传统的水泵起、停控制不能实现软起、软停，在水泵起动和停止时，会出现水锤现象，对管网造成较大冲击，增加管网阀门的跑泡滴漏现象。

由于中央空调循环水系统运行效率低、能耗较大，存在许多弊端，并且属长期运行，因此，对循环水系统进行节能技术改造是完全必要的。

8.5.3 节能改造的可行性分析

1. 方案分析

在长期的工程实践中，我们常采用以下几种改造方案：一是通过关小水阀门来控制流量。工程实践证明，这种方法通常达不到节能的效果，且控制不好还会引起冷冻水末端压力偏低，造成高层用户温度过高，也常引起冷却水流量偏小，造成冷却水散热不够，温度偏高。二是根据制冷主机负载较轻时实行间歇停机。这种方法由于再次起动主机时，主机负荷较大，实际上并不省电，且易造成空调时冷时热，令人产生不适感。三是采用变频器调速，由人工根据负荷轻重来调整变频器的频率。这种方法人为因素较大，虽然投资较小，但达不到最大节能效果。四是通过变频器、PLC、数/模转换模块、温度模块、温度传感器和人机界面等构成温度（或温差）闭环自动控制系统，根据负载轻重自动调整水泵的运行频率。这种方法一次投入成本较高，但节能效果好、自动化程度高，在实践中已经被广泛应用。

2. 调速节能原理

采用交流变频技术控制水泵的运行，是目前中央空调系统节能改造的有效途径之一。图 8-27所示给出了阀门调节和变频调速控制两种状态的扬程-流量（H-Q）关系。

图 8-27 所示是泵的扬程 H 与流量 Q 的关系曲线。图中曲线 1 为泵在转速 n_1 下的扬程-流量特性，曲线 2 为泵在转速 n_2 下的扬程-流量特性，曲线 4 为阀门正常时的管阻特性，曲线 3 为阀门关小时的管阻特性。

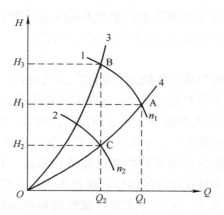

图 8-27 扬程-流量（H-Q）关系曲线

水泵是一种二次方转矩负载，其流量 Q 与转速 n，扬程 H 与转速 n 的关系如式（8-1）所示。

$$Q_1/Q_2 = n_1/n_2 \qquad H_1/H_2 = n_1^2/n_2^2 \qquad (8\text{-}1)$$

式（8-1）表明，泵的流量与其转速成正比，泵的扬程与其转速的二次方成正比。当电动机驱动水泵时，电动机的轴功率 P（kW）可按式（8-2）计算

$$P = \rho Q g H / n_c n_f \qquad (8\text{-}2)$$

式（8-2）中，P 为电动机的轴功率（kW）；ρ 为液体的密度（kg/m^3）；Q 为流量（m^3/s）；g 为重力加速度（m/s^2）；H 为扬程（m）；n_c 为传动装置效率；n_f 为泵的效率。

由式（8-2）可知，泵的轴功率与流量、扬程成正比，因此，泵的轴功率与其转速的三次方成正比，即

$$P_1/P_2 = n_1^3/n_2^3 \qquad (8\text{-}3)$$

假设泵在标准工作点 A 的效率最高，输出流量 Q_1 为 100%，此时轴功率 P_1 与 Q_1、H_1 的乘积（即面积 AH_1OQ_1）成正比。当流量需从 Q_1 减小到 Q_2 时，如果采用调节阀门方法（相当于增加管网阻力），使管阻特性从曲线 4 变到曲线 3，系统轴功率 P_3 与 Q_2、H_3 的乘积（即面积 BH_3OQ_2）成正比。如果采用阀门开度不变，降低转速，泵转速由 n_1 降到 n_2，在满足同样流量 Q_2 的情况下，泵扬程 H_2 大幅降低，轴功率 P_2 和 P_3 相比较，将显著减小，节省的功率损耗 ΔP 与面积 BH_3H_2C 与正比，节能的效果是十分明显的。

由上分析可知，当所需流量减少，水泵转速降低时，其电动机的所需功率按转速的三次方下降，因此，用变频调速的方法来减少水泵流量，其节能效果是十分显著的。如水泵转速下降到额定转速的 60%，即频率 $F = 30$Hz 时，其电动机轴功率下降了 78.4%，即节电率为 78.4%。

3. 节能技术方案

控制原理。在冷冻水循环系统中，PLC 通过温度传感器及温度模块将冷冻水的出水温度和回水温度读入内存，根据回水和出水的温差值来控制变频器的转速，从而调节冷冻水的流量，控制热交换的速度。温差大，说明室内温度高，应提高冷冻泵的转速，加快冷冻水的循环速度以增加流量，加快热交换的速度；反之温差小，则说明室内温度低，可降低冷冻泵的转速，减缓冷冻水的循环速度以降低流量，减缓热交换的速度，以节约电能。

在冷却水循环系统中，PLC通过温度传感器及温度模块将冷却水的出水温度和进水温度读入内存，根据出水和进水的温差值来控制变频器的转速，调节冷却水的流量，控制热交换的速度。因此，对冷却水来说，以出水和进水的温差作为控制依据，实现出水和进水的恒温差控制是比较合理的。温差大，说明冷冻机组产生的热量大，应提高冷却泵的转速，加大冷却水的循环速度；温差小，说明冷冻机组产生的热量小，应降低冷却泵的转速，减缓冷却水的循环速度，以节约电能。

但是由于夏季天气炎热，以冷却水出水与进水的温差控制，在一定程度上还不能满足实际的需求，因此在气温高（即冷却水进水温度高）的时候，采用冷却水出水的温度进行自动调速控制，而在气温低时自动返回温差控制调速（最佳节能模式）。

项目 9 PLC 与 PLC 通信控制设计技术

 **知识准备**

无论是计算机,还是 PLC、变频器、触摸屏、条形码等都是数字设备,它们之间交换的信息是由"0"和"1"表示的数字信号。通常把具有一定编码、格式和位长要求的数字信号称为数据信息。

数据通信就是将数据信息通过适当的传送线路从一台机器传送到另一台机器。这里的机器可以是计算机、变频器、PLC、触摸屏以及远程 I/O 模块。

数据通信系统的任务是把地理位置不同的计算机和 PLC、变频器、触摸屏及其他数字设备连接起来,高效率地完成数据的传送、信息交换和信息处理三项任务。

9.1 通信的概念

在实际的工程控制中,PLC 与外部设备之间要进行信息交换,PLC 与 PLC 之间也要进行信息交换,所有这些信息交换均称为数据通信。

9.1.1 数据通信的概念

在数据信息通信时,按同时传送位数来分可以分为并行通信与串行通信。通常根据信息传送的距离决定采用哪种通信方式。

(1)并行通信 在通信时数据各位同时发送或接收。并行通信其优点是传送速度快,但由于一个并行数据有 n 位二进制数,就需要 n 根传送线,所以常用于近距离的通信,在远距离传送的情况下,导致通信线路复杂,成本高。

(2)串行通信 所传送数据按顺序一位一位地发送或接收,所以串行通信突出优点是需一根到两根传送线。在长距离传送时,通信线路简单成本低,但与并行通信相比,传送速度慢,故常用于长距离传送而速度要求不高的场合。但近年来串行通信速度有了很快的发展,甚至可达到近 Mbit/s 的数量级,因此在分布式控制系统中得到广泛应用。

9.1.2 串行通信的通信方式

串行通信根据数据信息通信时,传送字符中的 bit 数目相同与否分为同步传送和异步传送。

1. 同步传送

同步传送是采用同步传输时,将许多字符组成一个信息组进行传输,但是需要在每组信息(通常称为帧)的开始处加上同步字符,在没有帧数据传输时,要填上空字符,因为同步传输不允许有间隙。在同步传输过程中,一个字符可以对应 5~8bit。当然在同一个传输过程中,所有字符对应同样的 bit 数。

同步传送时,字符与字符之间没有间隙,也不用起始位和停止位,仅在数据块开始时用同步字符来指示。数据格式如图 9-1 所示。因而克服了异步传送效率低的缺点,但同步传送所需的软、硬件价格是异步的 8~12 倍。因此通常在数据传送速率超过 2000bit/s 的系统中才采用同步传送，它适用于 1:n 点之间的数据传输。

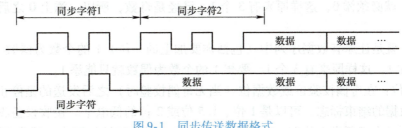

图 9-1　同步传送数据格式

2. 异步传送（也称起止式传送）

在异步传送中，数据是一帧一帧（包含一个字符代码或一个字节数据）传送的。在帧格式中，一个字符包含四部分：起始位、数据位、奇偶效验位、停止位。通常在异步串行通信中，收发的每一个字符数据是由四个部分按顺序组成的，如图 9-2 所示。

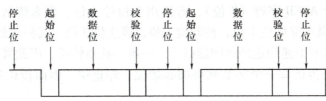

图 9-2　异步串行通信方式的信息格式

图 9-2 中各位作用如下：

1）起始位：指在通信线上没有数据被传送时处于逻辑 1 状态。当发送设备要发送一个字符数据时，首先发出一个逻辑 0 信号，这个逻辑低电平就是起始位。起始位通过通信线传向接收设备，接收设备检测到这个逻辑低电平后，就开始准备接受数据位信号。起始位所起的作用就是设备同步，通信双方必须在传送数据位前协调同步。

2）数据位：当接收设备收到起始位后，紧接着就会收到数据位。数据位可以是 5 位、6 位、7 位或 8 位，IBM 个人计算机中经常采用 7 位或 8 位数据传送。这些数据位接收到移位寄存器中，构成传送数据字符。在字符数据传送过程中，数据位从最小有效位开始发送，依此顺序在接收设备中被转换为并行数据。不同系列的 PLC 采用不同的位数据位。

3）奇偶校验位：数据位发送完之后，可以发送奇偶校验位。奇偶校验用于有限差错检测，通信双方约定一致的奇偶校验方式。如果选偶校验，那么组成数据位和奇偶位的逻辑 1 的个数必须是偶数；如果选奇校验，那么逻辑 1 的个数必须是奇数。

那么怎么来计算奇偶校验呢？

奇偶校验是数据传输正确性的一种校验方法。在数据传输前附加一位校验位，用来表示传输的数据中"1"的个数是奇数还是偶数，为奇数时，校验位置为"0"，否则置为"1"，用以保持数据的奇偶性不变。例如，需要传输"11001110"，数据中含 5 个"1"，所以其奇校验位为"0"，同时把"110011100"传输给接收方，接收方收到数据后再一次计算奇偶性，"110011100"中仍然含有 5 个"1"，所以接收方计算出的奇校验位还是"0"，与发送方一致，表示在此次传输过程中未发生错误。奇偶校验就是接收方用来验证发送方在传输过程中所传数据是否由于某些原因造成破坏。

具体方法如下：

奇校验：就是让原有数据序列中（包括你要加上的一位）1 的个数为奇数。如：1000110（0）就必须添 0，这样原来有 3 个 1，已经是奇数，所以，添上 0 之后 1 的个数还是奇数个。

偶校验：就是让原有数据序列中（包括你要加上的一位）1 的个数为偶数。如 1000110（1）就必须加 1，这样原来有 3 个 1，要想 1 的个数为偶数就只能添 1。

4）停止位：在奇偶校验位或数据位（当无奇偶校验时）之后发送的是停止位。停止位是一个字符数据的结束标志，可以是 1 位、1.5 位或 2 位的低电平。接收设备收到停止位之后，通信线便又恢复逻辑 1 状态，直到下一个字符数据的起始位到来。通常 PLC 采用 1 位停止位。

异步传送就是按照上述约定好的固定格式，一帧一帧地传送，因此采用异步传送的方式硬件结构简单，但是传送每一个字节就要加起始位、停止位，因而传送效率低，主要用于中、低速的通信。

例如，传送一个 ASCII 字符（7 位），若选用 2 位停止位，那么传送这个 7 位的 ASCII 字符就需要 11 位，其中起始位 1 位，校验位 1 位，停止位 2 位，其格式如图 9-3 所示。

异步传送就是按照上述约定好的固定格式，一帧一帧地传送，因此采用异步传送方式的硬件结构简单，但是传送每一个字节就要加起始位、停止位，因而传送效率低，主要用于中、低速的通信。

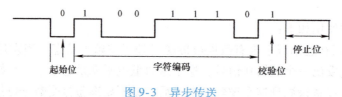

图 9-3　异步传送

另外，在异步数据传送中，CPU 与外设之间必须有两项规定：

1）字符数据格式：即前述的字符信号编码形式。例如起始位占用一位，数据位为 7 位，一个奇偶校验位，加上停止位，于是一个字符数据就由 10 个位构成；也可以采用数据位为 8 位，无奇偶校验位等格式。

2）波特率：即数据的传送速率，表示每秒传送二进制数的位数。其单位是位/秒（bit/s），假如数据传送的格式是 7 位字符，加上奇校验位、一个起始位以及一个停止位，共 10 个数据位，而数据传送的速率是 240bit/s，则传送的波特率为

$$10 \times 240 \text{bit/s} = 2400 \text{bit/s}$$

每一位的传送时间即为波特率的倒数

$$T_d = 1\text{bit}/2400\text{bit/s} \approx 0.416\text{ms}$$

所以，要想通信双方能够正常收发数据，则必须有一致的数据收发规定。

9.2　FX 系列 PLC 的 1:1 通信技术

并列链接功能，就是连接 2 台 FX5 PLC 进行软元件相互链接的功能。连接如图 9-4 所示。

项目 9　PLC 与 PLC 通信控制设计技术

根据要链接的点数及链接时间,有普通并列链接模式和高速并列链接模式这两种可供选择。对于链接用内部继电器(M)、数据寄存器(D),可以分别设定起始软元件编号。

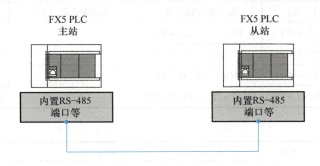

图 9-4　PLC 1:1 连接示意图

9.2.1　通信规格

两台 PLC 按表 9-1 通信规格,执行并行链接功能,不能更改。

表 9-1　并行链接功能的通信规格

项目	规格		项目	规格
连接 PLC 台数	最大 2 台(1:1)	字符格式	起始位	1 位
协议格式	并列链接		数据长度	7 位
通信标准	RS-485		奇偶校验	偶效验
通信方式	通信时间半双工,双向传输		停止位	1 位
传送速率	115200bit/s(不能更改)		报头	固定
最大延长距离	FX5-485ADP 时 1200m,其他 50m		结束符	固定
普通模式通信时间	15ms + 主站运算周期(ms)+ 从站运算周期(ms)		和校验	固定
高速模式通信时间	5ms + 主站运算周期(ms)+ 从站运算周期(ms)		控制线	—

9.2.2　相关软元件分配

1) 默认情况下,链接软元件分配按表 9-2 分配数据交换软件。

表 9-2　链接软元件分配表

站号	普通并联模式		高速并联模式	
	内部继电器(M)	数据寄存器(D)	内部继电器(M)	数据寄存器(D)
主站	M800~M899(100 点)	D490~D499(10 点)	—	D490、D491
从站	M900~M999(100 点)	D500~D509(10 点)	—	D500、D501

2) 用户也可根据 GX Works3 中设定的链接软元件起始编号,对占用的软元件进行分配。此外,链接模式也通过 GX Works3 指定,见表 9-3。

3) 通信过程中相关软元件。在使用并行通信时,相关特殊辅助继电器和数据寄存器见表 9-4。

表 9-3 通过软件分配链接软元件

站号		普通并联模式		高速并联模式	
		内部继电器（M）	数据寄存器（D）	内部继电器（M）	数据寄存器（D）
主站	发送	M(y1)~M(y1+99)	D(x1)~D(x1+9)	—	D(x1)~D(x1+1)
	接收	M(y1+100)~M(y1+199)	D(x1+10)~D(x1+19)	—	D(x1+10)~D(x1+11)
从站	接收	M(y2)~M(y2+99)	D(x2)~D(x2+9)	—	D(x2)~D(x2+1)
	发送	M(y2+100)~M(y2+199)	D(x2+10)~D(x2+19)	—	D(x2+10)~D(x2+11)

表 9-4 特殊辅助继电器和数据寄存器功能

编号	名称	作用	检测	读/写
SM8500	串行通信出错	当通道 1 的串行通信中出错时 ON	M, L	R
SM8510	串行通信出错	当通道 2 的串行通信中出错时 ON	M, L	R
SM9090	并联连接运行中	并联正在运行（ON 时并联运行中）	M, L	R
SD8500	通道 1 串行通信错误代码	当串行通信是发生错误时，保存错误代码	M, L	R
SD8510	通道 2 串行通信错误代码	当串行通信是发生错误时，保存错误代码	M, L	R
SD8502	使用通道 1 串行通信设定	保存 PLC 中的设定的通信参数（通信规格）	M, L	R
SD8512	使用通道 2 串行通信设定	保存 PLC 中的设定的通信参数（通信规格）	M, L	R
SD8503	串行通信动作模式	保存正在执行串行通信功能的代码①	M, L	R
SD9090	主站/从站设定	保存主站/从站属性设定值	M, L	R
SD9091	链接模式的设定	保存链接模式的属性设定值	M, L	R

注：M—主站；L—从站；R—读出专用。

① 功能代码如下：0—连接 MELSOFT 或 MC 协议；3—简易 PLC 间链接通信；5—无顺序通信；6—并列链接通信；7—变频器通信；9—MODBUS RTU 通信；12—通信协议支持。

9.2.3 通信布线

FX5 系列 PLC 作并列连接时，接线有两种方式，一是单对子布线，二是双对子布线。如图 9-5、图 9-6 所示。

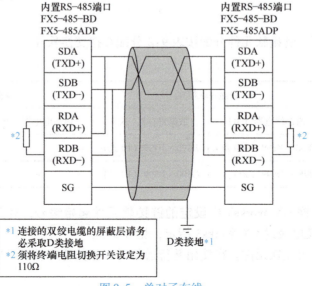

图 9-5 单对子布线

项目 9 PLC 与 PLC 通信控制设计技术

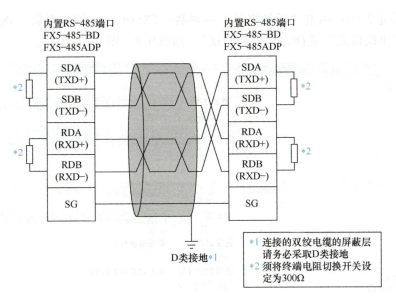

图 9-6 双对子布线

说明：有关终端电阻的设定。内置 RS-485 端口、FX5-485-BD、FX5-485ADP 中内置有终端电阻，采用单对子接线时将终端电阻切换开关为 110Ω，采用双对子接线时将终端电阻切换开关为 330Ω，如图 9-7 所示。

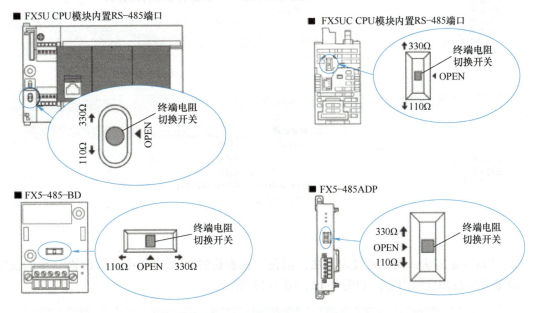

图 9-7 终端电阻的设定方法

9.2.4 通信设置

1）FX5 通信功能设定是通过 GX Works3 设定参数。参数的设置因所使用的通信模块而异（或称通道不同而有所区别）。

2）内置 RS-485 端口（通道 1）设定操作方法如下。

① 主站设定方法：单击"导航窗口"→参数→FX5UCPU→模块参数→485 串口→在显示画面中的"协议格式"选择为"并列链接"，如图 9-8~图 9-11 所示。

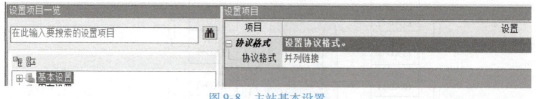

图 9-8　主站基本设置

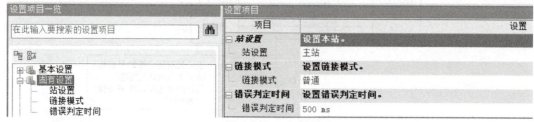

图 9-9　主站固有设置

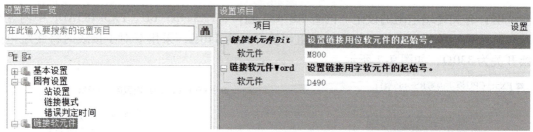

图 9-10　主站链接元件设置

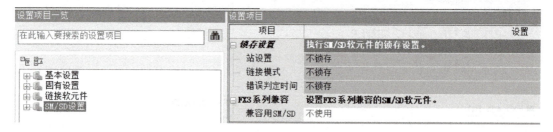

图 9-11　主站 SM/SD 元件设置

② 从站设定方法：同主站设定方法，但在"固有设置"和"链接元件设置"步的设定中，设定为从站相应的内容。如图 9-12、图 9-13 所示。

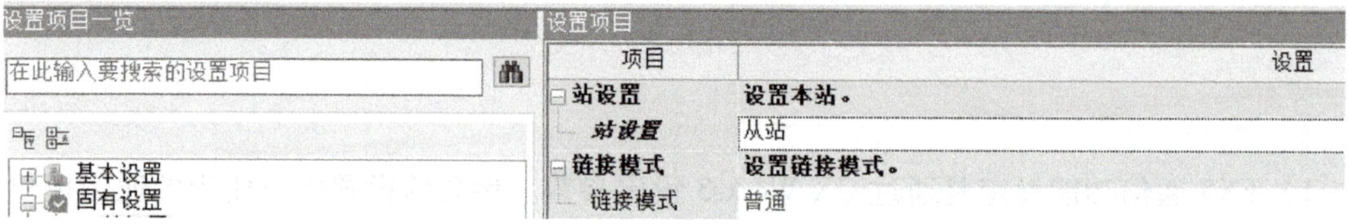

图 9-12　从站固有设置

图 9-13 从站链接元件设置

【例 9-1】有两台 PLC 按并行（1:1）通信方式连接。并将 FX5U-64MR 设为主站，FX5U-32MR 设为从站，要求两台 PLC 之间实现以下控制要求：

1）将主站输入信号 X0～X7 的状态传送到从站，要求通过从站的 Y0～Y7 输出，并且在本站 Y0～Y7 中显示 X0～X7 的运行信息。

2）将从站输入信号 X000～X007 的状态传送到主站，要求通过主站的 Y10～Y17 输出；并且在本站 Y10～Y17 中显示 X0～X7 的运行信息。

3）主、从站的 X10 分别为各站计数器 C20 的计数输入信号。当两站计数器 C20 的计数之和小于 188 之时，主、从站 Y20 动作；当计数值大于等于 188 且小于 199 时，主、从站 Y21 输出；当计数值大于 99 时，主、从站 Y22 输出。

并联运行普通模式下主、从站控制程序编制方法如图 9-14 和图 9-15 所示。

图 9-14 【例 9-1】主站参考控制程序

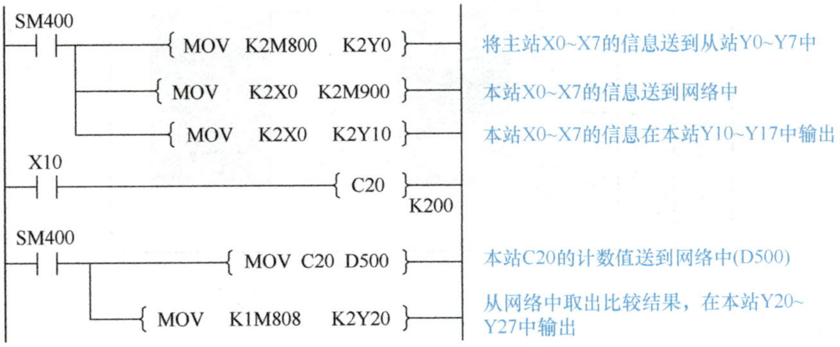

图 9-15 【例 9-1】从站参考控制程序

9.2.5 故障处理

1）确认协议格式是否为并列链接。如果不是并列链接，就不能正确执行通信。更改通信设定后，请务必将 CPU 模块的电源由 OFF→ON 或者复位。

2）通过 LED 显示确认通信状态：确认 CPU 模块或通信板/通信适配器中的"RD" "SD"的 LED 显示状态。RD 和 SD 动作状态意义见表 9-5。

表 9-5　RD 和 SD 动作状态意义

序号	LED 显示状态（RD）	LED 显示状态（SD）	运行状态
1	灯亮	灯亮	正在执行数据的发送接收
2	灯亮	灯灭	正在执行数据的发送，没有执行接收
3	灯灭	灯亮	正在执行数据的接收，没有执行发送
4	灯灭	灯灭	不在执行数据的发送接收

正常地执行并列链接时，两个 LED 都应该处于清晰的闪烁状态。
当 LED 不闪烁时，请确认接线或者主站、从站的设定。

9.3　FX5 系列 PLC N:N 网络通信

9.3.1　N:N 网络特点

利用简易 FX5 PLC 间链接功能，在最多 8 台 FX5 系列 PLC 之间进行数据传输组成 N:N 网络，通过 RS-485 通信连接，进行软元件相互链接的功能。具备以下特点：

1）网络中最多可连接 8 台 PLC，其中一台作网络中的主站，其他 PLC 作为从站，通过 RS-485 总线控制，实现软元件相互链接，数据共享。数据链接在 8 台 FX 系列 PLC 之间自动更新，可以在主站及所有从站对链接的信息进行监控。

2）网络中各 PLC 总延长距离最长为 1200m（仅限全部由 FX5-485ADP 构成时）。

3）根据要链接的点数，有 3 种模式可以选择。可以利用主站和所有从站监控链接信息。对于链接用内部继电器（M）、数据寄存器（D），FX5 可以分别设定起始软元件编号。

4）在通信时由于通信硬件位置不同，通道的连接也不同，安装位置如图 9-16 所示，选型要点见表 9-6。

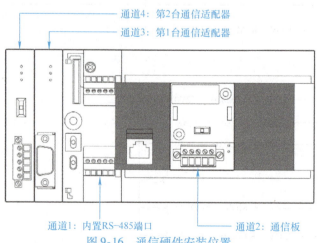

图 9-16　通信硬件安装位置

表 9-6 通信硬件选型要点

通道	硬件	选型要点	总延长距离
通道 1	内置 RS-485	内置于 CPU 模块中,不需要扩展设备	50m 以下
通道 2	通信板 FX5-485-BD	可以内置在 CPU 模块中	50m 以下
通道 3/通道 4	通信适配器 FX5-485ADP	在 CPU 模块的左侧安装通信适配器	1200m 以下

9.3.2 通信规格

按照表 9-7 所示通信规格（固定）执行简易 PLC 间链接功能，不能更改波特率等规格。

表 9-7 通信规格

项目	规格		项目	规格
连接 PLC 台数	最大 8 台	字符格式	起始位	1 位
协议格式	简易 PLC 间链接		数据长度	7 位
通信标准	RS-485		奇偶校验	偶效验
通信方式	通信时间半双工，双向传输		停止位	1 位
传送速率	38400bit/s		报头	固定
最大延长距离	FX5-485ADP 时 1200m，其他 50m		结束符	固定
控制线	—		和校验	固定

9.3.3 链接的软元件

1. N:N 通信相关特殊软元件功能（见表 9-8）

表 9-8 特殊软元件功能表

编号	名称	作用	检测	读/写
SM8500	串行通信出错	当通道 1 的串行通信中出错时 ON	M, L	R
SM8510	串行通信出错	当通道 2 的串行通信中出错时 ON	M, L	R
SM9040	数据传送序列错误	当主站中发生数据传送序列错误时置 ON	M, L	R
SM9041	数据传送序列错误	当从站 1 中发生数据传送序列错误时置 ON	M, L	R
SM9042	数据传送序列错误	当从站 2 中发生数据传送序列错误时置 ON	M, L	R
SM9056	正在执行数据传送序列	执行简易 PLC 间链接时置 ON	M, L	R
SD9040	相应站号的设定状态	用于确认站号	M, L	R
SD9041	通信从站的设定状态	用于确认从站台数	M, L	R

注：M—表示主站；L—表示从站；R—表示读出专用。

2. 数据交换软元件分配

在使用 N:N 网络通信时，FX 系列 PLC 的部分辅助继电器和数据寄存器被用作在通信时存放本站的信息，可以在网络上读取信息，实现数据的交换。根据所使用的从站数量不同，占用链接的点数也有所变化。表 9-9 为链接模式软元件分配表。

表 9-9 链接模式软元件分配表

站号		模式 0		模式 1		模式 2	
		位软元件	字软元件	位软元件	字软元件	位软元件	字软元件
主从	编号	0 点	各站 4 点	各站 32 点	各站 4 点	各站 64 点	各站 8 点
主站	站号 0	—	D1000~D1003	M4000~M4031	D1000~D1003	M4000~M4063	D1000~D1007
从站	站号 1	—	D1010~D1013	M4064~M4095	D1010~D1013	M4064~M4127	D1010~D1017
	站号 2	—	D1020~D1023	M4128~M4159	D1020~D1023	M4128~M4191	D1020~D1027
	站号 3	—	D1030~D1033	M4192~M4223	D1030~D1033	M4192~M4255	D1030~D1037
	站号 4	—	D1040~D1043	M4256~M4287	D1040~D1043	M4256~M4319	D1040~D1047
	站号 5	—	D1050~D1053	M4320~M4351	D1050~D1053	M1320~M1383	D1050~D1057
	站号 6	—	D1060~D1063	M4384~M4415	D1060~D1063	M4384~M4447	D1060~D1067
	站号 7	—	D1070~D1073	M4448~M4479	D1070~D1073	M4448~M4511	D1070~D1077

注：链接的软元件起始点可以通过软件进行设定。

9.3.4 通信连接

在使用 $N:N$ 网络时接线采用 1 对接线方式，如图 9-17 所示。

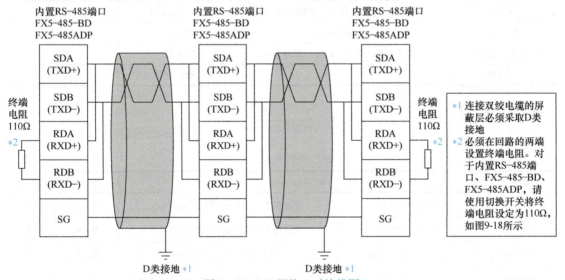

图 9-17 $N:N$ 网络 1 对接线图

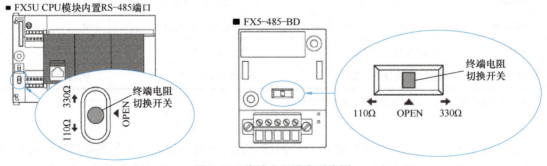

图 9-18 终端电阻设定示意图

9.3.5 通信设定

FX5 通信功能设定是通过 GX Works3 设定参数。参数的设置因所使用的模块而异。模块

（内置 RS-485 端口）通道 1 模块的操作如下列步骤。

（1）主站设定方法　单击"导航窗口"→参数→FX5U CPU→模块参数→485 串口→在显示画面中的"协议格式"选择为"简易链接"，如图 9-19~图 9-22 所示。

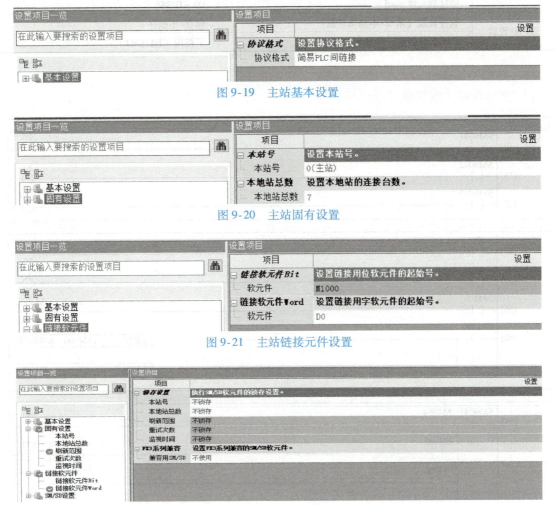

图 9-19　主站基本设置

图 9-20　主站固有设置

图 9-21　主站链接元件设置

图 9-22　SM/SD 软元件设置

（2）参数设定内容　使用简易 PLC 间链接的串行口设定表 9-10 参数内容。其中，仅限 1 个通道可以设定简易 PLC 间链接。

表 9-10　参数设定内容

项　　目		设定值
基本设置	协议格式	要使用功能选"简易 PLC 间链接"
	扩展插板	要使用功能选"FX5-485-BD"
固有设置	本站号	0（本主站），1~7（从站）
	本地站总数	1~7
	刷新范围	0（模式0）；1（模式1）；2（模式2）
	重试次数	0~10
	监视时间	50~250ms

项　　目		设定值
链接软元件	链接软元件 bit	FX5U、FX5S、FX5UC CPU 模块 M0 ~ M32762
	链接软元件 word	D0 ~ D7986
SM/SD 设置	锁存设置（站号/本地站总数）	锁存/不锁存
	FX3 系列兼容（兼容 SM/SD）	不使用/CH1/CH2

9.3.6 编程控制实例

1. 主站控制示例程序（见图 9-23）

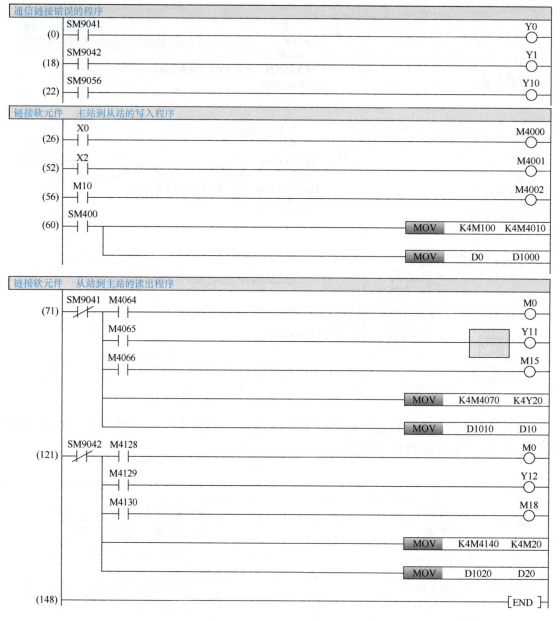

图 9-23　主站示例参考控制程序

2. 从站控制程序（见图 9-24）

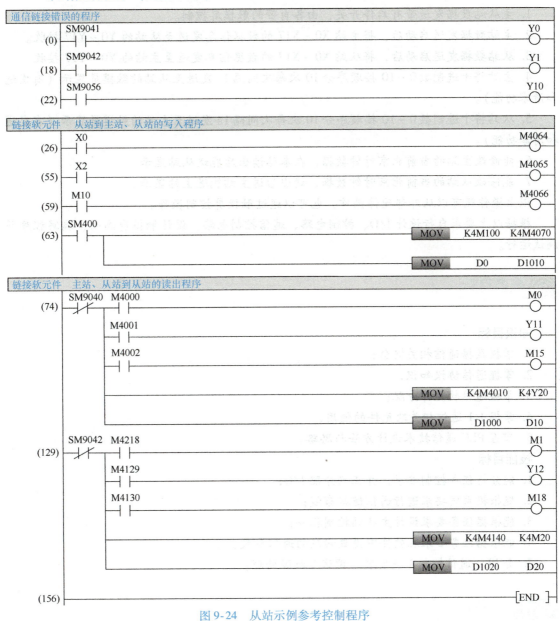

图 9-24 从站示例参考控制程序

任务 22　两地生产线网络控制系统设计与调试

任务要求

甲、乙两地生产线，因生产工艺需要进行下列控制，两地各有一台 FX5U 系列 PLC，现两台 PLC 之间采用 1:1 的网络进行通信控制，实现以下功能（注：甲地 PLC 称为主站，乙地 PLC 称为从站）。

1. 主从站数据发送带有启停开关，由各自带的触摸屏控制。
2. 主站数据发送启动后，将主站 X0～X17 的数据信息发送至从站的 Y0～Y17 接收。
3. 从站数据发送启动后，将从站 X0～X17 的数据信息发送至主站的 Y0～Y17 接收。
4. 主站将十进制数 0～10 按顺序分 10 次每次间隔 1s 发送至从站的触摸屏显示（有发送和清零功能）。
5. 从站将十进制数 0～10 按顺序分 10 次每次间隔 1s 发送至主站的触摸屏显示（有发送和清零功能）。
6. 能修改主站的当前北京时钟数据，在本站读出后能送从站显示。
7. 能修改从站的当前北京时钟数据，读出后送主站能送主站显示。

以上操作既可以从外部硬件操作，也可以通过触摸屏控制操作。

根据以上要求自行设计 I/O、控制电路、通信控制电路，设计触摸屏画面、编写程序并调试运行。

任务目标

知识目标
1. 掌握数据通信相关概念；
2. 掌握通信协议知识；
3. 掌握通信软元件分配；
4. 掌握 1:1 通信相关软元件的使用；
5. 掌握 PLC 通信技术设计方法与思路。

技能目标
1. 能分析任务控制要求，并正确分配 I/O；
2. 能根据系统要求进行通信链接布线；
3. 能根据任务要求设计主从站控制程序；
4. 能根据任务要求在软件中设置相应的通信参数；
5. 会 PLC 通信控制系统安装、调试与故障处理。

任务设备

FX 系列 PLC（FX5U-64MR）、GS21 系列触摸屏、计算机（安装有 GX Works3 软件）、电动机、机电一体化实训台、指示灯挂箱、连接线、通信线等。

设计指引

1. 根据控制要求分配 PLC 外部输入/输出点（见表 9-11）

项目 9　PLC 与 PLC 通信控制设计技术

表 9-11　PLC 外部输入/输出点（I/O）分配表

主站输入及功能		主站输出及功能		从站输入及功能		从站输出及功能	
X0 ~ X17	输入信号	Y0 ~ Y17	输出信号	X0 ~ X17	输入信号	Y0 ~ Y17	输出信号
X36	本站停止	Y37	通信成功指示	X36	本站停止	Y37	通信成功指示
X37	本站启动			X37	本站启动		

2. 通信电路设计

参考图 9-5 或图 9-6 进行链接，或者通过网络交换机与两地 PLC 的以太网端口相连。

3. 软件参数设置

参考上文图 9-8 ~ 图 9-13 所示进行软件参数设置。

4. 编制程序

主站和从站参考程序分别如图 9-25、图 9-26 所示。

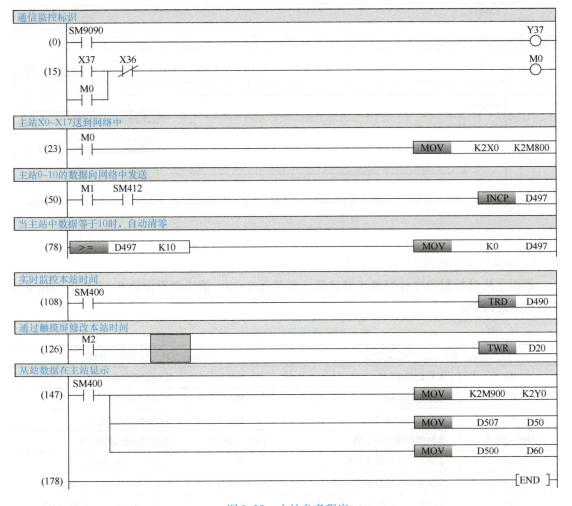

图 9-25　主站参考程序

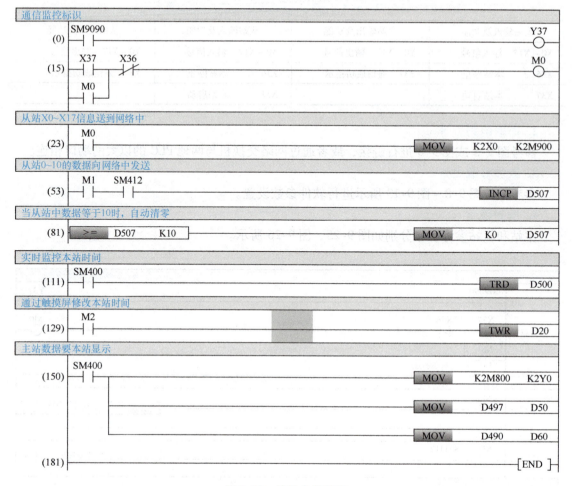

图 9-26 从站参考程序

5. 设计触摸屏画面

根据主从站控制程序分配画面设计软元件见表 9-12。请读者根据表 9-12 和前面相关操作自行设计画面。

表 9-12 画面设计软元件分配表

主站画面软元件分配及功能		从站画面软元件分配及功能	
M0	本站启动按钮	M0	本站启动按钮
M1	本站启动按钮	M1	本站启动按钮
M2	本站时间修改设定	M2	本站时间修改设定
D490 ~ D496	本站时间数据寄存器	D500 ~ D506	本站时间数据寄存器
D497	本站 0 ~ 10 数据寄存器	D507	本站 0 ~ 10 数据寄存器
D20 ~ D26	修改本站时间数据寄存器	D20 ~ D26	修改本站时间数据寄存器
D50	从站发来 0 ~ 10 的数据寄存器	D50	主站发来 0 ~ 10 的数据寄存器
D60 ~ D66	显示从站时间数据寄存器	D60 ~ D66	显示主站时间数据寄存器

 任务评价

任务完成后,按表 9-13 进行评价。

表 9-13 两地生产线网络控制系统设计与调试任务评价表

评价项目	考核内容及要求	评价标准	配分	得分
专业技能	1. 输入、输出端口分配	分配错误,每处扣 1 分	5	
	2. 编写主站控制程序	编写错误,每处扣 1 分	10	
	3. 编写从站控制程序	编写错误,每处扣 1 分	10	
	4. 运行结果	系统不能启动不得分	5	
		没有系统通信成功标识不得分	5	
		不能在主站中显示从站 X0~X17 的运行信息,每个扣 1 分	10	
		不能在主站中显示从站发来的数据不得分	5	
		不能在主站中显示从站当前时间不得分	5	
		不能在从站中显示主站 X0~X17 的运行信息,每个扣 1 分	5	
		不能在从站中显示主站发来的数据不得分	5	
		不能在从站中显示主站当前时间不得分	5	
		主站不能修改时间数据,每项扣 1 分	5	
		从站不能修改时间数据,每项扣 1 分	5	
		主站不能正确显示本站时间的不得分	5	
		从站不能正确显示本站时间的不得分	5	
安全文明生产	安全生产规定	1) 违反安全生产规定,造成安全事故的不得分 2) 岗位 8S 不达标的不得分	5	
创新能力	提出独特可行方案	视情况进行评分	5	

项目 10 PLC 与变频器通信控制系统设计技术

 知识准备

10.1 PLC 与三菱变频器专用协议通信技术

变频器的通信功能就是利用变频器专用通信指令，以 RS-485 通信方式实现 FX5 系列 PLC 与变频器的通信，最多可以对 16 台变频器进行监控、各种指令以及参数的读出/写入的功能。组成的系统如图 10-1 所示。

FX5 系列 PLC 可以对三菱 FREQROL-F800/E800/A800/A800Plus/F700PJ/F700P/A700/E700/E700EX（无传感器伺服）/D700/V500 系列变频器进行链接。

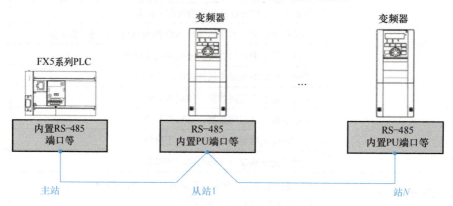

图 10-1 FX5 系列 PLC 与三菱变频器通信

10.1.1 通信规格

FX5 系列 PLC 与三菱变频器通信规格见表 10-1。

表 10-1 并行链接功能通信规格

项目	规格	项目		规格
连接变频器台数	最多 16 台	字符格式	字符	ASCII
通信标准	符合 RS-485 规格		起始位	1 位
通信方式	半双工，双向传输		数据长度	7 位/8 位
协议格式	变频器计算机链接		奇偶校验	无/奇/偶效验
传送速率	4800/9600/19200/38400/57600/115200bit/s		停止位	1 位/2 位
最大延长距离	FX5-485ADP 时 1200m，其他 50m			
控制顺序	起停同步			

10.1.2 通信接线

1. FX5 PLC 一侧

内置 RS-485 端口、FX5-485-BD、FX5-485ADP 中内置有终端电阻。将终端电阻切换开关设定为 110Ω，如图 10-2 所示。

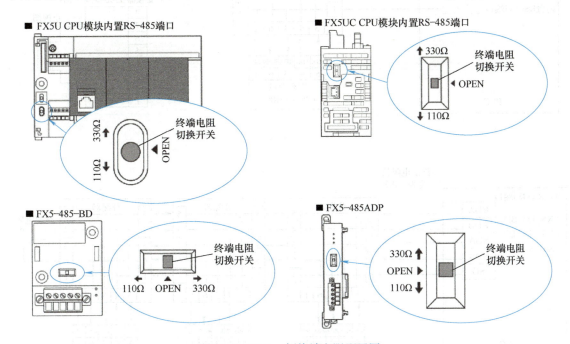

图 10-2　PLC 一侧终端电阻配置图

2. 变频器侧（E800/F700PJ/E700/E700EX/D700/V500 系列）

变频器连接通信可采用 PU（RS-485）端口，也可用变频器选件 FR-A5NR、FR-A7NC。图 10-3 所示为变频器主机一侧各针脚信号排列图。

PLC 与单台变频器 PU 接口连接的接线如图 10-4 所示，多台连接时接线如图 10-5 所示。

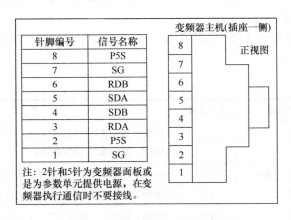

图 10-3　变频器 PU 接口端子排列

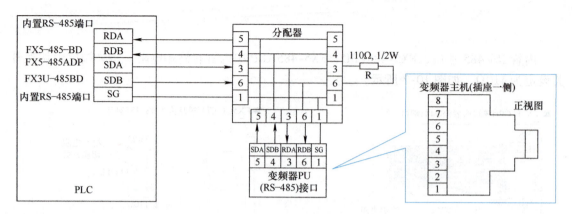

图 10-4　与单台变频器 PU 接口接线图

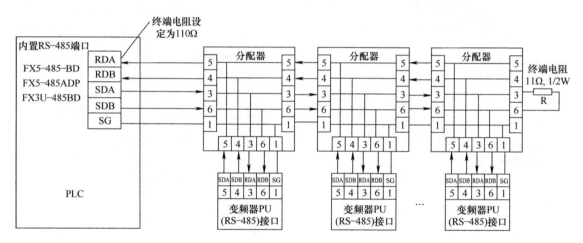

图 10-5　与多台变频器 PU 接口接线图

10.1.3　与变频器通信数据代码表

变频器的运行监视指令（如 IVCK 指令）的操作数［S2］中指定的变频器读出专用指令代码和内容见表 10-2。

变频器的运行控制指令（如 IVDR 指令）的操作数［S2］中指定的变频器写入专用指令代码和内容见表 10-3。

表 10-2　变频器通信设定项目和数据表

项目	读出内容	指令代码	说　明
变频器运行监视（PLC 读取变频器中数据）	运行模式	H7B	H0000：通信选项运行；H0001：外部操作；H0002：通信操作（PU 接口）
	输出频率（速度）	H6F	H0000 ~ HFFFF：输出频率（十六进制），最小单位 0.01Hz
	输出电流	H70	H0000 ~ HFFFF：输出电流（十六进制），最小单位 0.1A
	输出电压	H71	H0000 ~ HFFFF：输出电压（十六进制），最小单位 0.1V
	特殊监控	H72	H0000 ~ HFFFF：指令代码 HF3 选择监示数
	特殊监控选择编号	H73	H01 ~ H0E，监示数据选择参考见表 10-3

(续)

项目	读出内容	指令代码	说　明
变频器运行监视（PLC 读取变频器中数据）	异常内容	H74	H74～H77 都是异常内容的指令代码
	变频器状态监控	H7A	b7　　　　　　　　　　　　　　　　　　　b0 | 0 | 1 | 1 | 1 | 1 | 0 | 1 | 0 | b0：变频器正在运行　b2：反转　　b4：过负荷　　b6：频率达到 b1：正转　　　　　　b3：频率达到　b5：瞬时停电　b7：发生报警
	读出设定频率 E^2PROM	H6E	读出设定频率（RAM）或（E^2PROM） H0000～H9C40：最小单位 0.01Hz（十六进制）
	读出设定频率 RAM	H6D	
变频器运行控制（PLC 写入数据到变频器中）	运行模式	HFB	H0000：通信选项运行；H0001：外部操作； H0002：通信操作（PU 接口）
	特殊监控选择编号	HF3	H01～H0E：监示数据选择见表 10-3
	运行指令	HFA	代码包含 8 位长数据
	写入设定频率 E^2PROM	HEE	H0000～H9C40：最小单位 0.01Hz（十六进制）（0～400.00Hz）。 频繁改变运行频率时，请写入到变频器的 RAM（指令代码：HED）
	写入设定频率 RAM	HED	
	变频器复位	HFD	H9696：复位变频器。当变频器有通信开始由计算机复位时，变频器不能发送回应答数据给计算机
	异常内容清除	HF4	H9696：报警履历的全部清除
	清除全部参数	HFC	设定的数据不同有四种清除操作方式：当执行 H9696 或 H9966 时，所有参数被清除，与通信相关的参数设定值也返回到出厂设定值，当重新操作时，需要设定参数
	用户清除	HFC	H9669：进行用户清除
	链接参数的扩展设定	HFF	

表 10-3　监示数据选择表

监视名称	设定数据	最小单位	监视名称	设定数据	最小单位
输出频率	H01	0.01Hz	再生制动	H09	0.1%
输出电流	H02	0.01A	电子过流保护负荷率	H0A	0.1%
输出电压	H03	0.1V	输出电流峰值	H0B	0.01A
设定频率	H05	0.01Hz	整流输出电压峰值	H0C	0.1V
运行速度	H06	1r/min	输入功率	H0D	0.01kW
电动机转矩	H07	0.1%	输出电力	H0E	0.01kW

10.1.4　与变频器通信的相关参数

　　FX 系列 PLC 和变频器之间进行通信，通信规格必须在变频器的初始化中设定，如果没有进行初始设定或有一个错误的设定，数据将不能进行传输。但是在设定参数前，需先分清变频器的系列和连接变频器的端口（PU 端口、FR-A5NR 选件和内置 RS-485 端子），不同系列的变频器和不同端口的通信参数会有所不同。表 10-4、表 10-5 表示变频器不同连接时的通信参数。

表 10-4 连接 FR-E800 变频器 PU 端口通信参数

参数号	名称	设定值	说明
160	用户组读出选择	0	显示基本参数 + 扩展参数
117	站号	00～31	最多可连接 16 台
118	通信速率	48/96/192/384kbit/s	4800/9600/19200/38400bit/s（注：任选 1）
119	停止位长	10	数据长 7 位；停止位长 1 位
120	奇偶校验有/无	2	偶校验
121	通信再试次数	0～10	设定发生数据接收错误后允许次数，如果连续发生次数超过允许值，变频器将报警停止
122	通信校验时间间隔	0	不通信
122	通信校验时间间隔	0.1～999.8	设定通信校验时间间隔
122	通信校验时间间隔	9999	如果无通信状态持续时间超过允许时间，变频器进入报警停止状态
123	等待时间设定	0～150ms	设定数据传输到变频器的响应时间
123	等待时间设定	9999	用通信数据设定
124	CR，LF 有/无选择	1	0：无 CR/LF；1：有 CR·无 LF；2：有 CR/LF
340	选择通信启动模式	1 或 10	1：网络运行模式；10：网络运行模式（可以通过操作面板更改 PU 运行模式和网络运行模式）
342	E^2PROM 写入有无	0	从计算机实施参数写入到 E^2PROM，1 参数写到 RAM
549	选择协议	0	三菱电机变频器（计算机链接）协议
79	选择运行模式	0	上电时外部运行模式

注：每次参数初始化设定后，需要复位变频器（可以采用断电再上电复位的方式进行），如果改变与通信相关的参数后，变频器没有复位，通信将不能进行。

表 10-5 变频器通信相关参数（A800/F800/A800PLUS 系列内置 RS-485 端子连接）

参数号	名称	设定值	说明
160	用户组读出选择	0	显法基本参数 + 扩展参数
331	RS-485 站号	00～31	最多可连接 16 台
332	RS-485 通信速率	48/96/192/384/576/1152kbit/s	4800/9600/19200/38400/57600/115200bit/s
333	停止位长/字节长	10	数据长 7 位，停止位长 1 位
334	奇偶校验有/无	0/1/2	无/奇校验/偶校验
335	通信重试次数	10	运行时请设定为 "1～10" 的数值

项目 10　PLC 与变频器通信控制系统设计技术

（续）

参数号	名称	设定值	说　明
336	通信校验时间间隔	0	不通信
		0.1~999.8	设定通信校验时间间隔
		9999	如果无通信状态持续时间超过允许时间，变频器进入报警停止状态
337	等待时间设定	0~150ms	设定数据传输到变频器和响应时间
		9999	用通信数据设定
340	通信启动模式	1	网络运行模式
341	CR，LF 有/无选择	1	0：无 CR/LF；1：有 CR/无 LF；2：有 CR/LF
342	E^2PROM 写入有无	0	0 参数写入到 E^2PROM，1 仅写入到 RAM 中
550	网络模式操作权选择	1 或 9999	网络运行模式，指令权由 RS-485 端子执行
79	选择运行模式	0	上电时外部运行模式

注：每次参数初始化设定后，需要复位变频器（可以采用断电再上电复位的方式进行），如果改变与通信相关的参数后，变频器没有复位，通信将不能进行。

10.1.5　PLC 的通信设定

1）FX5 通信功能设定是通过 GX Works3 设定参数。参数的设置因所使用的通信模块而异（或称通道不同而有所区别）。

2）内置 RS-485 端口（通道 1）设定操作方法如下：

主站设定方法：单击"导航窗口"→参数→FX5UCPU→模块参数→485 串口→在显示画面中的"协议格式"选择"变频器通信"，如图 10-6~图 10-8 所示。

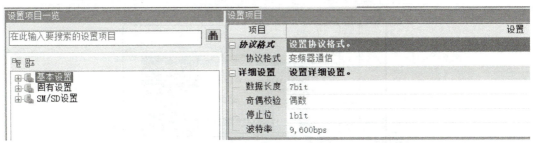

图 10-6　通信基本设置

图 10-7　固有设置

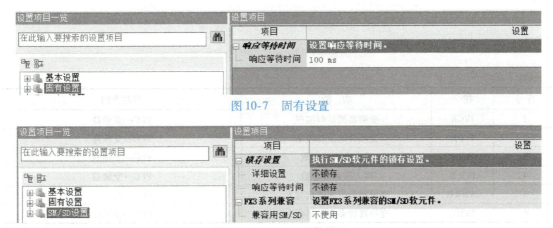

图 10-8　SM/SD 元件设置

10.1.6 与变频器通信的专用指令

1. 变频器通信专用指令概述

PLC 与变频器使用变频器通信专用指令进行通信,变频专用通信指令表现形式如图 10-9 所示。在变频器通信专用指令中,根据数据通信方向和参数的写入/读出方向,有表 10-6 所示的 6 种指令。

图 10-9 变频专用通信指令表现形式

图 10-9 指令中操作数说明如下:

[S1]:变频器的站号。变频器的站号 K0~K31 之间设定。

[S2]:变频器的指令代码。代码表参见表 10-2。

[S3]:保存读出值的软元件编号/向变频器的参数中写入的设定值,或者保存设定数据的软元件编号。

n:通信通道。对于 FX5U CPU 模块为 K1~K4。K1 为内置 RS-485 端口。FX5U CPU 模块可以使用内置 RS-485 端口、通信板、通信适配器,最多可以连接 4 通道的串行端口。FX5U 通信设备的通道位置分布如图 10-10 所示。

D:输出指令执行状态的起始位软元件编号。

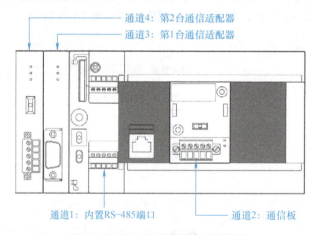

图 10-10 FX5U 通信设备通道位置

表 10-6 变频器通信指令

序号	指令	功 能	控制方向
1	IVCK	变频器的运行监视	PLC←变频器
2	IVDR	变频器的运行控制	PLC→变频器
3	IVRD	读出变频器参数	PLC←变频器
4	IVWR	写入变频器参数	PLC→变频器
5	IVBWR	变频器参数的成批写入	PLC→变频器
6	IVMC	变频器的多个控制指令	PLC→变频器

项目 10　PLC 与变频器通信控制系统设计技术

2. 指令通识使用注意事项

1) 变频器通信指令的驱动触点处于 OFF→ON 的上升沿时，开始与变频器进行通信。
2) 与变频器进行通信时，即使驱动触点变为 OFF 也会将通信执行到最后。
3) 当驱动触点一直为 ON 时，执行反复通信。
4) 如果使用变频器通信指令，就必须将要使用的串行口的通信协议格式设定为"变频器通信"。
5) 在其他通信（RS2 指令等）中使用的串行口无法使用变频器通信指令和通信协议支持指令。
6) 变频器通信指令可以多个编程，并可以同时驱动。在正在通信的串行口中，如果同时驱动多个指令，则在与当前的变频器通信结束后，再执行程序中的下一个变频器通信指令的通信。
7) 指令不论是正常结束还是异常结束，在变频器通信指令执行结束时 SM8029 都置 ON。

3. 专用指令应用技巧

（1）IVCK 指令　变频器的运行监视指令，从 PLC 中读出变频器的运行状态。

指令应用示例如图 10-11 所示，指令的功用是：在 CPU 模块（通道 1）中读出变频器（站号 0）的运行状态（H7A），并将读出值保存在 M100~M107 中，输出（Y0~Y3）到外部。读出内容：变频器运行中 == M100、正转中 == M101、反转中 == M102、发生异常 == M107。

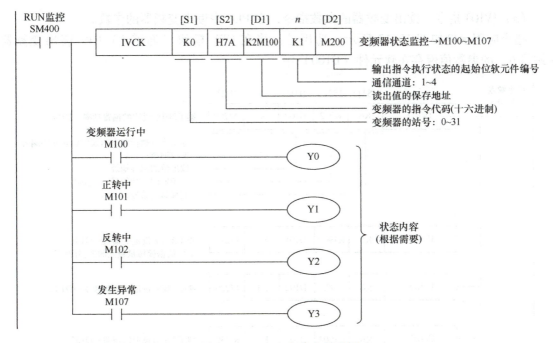

图 10-11　IVCK 指令应用示例

（2）IVDR 指令　变频器的运行控制指令，向 PLC 中写入变频器运行所需的设定值。
指令应用示例如图 10-12 所示，功用是：将启动时速度初始值设为 60Hz，通过 CPU 模块（通道1），利用切换指令对变频器（站号3）的运行速度（HED）进行速度1（40Hz）、速度2（20Hz）的切换。写入内容：D10 = 运行速度（初始值：60Hz、速度1：40Hz、速度2：20Hz）。

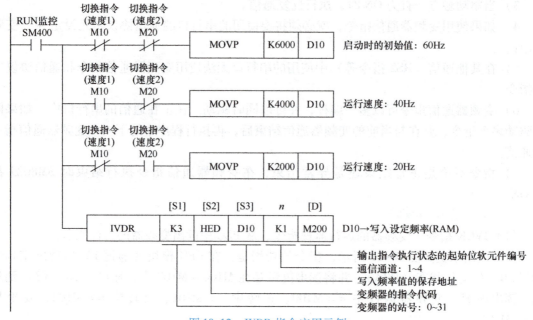

图 10-12　IVDR 指令应用示例

（3）IVRD 指令　读出变频器的参数指令，在 PLC 中读出变频器的参数。

指令应用示例如图 10-13 所示，功用是：将在 CPU 模块（通道1）中，读出变频器（站号6）的参数值保存在软元件（D100）中。

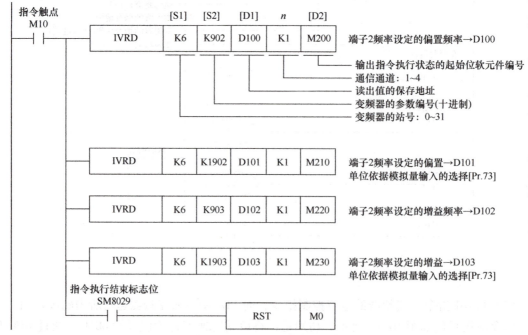

图 10-13　IVRD 指令应用示例

(4) IVWR 指令 写入变频器参数的指令，从 PLC 向变频器写入参数值。

IVWR 指令应用示例如图 10-14 所示。针对变频器（站号 6），从 CPU 模块（通道 1）向变频器中写入设定值。

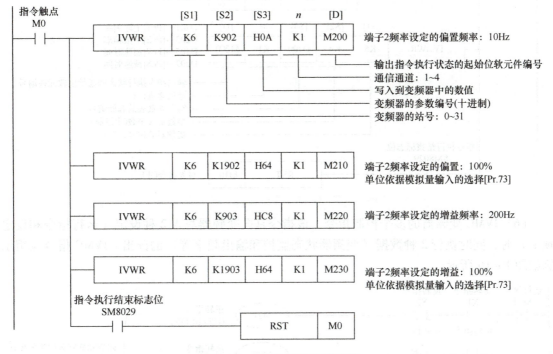

图 10-14 IVWR 指令应用示例

(5) IVBWR 指令 变频器参数成批写入，也即是成批地写入变频器的参数。

IVBWR 指令应用如图 10-15 所示。从 CPU 模块（通道 1）向变频器（站号 5）写入上限频率（Pr.1）：120Hz、下限频率（Pr.2）：5Hz、加速时间（Pr.7）：1s、减速时间（Pr.8）：1s。写入内容：参数编号 Pr.1 == D200、Pr.2 == D202、Pr.7 == D204、Pr.8 == D206、上限频率 = D201、下限频率 = D203、加速时间 = D205、减速时间 = D207。

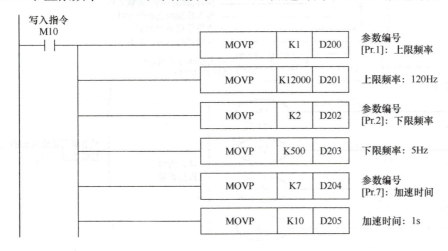

图 10-15 IVBWR 指令应用示例

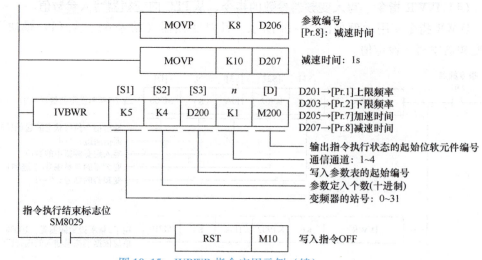

图 10-15　IVBWR 指令应用示例（续）

(6) IVMC 变频器的多个控制指令　该指令是向变频器写入 2 种设定（运行指令和设定频率）时，同时执行 2 种数据（变频器状态监控和输出频率等）的读出。IVMC 指令应用示例如图 10-16 所示。

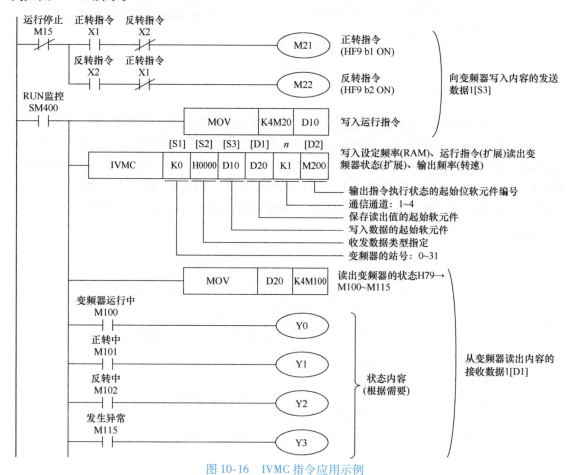

图 10-16　IVMC 指令应用示例

10.2 PLC 与变频器 MODBUS 串行通信技术

10.2.1 功能概述

1. FX5 的 MODBUS 串行通信功能

FX5 的 MODBUS 串行通信功能通过 1 台主站，在 RS-485 通信时可控制 32 个从站，在 RS-232C 通信时可控制 1 个从站。可以通过内置的 RS-485 端口、FX5-485-BD、FX5-485-ADP 进行通信，通信参数可以通过软件 GX Works3 进行设置。

对应主站功能及从站功能，1 台 FX5 可同时使用为主站及从站（但是，主站仅为单通道）。

1 台 CPU 模块中可用作 MODBUS 串行通信功能的通道数最多为 4 个（可在 1~247 的范围内设置从站站号。但是，FX5 主站可连接的从站站数为 32 站）。

在主站中，使用 MODBUS 串行通信专用顺控命令控制从站。

通信协议支持 MODBUS-RTU 模式。

2. 变频器 MODBUS 协议通信功能

MODBUS 协议使用专用的信息帧在主站与从站之间进行串行通信，遵循 EIA-485（RS-485）规格、半双工通信方式。专用的信息帧中有称为"功能"的可进行数据读取和写入的功能，使用此功能可以通过变频器进行参数读取和写入，可以进行变频器的输入指令的写入以及确认运行状态等。在保持寄存器区域（寄存器地址 40001~49999）中对各变频器的数据进行了分类，主站可以通过对分配的保持寄存器地址进行访问，从而与作为从站的变频器进行通信。通信规格见表 10-7。

表 10-7 PLC 与变频器 MODBUS 通信规格

项目		内容	相关参数
通信协议		MODBUS RTU 协议	Pr. 549
连接台数		1:N（最多 32 台），设定为 0~247 站	Pr. 117
通信速度		可选 9.6/19.2/38.4/57.6/76.8/11.52kbit/s	Pr. 118
等待时间		可选择有无	Pr. 123
通信规格	字符方式	二进制（固定为 8bit）	Pr. 119
	起始位	1bit	—
	停止位长度	1bit/2bit	Pr. 119
	奇偶校验	无奇偶校验/奇校验/偶校验	Pr. 120
	错误效验	CRC 代码校验	—

通过变频器的 PU 接口使用 MODBUS RTU 通信协议，进行通信运行和参数设定。使用 MODBUS RTU 时，应设定 Pr. 549 协议选择 = "1"。

10.2.2 MODBUS 通信指令

ADPRW 指令是与 MODBUS 主站所对应的从站进行通信（读取/写入数据）的指令。指令表现形式如图 10-17 所示，图 10-17 的作用是将 D100 中的数值通过 MODBUS 通信协议写到站号为 1# 变频器 4000 寄存器中，输入的是控制电机反转指令，指令中操作数见表 10-8。

```
执行条件    助记符      [S1]    [S2]   [S3]   [S4]   [S5/D1]   [D2]
──┤├──────{ ADPRW     H1      H10    K8     K1     D100      100  }
```

图 10-17　ADPRW 指令表现形式

表 10-8　ADPRW 指令操作数说明表

操作数	作用	范围	数据类型
S1	从站站号（变频器从站号）	0 ~ F7H	有符号二进制位
S2	功能代码①	01H ~ 06H、0FH、10H	有符号二进制位
S3	与功能代码对应的功能参数②	0 ~ FFFFH	有符号二进制位
S4	与功能代码对应的功能参数（访问的点数）	1 ~ 2000	有符号二进制位
S5/D1	与功能代码对应的功能参数③		位/有符号二进制位
D2	输出指令执行状态的起始位软元件编号④		位

① 操作数 [S2] 是 MODBUS 标准功能代码，见表 10-9。
② 操作数 [S3] 是 MODBUS 变频器起始地址，起始地址 = 起始寄存器地址（十进制数） - 40001H。部分地址见表 10-10，读者可以参考 FR-E800 使用手册（应用篇）。
③ 操作数 [S5/D1] 是读取/写入数据存取软元件 PLC 起始地址。
④ 操作数 [D2] 是通信执行状态，依照 ADPRW 命令的通信执行中/正常结束/异常结束的各状态进行输出。

表 10-9　操作数 [S2] 是 MODBUS 标准功能代码

功能代码	功能名	详细说明	1 个报文可访问的软元件数
01H	线圈读取	线圈读取（允许多点）	1 ~ 2000 点
02H	输入读取	输入读取（允许多点）	1 ~ 2000 点
03H	保持寄存器读取	保持寄存器读取（允许多点）	1 ~ 125 点
04H	输入寄存器读取	输入寄存器读取（允许多点）	1 ~ 125 点
05H	1 线圈写入	1 线圈写入（仅允许 1 点）	1 点
06H	1 寄存器写入	1 寄存器写入（仅允许 1 点）	1 点
0FH	多线圈写入	多点线圈写入	1 ~ 1968 点
10H	多寄存器写入	多点寄存器写入	1 ~ 123 点

表 10-10　MODBUS 变频器地址（部分）

寄存器	定义	读取/写入	说明
41000 ~ 41999	参数名称参照变频器参数一览 0 ~ 999	读取/写入	即为变频器参数编号 + 41000 为寄存器编号，如加速时间 Pr. 7，则地址为 41007
40002	变频器复位	写入	写入值为任意
40003	参数清除	写入	写入值应设定为 H965A
40004	参数全部清除	写入	写入值应设定为 H99AA

(续)

寄存器	定义	读取/写入	说明
40006	参数清除	写入	写入值应设定为 H5A96，无法清除通信参数的设定值
40007	参数全部清除	写入	写入值应设定为 HAA99，无法清除通信参数的设定值
40009	变频器状态/控制输入命令①	读取/写入	写入时，设定作为控制输入命令的数据 读取时，读取作为变频器运行状态的数据
40010	运行模式/变频器设定	读取/写入	写入时，设定作为运行模式设定的数据 读取时，读取作为运行模式状态数据
40014	设定频率（RAM 值）	读取/写入	可以变更为 Pr. 37、Pr. 53 的转数（机械速度）显示
40015	设定频率（E^2PROM 值）	写入	可以变更为 Pr. 37、Pr. 53 的转数（机械速度）显示
40201	输出频率/转速	读取	显示变频器运行输出频率/转速（根据 Pr. 53 的设定）
40202	输出电流	读取	显示变频器运行输出电流有效值
40203	输出电压	读取	显示变频器运行输出电压
40205	频率设定值/转速设定	读取	显示频率设定值
40206	运行速度	读取	显示电动机转速（根据 Pr. 53 的设定）
40214	输出功率	读取	显示变频器输出侧的电量
40223	实际运行时间	读取	累计显示变频器的运行时间

① 40009 变频器状态/控制输入命令位启动命令位信息分述如下：
　bit0，控制输入命令为停止指令，变频器状态为监控 RUN（变频器运行中）；
　bit1，控制输入命令为正转指令，变频器状态为变频器正转运行中；
　bit2，控制输入命令为反转指令，变频器状态为变频器反转运行中。

10.2.3　MODBUS RTU 变频器通信参数

在通信时变频器必须设定相应的参数。如果设定 Pr. 549 = "1（MODBUS RTU）"、Pr. 118 = "384（38400bit/s）"时，无法使用参数模块。使用参数模块时，应在设定 Pr. 118 ≠ "384"后，进行变频器复位。参数设定见表 10-11。

表 10-11　变频器 MODBUS RTU 通信参数表

参数号	名称	设定值	说　　明
160	用户组读出选择	0	显示基本参数 + 扩展参数
117	站号	1	最多可连接 16 台，范围 00 ~ 31
118	通信速率	192	4800/9600/19200/38400bit/s（注：任选 1 种）
119	停止位长	10	数据长 7 位，停止位长 1 位
120	奇偶校验	2	偶校验 2，奇校验 1（0：无奇偶校验，停止位长为 2 位；1：奇校验，停止位长为 1 位；2：偶校验，停止位长为 1 位）

(续)

参数号	名称	设定值	说　　明
121	通信再试次数	10	设定发生数据接收错误后允许次数，如果连续发生次数超过允许值，变频器将报警停止
122	通信校验时间间隔	9999	0：不通信；0.1~999.8：设定通信校验时间间隔 9999；如果无通信状态持续时间超过允许时间，变频器进入报警停止状态
123	等待时间设定	9999	0~150ms：变频器设定，设定数据传输到变频器的响应时间 9999；用通信数据设定。等待时间=设定数据×10ms
124	CR，LF 有/无选择	1	0：无 CR/LF；1：有 CR·无 LF；2：有 CR/LF
340	选择通信启动模式	10	1：网络运行模式；10：网络运行模式（可以通过操作面板更改 PU 运行模式和网络运行模式）
342	E^2PROM 写入有无	1	0：从计算机实施参数写入到 E^2PROM；1：参数写到 RAM
549	选择协议	1	0：三菱电动机变频器（计算机链接）协议；1：MODBUS-RTU
79	选择运行模式	0	上电时外部运行模式

注：参数设定完成后，须重新上电。

10.2.4　PLC 软件设置

打开编程软件，进入"导航"栏，依次单击"参数"→"FX5UCPU"→"模块参数"→"485 串口"，如图 10-18 所示，进入设置项目界面，如图 10-19 所示。

图 10-18　软件设置界面

图 10-19　参数设置项目界面

任务 23　FX5U PLC 与变频器专用通信协议监控系统设计与调试

任务要求

通过 FX5U PLC 与变频器的 RS-485 接口通信（或 PU 接口），用变频器专用协议进行通信，使用触摸屏进行下列操作，完成系统的设计与调试。

1）控制变频器正转、反转、停止。
2）在运行中直接修改变频器的运行频率，设定加减速时间。

3) 显示变频器的实时运行电压、运行电流、输出频率,显示变频器实时工作状态。

**任务目标**

知识目标
1. 掌握 PLC 与变频器通信专用指令的用法;
2. 掌握变频器运行参数技术规范;
3. 理解变频器通信参数意义;
4. 理解变频器通信功能代码意义;
5. 掌握 PLC 与变频器通信技术设计方法。

技能目标
1. 能根据任务控制要求,设置变频器专用通信协议参数;
2. 能根据任务要求在软件中设置相应的通信参数;
3. 能根据任务要求使用专用指令设计通信控制程序;
4. 能根据任务要求正确调整变频器运行参数;
5. 会 PLC 与变频器通信控制系统设计、调试与故障处理。

任务设备

FX 系列 PLC(FX5U-64MR)、三菱 FR 系列变频器(A、D、E 系列变频器)、GS21 系列触摸屏、计算机(安装有 GX Works3 软件)、电动机、机电一体化实训台、指示灯挂箱、连接线、通信线等。

**设计指引**

1. 变频器参数设置

1)与 FR-A700、FR-D700、FR-E700(或 800 系列)变频器 PU 接口连接时,参数见表 10-12。

2)与 FR-A700、FR-D700、FR-E700(或 800 系列)变频器 485 端子连接时,参数见表 10-13。

表 10-12 连接变频器 PU 端口通信参数

参数号	名称	设定值	说明
160	用户组读出选择	0	显示基本参数+扩展参数
117	站号	1	变频器站号
118	通信速率	96	9600/19200/38400bit/s(注:任选 1)
119	停止位长	10	数据长 7 位;停止位长 1 位
120	奇偶校验有/无	2	偶校验

（续）

参数号	名称	设定值	说明
121	通信再试次数	9999	设定发生数据接收错误后允许次数，如果连续发生次数超过允许值，变频器将报警停止
122	通信校验时间间隔	9999	无通信状态持续时间超过允许时间，变频器进入报警停止状态
123	等待时间设定	9999	9999；用通信数据设定。等待时间 = 设定数据×10ms
124	CR，LF 有/无选择	1	0：无 CR/LF；1：有 CR·无 LF；2：有 CR/LF
340	通信启动模式	10	10：网络运行模式
342	E^2PROM 写入有无	0	从计算机实施参数写入到 E^2PROM，0 参数写到 RAM
549	选择协议	0	三菱电动机变频器（计算机链接）协议
79	选择运行模式	0	上电时外部运行模式

表 10-13 与变频器 485 端子连接通信参数

参数号	名称	设定值	说明
160	用户组读出选择	0	显示基本参数 + 扩展参数
331	RS-485 站号	1	设定变频器的站号
332	RS-485 通信速率	96	通信速率 9600bit/s
333	停止位长/字节长	10	数据长 7 位，停止位长 1 位
334	奇偶校验有/无	2	偶校验，停止位长 1 位
335	通信重试次数	10	运行时请设定为"1~10"的数值
336	通信校验时间间隔	9999	不进行通信校验
337	等待时间设定	9999	用通信数据设定
340	通信启动模式	10	网络运行模式
341	CR，LF 有/无选择	1	有 CR/无 LF
342	E^2PROM 写入有无	0	0 参数写入到 E^2PROM，1 仅写入到 RAM 中
549	协议选择	0	三菱变频器（计算机链接）协议
550	网络模式操作权选择	1 或 9999	网络运行模式，指令权由 RS-485 端子执行
79	选择运行模式	6	运行时可进行 PU 运行、外部运行和网络运行的切换

2. PLC 软件设置（见图 10-6 ~ 图 10-8）

3. 根据控制要求设计程序（见图 10-20）

4. 触摸屏画面组态设计

根据程序设计画面，参考表 10-14 所示的 PLC 与触摸屏变量表，设计画面如图 10-21 所示。

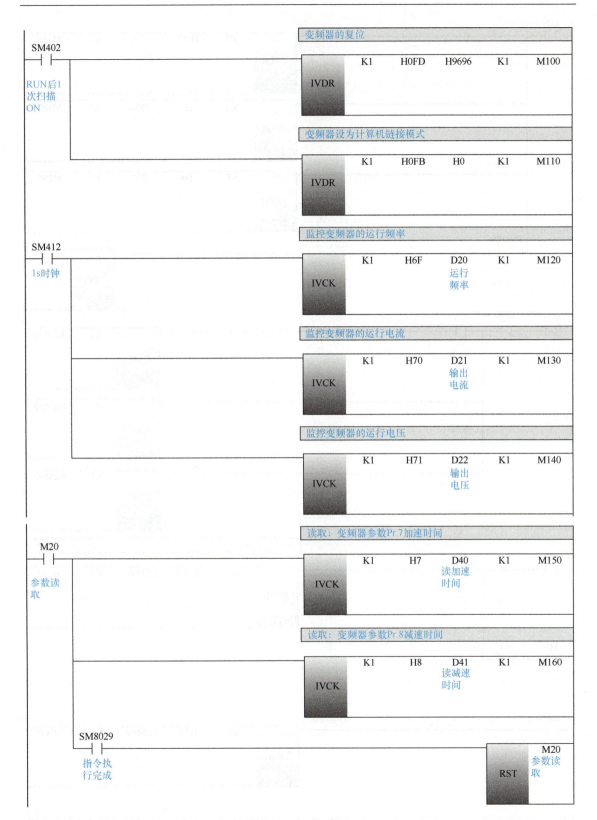

图 10-20 参考程序

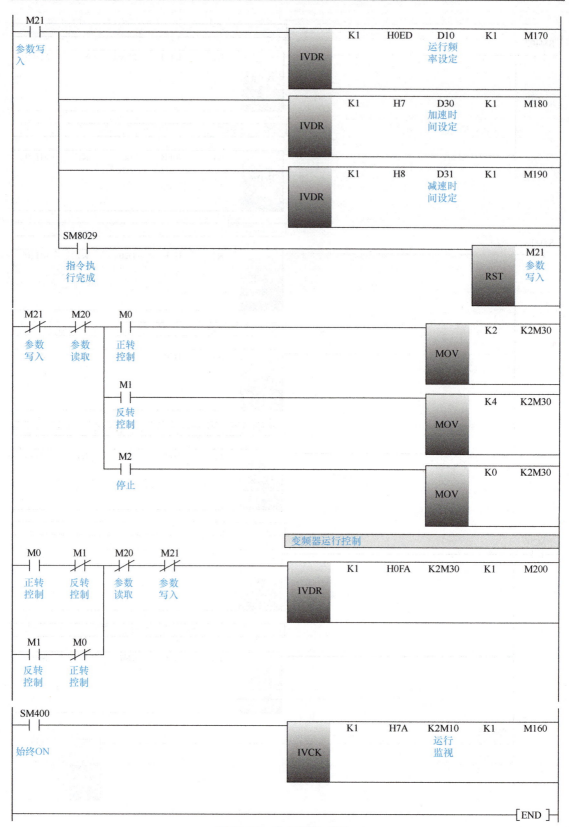

图 10-20 参考程序（续）

表 10-14 PLC 与触摸屏变量表

触摸屏变量	PLC 变量	触摸屏控件	触摸屏变量	PLC 变量	触摸屏控件
正转按键	M0	位开关	频率设定	D10	数值输入
反转按键	M1	位开关	频率监控	D20	数值显示
停止按键	M2	位开关	输出电流	D21	数值显示
正转指示	M10	位指示灯	输出电压	D22	数值显示
反转指示	M11	位指示灯	加速时间显示	D30	数值输入
停止指示	M12	位指示灯	减速时间显示	D31	数值输入
参数读取	M20	位开关	加速时间设定	D40	数值显示
参数写入	M21	位开关	减速时间设定	D41	数值显示

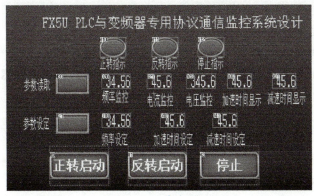

图 10-21 参考画面

任务完成后,按表 10-15 进行评价。

表 10-15 FX5U PLC 与变频器专用通信协议监控系统设计与调试任务评价表

评价项目	评价内容	评价标准	配分	得分
专业技能	1. 参数设置	参数设置错误,每处扣 1 分,最多扣 5 分	5	
	2. 编写控制程序	1)编写错误,每处扣 1 分 2)书写不规范,每处扣 1 分 3)控制程序不写或错误 5 处以上扣 10 分	10	
	3. 安装接线运行	1)不会通信线路连接扣 5 分 2)不会处理通信故障扣 5 分	5	
	4. 系统调试运行	1)不能控制变频器正转运行扣 10 分 2)不能控制变频器反转运行扣 10 分 3)不能控制变频器停止运行扣 5 分 4)不能按指定频率运行扣 10 分	35	
	5. 触摸屏功能	1)不能在运行中修改变频器的运行频率扣 5 分 2)不能设定加/减速时间,每项扣 2.5 分 3)不能正确显示变频器的实时运行电压、运行电流、输出频率的,每处扣 5 分 4)不能读取加减速时间,每项扣 2.5 分 5)不能显示变频器实时工作状态,每项扣 5 分 本项总扣分不超过 35 分	35	
安全生产	安全文明生产规定	1)违反安全生产规定,造成安全事故的不得分 2)岗位 8S 不达标的不得分	10	

任务 24　基于 MODBUS 变频器通信参数监控设计与调试

任务要求

通过 FX5 PLC 连接变频器的 RS-485 接口（或 PU 接口）进行通信，采用 MODBUS RTU 通信功能，在触摸屏进行下列操作。请完成系统设计与调试。

1）控制变频器正转、反转、停止。
2）在运行中直接修改变频器的运行频率，设定加减速时间。
3）显示变频器的实时运行电压、运行电流、输出频率，显示变频器实时工作状态。

任务目标

知识目标
1. 掌握 MODBUS 通信指令的用法；
2. 掌握变频器运行参数技术规范；
3. 掌握变频器 MODBUS 通信参数的意义；
4. 理解变频器 MODBUS 通信对应功能代码；
5. 掌握 PLC 与变频器通信技术设计方法。

技能目标
1. 能根据任务控制要求，设置变频器 MODBUS 通信参数；
2. 能根据任务要求在软件中设置变频器 MODBUS 通信参数；
3. 能根据任务要求使用 MODBUS 通信指令设计通信控制程序；
4. 能根据任务要求正确调整变频器运行参数；
5. 会 MODBUS 通信控制系统设计、调试与故障处理。

任务设备

FX 系列 PLC（FX5U-64MR）、三菱 FR 系列变频器（A、D、E 系列变频器）、GS21 系列触摸屏、计算机（安装有 GX Works3 软件）、电动机、机电一体化实训台、指示灯挂箱、连接线、通信线等。

设计指引

1. 变频器参数设置

1）与 FR-A700、FR-D700、FR-E700（或 800 系列）变频器 PU 接口连接时，参数见表 10-16。

2) 与 FR-A700、FR-D700、FR-E700（或 800 系列）变频器 485 端子连接时，参数见表 10-17。

表 10-16　变频器 MODBUS RTU 通信参数表（PU 接口连接）

参数号	名称	设定值	说明
160	用户组读出选择	0	显示基本参数 + 扩展参数
117	站号	1	站号 1
118	通信速率	96	9600bit/s
119	停止位长	1	数据长 7 位，停止位长 1 位
120	奇偶校验	2	偶校验
121	通信再试次数	9999	设定发生数据接收错误后允许次数，如果连续发生次数超过允许值，变频器将报警停止
122	通信校验时间间隔	9999	9999；如果无通信状态持续时间超过允许时间，变频器进入报警停止状态
123	等待时间设定	9999	9999；用通信数据设定
124	CR, LF 有/无选择	1	0：无 CR/LF；1：有 CR·无 LF；2：有 CR/LF
340	选择通信启动模式	10	10：网络运行模式
342	E^2PROM 写入有无	1	0：从计算机实施参数写入到 E^2PROM；1：参数写到 RAM
549	选择协议	1	0：三菱电动机变频器（计算机链接）协议；1：MODBUS RTU
79	选择运行模式	0	上电时外部运行模式

表 10-17　变频器 MODBUS RTU 通信参数表（485 端子连接）

参数号	名称	设定值	说明
160	用户组读出选择	0	显示基本参数 + 扩展参数
120	奇偶校验	2	偶校验
121	通信再试次数	9999	设定发生数据接收错误后允许次数，如果连续发生次数超过允许值，变频器将报警停止
122	通信校验时间间隔	9999	9999；如果无通信状态持续时间超过允许时间，变频器进入报警停止状态
123	等待时间设定	9999	9999；用通信数据设定
124	CR, LF 有/无选择	1	0：无 CR/LF；1：有 CR·无 LF；2：有 CR/LF
331	RS-485 通信站号	1	设定变频器的站号（与 Pr.117 选择相同）
332	RS-485 通信速度	96	设定通信速度（与 Pr.118 选择相同）
334	RS-485 通信奇偶检查选择	2	偶校验，停止位 1 位（与 Pr.119 选择相同）
340	选择通信启动模式	10	10：网络运行模式
342	E^2PROM 写入有无	1	0：从计算机实施参数写入到 E^2PROM；1：参数写到 RAM
549	协议选择	1	1：MODBUS RTU 协议
79	选择运行模式	6	上电时外部运行模式

2. PLC 软件设置（见图 10-18、图 10-19）。
3. 根据控制要求设计程序（见图 10-22）。
4. 触摸屏画面组态设计

根据控制程序和参考表 10-18 所示 PLC 与触摸屏变量表，制作画面如图 10-23 所示。

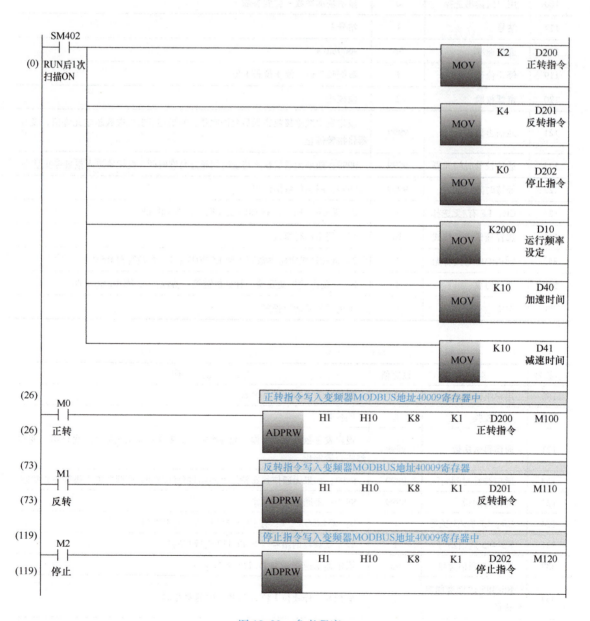

图 10-22 参考程序

项目 10　PLC 与变频器通信控制系统设计技术

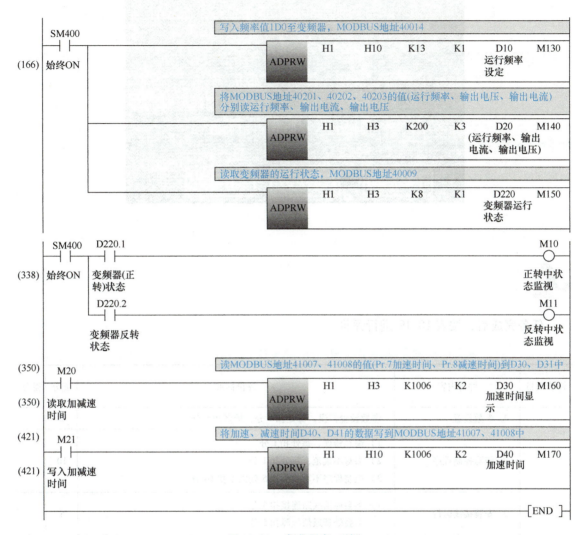

图 10-22　参考程序（续）

表 10-18　PLC 与触摸屏变量表

触摸屏变量	PLC 变量	触摸屏控件	触摸屏变量	PLC 变量	触摸屏控件
正转按键	M0	位开关	频率设定	D10	数值输入
反转按键	M1	位开关	频率监控	D20	数值显示
停止按键	M2	位开关	输出电流	D21	数值显示
正转指示	M10	位指示灯	输出电压	D22	数值显示
反转指示	M11	位指示灯	加速时间显示	D30	数值输入
停止指示	M12	位指示灯	减速时间显示	D31	数值输入
参数读取	M20	位开关	加速时间设定	D40	数值显示
参数写入	M21	位开关	减速时间设定	D41	数值显示

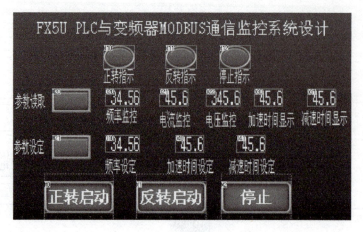

图 10-23　参考画面

任务评价

任务完成后，按表 10-19 进行评价。

表 10-19　基于 MODBUS 变频器通信参数监控设计与调试任务评价表

评价项目	评价内容	评价标准	配分	得分
专业技能	1. 参数设置	参数设置错误，每处扣 1 分，最多扣 5 分	5	
	2. 编写控制程序	1）编写错误，每处扣 1 分 2）书写不规范，每处扣 1 分 3）控制程序不写或错误 5 处以上扣 10 分	10	
	3. 安装接线运行	1）不会通信线路连接扣 5 分 2）不会处理通信故障扣 5 分	5	
	4. 系统调试运行	1）不能控制变频器正转运行扣 10 分 2）不能控制变频器反转运行扣 10 分 3）不能控制变频器停止运行扣 5 分 4）不能按指定频率运行扣 10 分	35	
	5. 触摸屏功能	1）不能在运行中修改变频器的运行频率扣 5 分 2）不能设定加/减速时间，每项扣 2.5 分 3）不能正确显示变频器的实时运行电压、运行电流、输出频率的每个扣 5 分 4）不能读取加减速时间，每项扣 2.5 分 5）不能显示变频器实时工作状态，每项扣 5 分 本项总扣分不超过 35 分	35	
文明生产	安全文明生产规定	1）违反安全生产规定，造成安全事故的不得分 2）岗位 8S 不达标的不得分	10	

任务 25　FR-E800-E 变频器基于 FX5U CC-Link IE 现场网络 Basic 通信控制

 任务要求

通过 FX5 PLC 连接 FR-E800 变频器以太网进行通信，在触摸屏进行下列操作。请完成系统设计与调试。
1. 控制变频器正转、反转、停止。
2. 正确设置变频器输出的额定频率、额定电压、额定电流、额定功率、额定转速。
3. 通过触摸屏控制电动机正、反转，在触摸屏上控制电动机的转速度。

 **任务目标**

知识目标
1. 掌握 CC-Link IE 现场网络 Basic 通信技术；
2. 掌握变频器运行参数技术规范；
3. 掌握变频器通信参数的意义；
4. 理解变频器 CC-Link IE 通信对应功能代码；
5. 掌握 PLC 与变频器通信技术设计方法。

技能目标
1. 能根据任务要求，设置变频器通信参数；
2. 能根据任务要求在软件中设置变频器通信参数；
3. 能根据任务要求设计通信控制程序；
4. 能根据任务要求正确调整变频器运行参数；
5. 会 CC-Link IE 通信控制系统设计、调试与故障处理。

 任务设备

FX 系列 PLC（FX5U-64MR）、三菱 FR-E800-E 变频器、GS21 系列触摸屏、计算机（安装有 GX Works3 软件）、电动机、机电一体化实训台、指示灯挂箱、连接线、通信线等。

 **设计指引**

1. 通信连接（见图 10-24）

2. 变频器参数设置（见表 10-20）

注意：设置参数前先将变频器参数复位为工厂的默认设定值，参数设置完毕必须将变频器断电。

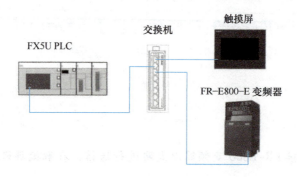

图 10-24 通信连接示意图

表 10-20 变频器参数

序号	变频器参数	出厂值	设定值	功能说明
1	Pr. 1	120Hz	50Hz	上限频率
2	Pr. 2	0Hz	0Hz	下限频率
3	Pr. 3	50Hz	50Hz	基准频率
4	Pr. 7	5s	1s	加速时间
5	Pr. 8	5s	1s	减速时间
6	Pr. 9	1.36A	0.2A	电子过热保护
7	Pr. 71	0	3	适用电动机
8	Pr. 79	0	0	运行模式选择
9	Pr. 80	9999	0.1	电动机容量
10	Pr. 81	9999	4p	电动机极数
11	Pr. 83	400V	380V	电动机额定电压
12	Pr. 84	9999	50Hz	电动机额定频率
13	Pr. 96	0	11	自动调谐设定/状态
14	Pr. 178	60	60	STF/DI0 端子功能选择
15	Pr. 179	61	61	STR/DI1 端子功能选择
17	Pr. 1429	45238	61450	Ethernet 功能选择
18	Pr. 1434	192	192	IP 地址 1（Ethernet）（触摸屏）
19	Pr. 1435	168	168	IP 地址 2（Ethernet）（触摸屏）
20	Pr. 1436	50	3	IP 地址 3（Ethernet）（触摸屏）
21	Pr. 1437	1	5	IP 地址 4（Ethernet）（触摸屏）
22	Pr. 1449	0	192	Ethernet 操作权指定 IP 地址 1（PLC）
23	Pr. 1450	0	168	Ethernet 操作权指定 IP 地址 2（PLC）
24	Pr. 1451	0	3	Ethernet 操作权指定 IP 地址 3（PLC）
25	Pr. 1452	0	4	Ethernet 操作权指定 IP 地址 4（PLC）
26	Pr. 1453	9999	255	Ethernet 操作权指定 IP 地址 3 的范围指定
27	Pr. 1454	9999	255	Ethernet 操作权指定 IP 地址 4 的范围指定

3. 软件参数设置

1）PLC 的 IP 地址设定：打开编程软件，进入"导航"栏，依次单击"参数"→

"FX5UCPU"→"模块参数"→"以太网端口",出现如图 10-25 所示界面,进入"设置项目"界面,设置 PLC 通信 IP 地址为 192.168.3.4,一定要与变频器所设参数一致。

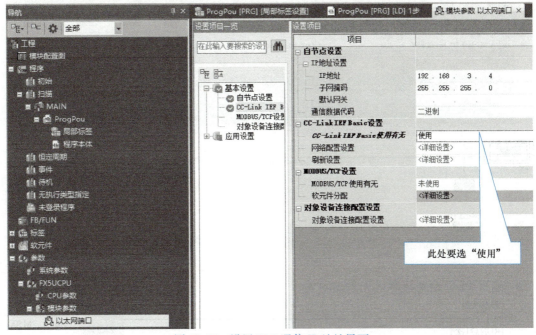

图 10-25　设置 PLC 通信 IP 地址界面

2) 设定变频器处于网络中,对 CC-Link IEF Basic 设置项进行设置。在图 10-25 中单击"CC-Link IEF Basic"下拉的"网络配置设置",如图 10-26 所示设置操作。完成后形成如图 10-27 所示界面,并单击"反映设置开关闭"。

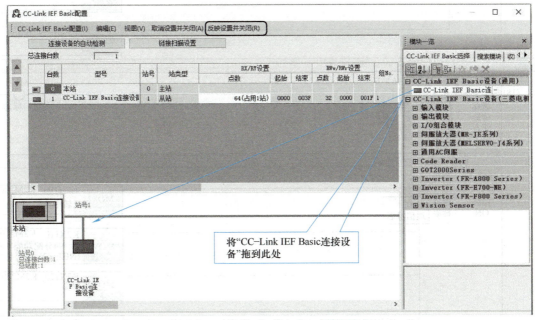

图 10-26　CC-LinK IEF Basic 设置操作

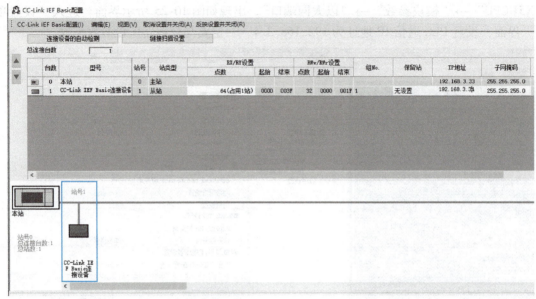

图 10-27　设置完成界面

4. 编写 PLC 控制程序（见图 10-28）

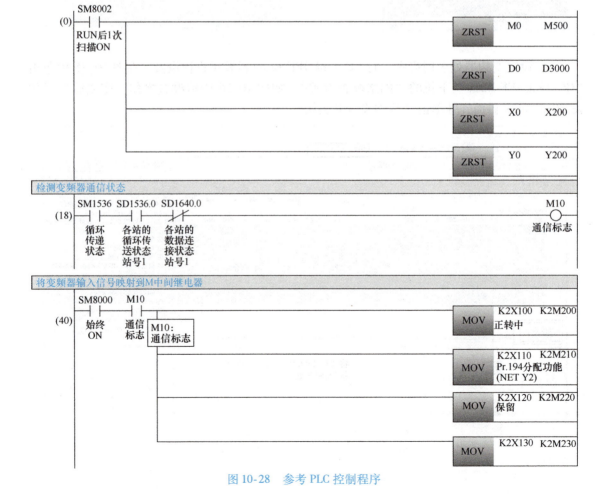

图 10-28　参考 PLC 控制程序

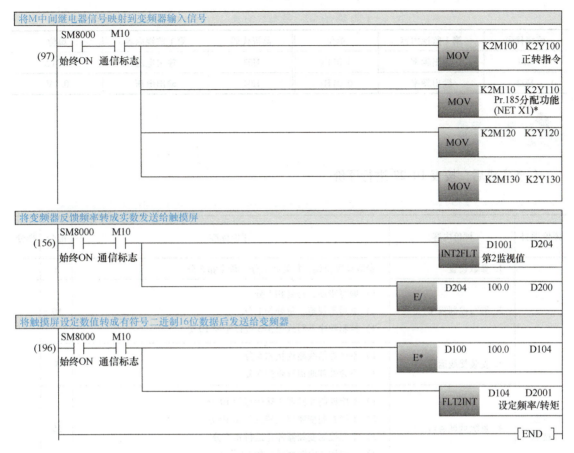

图 10-28　参考 PLC 控制程序（续）

5. 设计触摸屏监控画面（见图 10-29）

调试说明：在触摸屏上监视设定，输入监视代码，观察并记录电动机的运转情况及变频器反馈信号变化。监视代码见表 10-21。

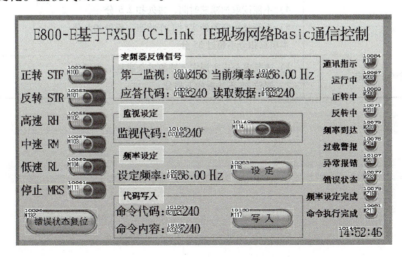

图 10-29　参考触摸屏监控画面

表 10-21 监视代码表

监视代码	第 1 监视内容	单位	监视代码	第 1 监视内容	单位
H01	输出频率	0.01Hz	H03	输出电流	0.01A
H02	输出频率	0.01Hz	H04	输出电压	0.1V

任务评价

任务完成后，按表 10-22 进行评价。

表 10-22 FR-E800-E 变频器基于 FX5U CC-Link IE 现场网络 Basic 通信控制任务评价表

评价项目	评价内容	评价标准	配分	得分
专业技能	1. 参数设置	参数设置错误，每处扣 1 分，最多扣 5 分	5	
	2. 编写控制程序	1）编写错误，每处扣 1 分 2）书写不规范，每处扣 1 分 3）控制程序不写或错误 5 处以上扣 10 分	10	
	3. 安装接线运行	1）不会通信线路连接扣 5 分 2）不会处理通信故障扣 5 分	5	
	4. 系统调试运行	1）不能控制变频器正转运行扣 10 分 2）不能控制变频器反转运行扣 10 分 3）不能控制变频器停止运行扣 5 分 4）不能按指定频率运行扣 10 分	35	
	5. 触摸屏功能	1）不能在运行中修改变频器的运行频率扣 5 分 2）不能设定加/减速时间每项扣 2.5 分 3）不能正确显示变频器的实时运行电压、运行电流、输出频率，每处扣 5 分 4）不能读取加减速时间，每处扣 2.5 分 5）不能显示变频器实时工作状态，每处扣 5 分 本项总扣分不超过 35 分	35	
安全文明生产	安全生产规定	1）违反安全生产规定，造成安全事故的不得分 2）岗位 8S 不达标的不得分	10	

附　　录

附录 A　FR-E800 系列变频器参数表（部分）

功能	参数	名称	设定范围	最小设定单位	出厂设定	备注
基本功能	1	上限频率	0～120Hz	0.01Hz	120Hz	
	2	下限频率	0～120Hz	0.01Hz	0Hz	
	3	基准频率	0～120Hz	0.01Hz	50Hz	设定电动机频率
	4	多段速度设定（高速）	0～590Hz	0.01Hz	50Hz	设定 RH 为 ON 时频率
	5	多段速度设定（中速）	0～590Hz	0.01Hz	30Hz	设定 RM 为 ON 时频率
	6	多段速度设定（低速）	0～590Hz	0.01Hz	10Hz	设定 RL 为 ON 时频率
	7	加速时间	0～3600s	0.01s	5s	
	8	减速时间	0～3600s	0.01s	5s	
	9	电子过电流保护	0～500A	0.01A	额定输出电流	常设定为 50Hz 的电动机额定电流
	13	起动频率	0～60Hz	0.01Hz	0.5Hz	设定在起动信号为 ON 时的频率
JOG 运行	15	点动频率	0～590Hz	0.01Hz	5Hz	
	16	点动加/减速时间	0～3600s	0.1s	0.5s	不能分别设定
—	17	MRS/X10 输入选择	0，2	1	0	0/2 常开/常闭输入
—	19	标准频率电压	0～1000V 8888，9999	0.1V	9999	9999：与电源电压相同
多段速度设定	24	多段速度设定	0～590Hz，9999	0.01Hz	9999	用 RH、RM、RL、REX 信号的组合来设定 4～15 段速度频率
	25	多段速度设定	0～590Hz，9999	0.01Hz	9999	
	26	多段速度设定	0～590Hz，9999	0.01Hz	9999	
	27	多段速度设定	0～590Hz，9999	0.01Hz	9999	
频率跳变	31	频率跳变 1A	0～400Hz，9999	0.01Hz	9999	9999：功能无效
	32	频率跳变 1B	0～400Hz，9999	0.01Hz	9999	9999：功能无效
	33	频率跳变 2A	0～400Hz，9999	0.01Hz	9999	9999：功能无效
	34	频率跳变 2B	0～400Hz，9999	0.01Hz	9999	9999：功能无效
	35	频率跳变 3A	0～400Hz，9999	0.01Hz	9999	9999：功能无效
	36	频率跳变 3B	0～400Hz，9999	0.01Hz	9999	9999：功能无效

（续）

功能	参数	名称	设定范围	最小设定单位	出厂设定	备注
输出频率	41	频率到达动作范围	0~100%	0.1%	10%	SU 信号为 ON 时的水平
	42	输出频率检测	0~400Hz	0.01Hz	6Hz	FU 信号为 ON 时的水平
	43	反转时输出频率检测	0~400Hz, 9999	0.01Hz	9999	FU 信号为 ON 时的水平
远程功能	59	遥控功能选择	0~3, 11~13	1	0	0：多段速度 1：有遥控设定
节能	60	节能控制选择	0, 9	1	0	节能运行模式
运行选择功能	73	0~5V/0~10V 选择	0, 1, 6, 10, 11, 16	1	1	
	75	复位选择/PU 脱离检测/PU 停止选择	0~3, 14~17	1	14	
	76	报警编码输出选择	0, 1, 2, 3	1	0	
	77	参数写入禁止选择	0, 1, 2	1	0	0：仅停止时可写
	78	防逆止选择	0, 1, 2	1	0	0：正转反转都可
	79	操作模式选择	0~4, 6, 7	1	0	
PU 接口通信功能	117	PU 通信站号	0~31	1	0	
	118	PU 通信速率	96, 192, 384, 576, 1152	1	192	
	119	PU 通信停止位长/字长	0, 1（数据长 8） 10, 11（数据长 7）	1	1	
	120	PU 通信有/无奇偶校验	0, 1, 2	1	2	
	121	PU 通信再试次数	0~10, 9999	1	1	
	122	PU 通信校验时间间隔	0, 0.1~999.8s, 9999	0.1s	0	
	123	PU 通信等待时间设定	0~150ms, 9999	1ms	9999	
	124	PU 通信 CR·LF 选择	0, 1, 2	1	1	
PID 运行	127	PID 控制自动切换频率	0~590Hz, 9999	0.01Hz	9999	
	128	PID 动作选择	0, 20, 21, 40~43, 50, 51, 60, 61, 1000, 1001, 1010, 1011, 2000, 2001, 2010, 2011	1	0	
	129	PID 比例范围	0.1~1000%, 9999	0.1%	100%	
	130	PID 积分时间	0.1~3600s, 9999	0.1s	1s	
	131	PID 上限	0~100%, 9999	0.1%	9999	
	132	PID 下限	0~100%, 9999	0.1%	9999	
	133	PID 动作目标值	0~100%, 9999	0.1%	9999	
	134	PID 微分时间	0.01~10s, 9999	0.01s	9999	

(续)

功能	参数	名称	设定范围	最小设定单位	出厂设定	备注
RS-485通信功能	331	RS-485 通信站号	0~31	1	0	
	332	RS-485 通信速率	12, 24, 48, 96, 192, 384	1	96	
	333	RS-485 通信停止位长/字长	0, 1, 10, 11	1	1	
	334	RS-485 通信有/无奇偶校验	0, 1, 2	1	2	
	335	RS-485 通信再试次数	0~10, 9999	1	1	
	336	RS-485 通信校验时间间隔	0, 0.1~999.8s, 9999	0.1	0	
	337	RS-485 通信等待时间设定	0~150ms, 9999	1	9999	
	341	RS-485 通信 CR·LF 选择	0, 1, 2	1	1	
	342	通信 EEPROM 写入选择	0, 1	1	0	
	343	通信错误计数	—	1	0	
	539	MODBUS-Rtu 校验时间间隔	0, 0.1~999.8s, 9999	0.1	9999	
	549	选择协议	0, 1	1	0	
工频切换功能	135	工频电源切换输出端子选择	0, 1	1	0	
	136	MC 切换互锁时间	0~100.0s	0.1s	1.0s	
	137	起动等待时间	0~100.0s	0.1s	1.0s	
	138	报警时工频电源切换选择	0, 1	1	0	
	139	工频/变频自动切换选择	0~60Hz, 9999	0.01Hz	9999	
端子安排功能	178	STF/DI0 端子功能选择	0~5, 7, 8, 10, 12, 14~16, 18, 24~27, 30, 37, 46, 47, 50, 51, 60, 62, 65~67, 72, 92, 9999	1	60	
	179	STR/DI1 端子功能选择	0~5, 7, 8, 10, 12, 14~16, 18, 24~27, 30, 37, 46, 47, 50, 51, 61, 62, 65~67, 72, 92, 9999	1	61	
	180	RL 端子功能选择	[E800] 0~5, 7, 8, 10, 12, 14~16, 18, 24~27, 30, 37, 46, 47, 50, 51, 62, 65~67, 72, 92, 9999	1	0	
	181	RM 端子功能选择		1	1	
	182	RH 端子功能选择		1	2	
	183	MRS 端子功能选择	[E800-(SC)E] 0~4, 8, 14, 15, 18, 24, 26, 27, 30, 37, 46, 47, 50, 51, 72, 92, 9999	1	24	
	184	RES 端子功能选择		1	4	
	185	NET X1 输入选择	0~4, 8, 14, 15, 18, 24, 26, 27, 30, 37, 46, 47, 50, 51, 72, 92, 9999	1	9999	
	186	NET X2 输入选择				
	187	NET X3 输入选择				
	188	NET X4 输入选择				

（续）

功能	参数	名称	设定范围	最小设定单位	出厂设定	备注
端子安排功能	190	RUN 端子功能选择	0～199,9999	1	0	出厂为变频器运行
	191	SU 端子功能选择	0～199,9999	1	1	出厂为频率到达
	192	IPF 端子功能选择	0～199,9999	1	2	出厂为瞬停电
	193	OL 端子功能选择	0～199,9999	1	3	出厂为过负荷报警
	194	FU 端子功能选择	0～199,9999		4	出厂为频率检测
	195	ABC 端子功能选择	0～199,9999		99	出厂为报警输出

附录 B　FR 系列变频器常见故障代码

操作面板显示	E.OC1	$E.OC\ 1$	FR-PU04	OC During Acc
名称	加速时过电流断路			
内容	加速运行中，当变频器输出电流超过额定电流的 200% 时，保护回路动作，停止变频器输出。仅给 R1、S1 端子供电，输入起动信号时，也为此显示			
检查要点	是否急加速运转；输出是否短路；主回路电源（R, S, T）是否供电			
处理	延长加速时间 起动时，若"E.OC1"总是点亮，拆下电动机再起动。如果"E.OC1"仍点亮，请与经销商或本公司营业所联系 主回路电源（R, S, T）供电			

操作面板显示	E.OC2	$E.OC2$	FR-PU04	Stedy Spd OC
名称	定速时过电流断路			
内容	定速运行中，当变频器输出电流超过额定电流的 200% 时，保护回路动作，停止变频器输出			
检查要点	负荷是否有急速变化，输出是否短路			
处理	取消负荷的急速变化			

操作面板显示	E.OC3	$E.OC3$	FR-PU04	OC During Dec
名称	减速时过电流断路			
内容	减速运行中（加速、定速运行之外），当变频器输出电流超过额定电流的 200% 时，保护回路动作，停止变频器输			
检查要点	是否急减速运转；输出是否短路；电动机的机械制动是否过早			
处理	延长减速时间，检查制动动作			

操作面板显示	E.THM	$E.THN$	FR-PU04	Motor Over load
名称	电动机过负荷断路（电子过电流保护）			
内容	过负荷以及定速运行时，由于冷却能力的低下，造成电动机过热，变频器的内置电子过电流保护检测达到设定值的 85% 时，预报警（显示 TH），达到规定值时，保护回路动作，停止变频器输出。多极电动机或两台以上电动机运行时，电子过电流保护不能保护电动机，请在变频器输出侧安装热继电器			
检查要点	电动机是否在过负荷状态下使用			
处理	减轻负荷。对于恒转矩电动机，把 Pr.71 设定为恒转矩电动机			

(续)

操作面板显示	E. THT	$E.\ r H r$	FR-PU04	Lnv. Over load
名称	变频器过负荷断路（电子过电流保护）			
内容	如果电流超过额定电流的150%，而未达到过电流切断（200%以下）的程度，为保护输出晶体管，用反时限特性使电子过电流保护动作，停止变频器输出（过负荷承受能力150%，60s）			
检查要点	电动机是否有过负荷状态下使用			
处理	减轻负荷			
操作面板显示	E. IPF	$E.IPF$	FR-PU04	Inst. Pwr. Loss
名称	瞬时停电保护			
内容	停电超过15ms（与变频器输入切断一样）时，为防止控制回路误动作，瞬时停电保护功能动作，停止变频器输出。此时，异常报警输出触点为打开（B-C）和闭合（A-C）。如果停电持续时间超过100ms，报警不输出。如果电源恢复时，起动信号是ON，变频器将再次启动（如果瞬时停电在150ms以内，变频器仍然运行）			
检查要点	调查瞬时停电发生的原因			
处理	修复瞬时停电，准备瞬时停电的备用电源，设定瞬时停电再启动的功能			
操作面板显示	E. UVT	$E.U u r$	FR-PU04	Under Voltage
名称	欠电压保护			
内容	如果变频器的电源电压下降，控制回路可能不能发挥正常功能或引起电动机转矩不足，发热增加。为此，当电源电压下降到300V以下时，停止变频器输出。如果P/+、P1之间没有短路片，则欠电压保护功能动作			
检查要点	有无大容量的电动机起动，P/+、P1之间是否接有短路片或直流电抗器			
处理	检查电源系统设备，在P/+、P1之间连接短路片或直流电抗器			
操作面板显示	E. FIN	$E.FIn$	FR-PU04	H/Sink O/Temp
名称	散热片过热			
内容	如果散热片过热，则温度传感器动作，使变频器停止输出			
检查要点	周围温度是否过高，冷却散热片是否堵塞			
处理	周围温度调节到规定范围内			
操作面板显示	E. GF	$E.\ GF$	FR-PU04	Ground Fault
名称	输出侧接地故障过电流保护			
内容	当变频器的输出侧（负荷侧）发生接地，流过接地电流时，变频器停止输出			
检查要点	电动机连接线是否接地			
处理	排除接地的地方			
操作面板显示	E. OHT	$E.OH r$	FR-PU04	OH Fault
名称	外部热继电器动作			
内容	为防止电动机过热，安装在外部的热继电器或电动机内部安装的温度继电器动作（触点打开），使变频器停止输出。即使继电器触点自动复位，变频器不复位也不能重新启动			
检查要点	电动机是否过热 检查 Pr. 180 ~ Pr. 186（输入端子功能选择）中任一个，设定值7（OH信号）是否正确设定			
处理	降低负荷和运行频率			

（续）

操作面板显示	E. OLT	*E.OLT*	FR-PU04	Stll Prev STP
名称	失速防止			
内容	当失速防止动作，运行频率降到 0 时，失速防止动作中显示 OL			
检查要点	电动机是否在过负荷状态下使用			
处理	减轻负荷			
操作面板显示	E. LF	*E.LF*	FR-PU04	—
名称	输出欠相保护			
内容	当变频器输出侧三相（U，V，W）中有一相断开时，变频器停止输出			
检查要点	确认接线（电动机是否正常） 是否使用比变频器容量小得多的电动机			
处理	正确接线 确认 Pr. 251 "输出欠相保护选择"的设定值			
操作面板显示	E. P24	*E.P24*	FR-PU04	E. P24
名称	直流 24V 电源输出短路			
内容	从 PC 端子输出的直流 24V 电源短路时，电源输出切断。此时，外部触点输入全部为 OFF，端子 RES 输入不能复位。复位的话，请使用操作面板或电源切断再投入的方法			
检查要点	PC 端子输出是否短路			
处理	排除短路处			
操作面板显示	E. CTE	*E.CTE*	FR-PU04	
名称	操作面板用电源输出短路			
内容	操作面板用电源（PU 接口的 P5S）短路时，电源输出切断。此时，操作面板（参数单元）的使用，从 PU 接口进行 RS-485 通信都变得不可能。复位的话，请使用端子 RES 输入或电源切断再投入的方法			
检查要点	PU 接口连接线是否短路			
处理	检查 PU 接口和电缆			
操作面板显示	OL	*OL*	FR-PU04	OL
名称	失速防止（过电流）			
内容	加速运行时：如果电动机的电流超过变频器额定输出电流的 150% 以上，则停止频率的增加，直到过负荷电流减少为止，以防止变频器出现过电流断路。电流降到 150% 以下后，再增加频率 恒速运行时：如果电动机的电流超过变频器额定输出电流的 150% 以上，则降低频率，直到过负荷电流减少为止，以防止变频器出现过电流断路。电流降到 120% 以下后，再回到设定频率 减速运行时：如果电动机的电流超过变频器额定输出电流的 150% 以上，则停止频率的降低，直到过负荷电流减少为止，以防止变频器出现过电流断路。电流降到 150% 以下后，再降低频率			
检查要点	电动机是否在过负荷状态下使用			
处理	可以改变加减速的时间 用 Pr. 22 的"失速防止动作水平"，提高失速防止的动作水平，或者用 Pr. 156 的"失速防止动作选择"，不让失速防止动作			

附　录

（续）

操作面板显示	PS	PS	FR-PU04	PS
名称	PU 停止			
内容	在 Pr.75 的 "PU 停止选择" 状态下，用 PU 的 STOP/RESET 键，设定停止			
检查要点	是否按下操作面板的 STOP/RESET 键，使其停止			
处理	参照 Pr.75 的有关设定			
操作面板显示	Err	Err		
内容	此报警在下述情况下显示：RES 信号为 ON 时；在外部运行模式下，试图设定参数；运行中，试图切换运行模式；在设定范围之外，试图设定参数；PU 和变频器不能正常通信时；运行中（信号 STF，SRF 为 ON），试图设定参数时；在 Pr.77 "参数写入禁止选择" 选择参数写入禁止时，试图设定参数			
处理	请准确地进行运行操作			

参 考 文 献

[1] 吴启红. 可编程序控制系统设计技术（FX 系列）[M]. 2 版. 北京：机械工业出版社，2014.
[2] 三菱电机自动化（中国）有限公司. MELSEC iQ-F FX5 编程手册（程序设计篇）[Z]. 2016.
[3] 三菱电机自动化（中国）有限公司. MELSEC iQ-F FX5 用户手册（应用篇）[Z]. 2016.
[4] 三菱电机自动化（中国）有限公司. MELSEC iQ-F FX5U 用户手册（硬件篇）[Z]. 2016.
[5] 三菱电机自动化（中国）有限公司. MELSEC iQ-F FX5 用户手册（定位篇）[Z]. 2016.
[6] 三菱电机自动化（中国）有限公司. MELSEC iQ-F FX5 用户手册（模拟量篇）[Z]. 2016.
[7] 三菱电机自动化（中国）有限公司. MELSEC iQ-F FX5-ENET/IP 用户手册 [Z]. 2018.
[8] 三菱电机自动化（中国）有限公司. 三菱电机通用变频器 E800 使用手册（功能篇）[Z]. 2019.
[9] 王一凡，宋黎菁. 三菱 FX5U 可编程控制器与触摸屏技术 [M]. 北京：机械工业出版社，2020.
[10] 姚晓宁，郭琼，吴勇. 三菱 FX5U PLC 编程与应用 [M]. 北京：机械工业出版社，2021.